现代农业与农业机械化实用技术

李朝阳　吕仿杰　张亚军　主编

西北农林科技大学出版社
Northwest A&F University Press

·杨凌·

图书在版编目（CIP）数据

现代农业与农业机械化实用技术 / 李朝阳，吕仿杰，
张军亚主编. -- 杨凌 ： 西北农林科技大学出版社，
2024. 6. -- ISBN 978-7-5683-1427-5

Ⅰ. S23

中国国家版本馆CIP数据核字第20241RL589号

现代农业与农业机械化实用技术

李朝阳　吕仿杰　张军亚　主编

出版发行	西北农林科技大学出版社			
地　　址	陕西杨凌杨武路3号		**邮　　编**	712100
电　　话	总编室：029-87093195		发行部：029-87093302	
电子邮箱	press0809@163.com			
印　　刷	西安日报社印务中心			
版　　次	2024年6月第1版			
印　　次	2024年6月第1次印刷			
开　　本	787mm×1092mm　1/16			
印　　张	17.5			
字　　数	400千字			

ISBN 978-7-5683-1427-5

定价：54.00元

本书如有印装质量问题，请与本社联系

《现代农业与农业机械化实用技术》
编委会成员名单

前言

　　《现代农业与农业机械化实用技术》，本书主要内容包括现代农业技术、农村新能源和农业机械化技术，现代农业技术包括了小麦高产栽培技术，花生高产栽培技术，马铃薯栽培技术，农村新能源包括了新能源的作用地位、发展情况、发展前景、新能源促进产业转换升级等内容，农业机械化技术涵盖了深松、旋耕、翻耕、起垄、精密播种、免耕播种、条播、穴播等机械化作业技术。

　　本书栽培技术突出品种选育、播种、田间管理、病虫害防治等关键技术内容，其中田间管理突出肥料施用，肥水运作，病虫害防治突出常见病虫害的发生原因、症状表现、防治方法等技术内容。农村新能源突出了新能源在农村中的重要作用和地位。农业机械化技术和农业技术有机衔接，农业机械化技术突出机械的实用性，重点介绍农业机械的工作原理、功能特点、操作规范和质量标准等主要技术内容。

　　本书编写团队由生产一线的专业技术人员组成，内容围绕现代农业技术、农业机械化技术以及农村新能源等组织，是编写团队集体智慧的结晶，也是编写团队人员近年来实践经验的总结，本书还吸纳了国内同行业先进的技术与经验。本书内容深入浅出、通俗易懂，可作为大中专院校学生和教师的参考书，也可作为从事农业和农业机械化工作人员的参考书。

　　本书编写组为本书编写付出了辛勤劳动，但由于知识水平与能力有限，而行业发展又日新月异，书中纰漏和不妥之处在所难免，恳请广大读者批评指正，以便使得本书再版时补充完善。

目录 ‖

第一部分

小麦高产栽培技术

第一章　小麦播种

第一节　品种选择与种子处理

种子是农作物生产的重要生产资料之一，是决定农作物高产与否的关键因素。对于小麦生产而言，优良品种和良好的种子质量是获得小麦高产的基础之一，选择高质量的良种是小麦生产获得高产、稳产、优质、高效的重要手段。优良品种是在一定的生产条件下，能够发挥其产量和品质优势，获得较好的品质和较高的产量。良种的选择必须考虑品种特性、自然条件和生产水平，因地制宜，既要考虑品种的丰产、稳产、抗逆性和适应性，又要防止品种单一性，一般选择2～3个品种，以一个品种为主，其他品种与之搭配种植，这样既可以防止品种单一的情况下因自然灾害造成损失，又可以调剂劳动力，便于安排农活。选用小麦优良品种应做到以下五点。

第一，根据当地的气候生态条件，选用生长发育特性适合当地条件的品种，避免春性过强的品种发生冻害，冬性过强的品种贪青晚熟。

第二，根据当地的耕作制度、茬口早晚等，选择适宜在当地种植的早、中、晚熟品种。

第三，根据当地的生产水平、地力肥力、气候条件和栽培水平确定品种类型和不同产量水平的品种。

第四，要立足抗灾保收，高产、稳产、优质和高效兼顾，尤其要抵御当地的自然灾害。

第五，更换"当家"品种或从外地引种时，要通过试种、示范，再推广应用，以免造成经济损失。

近年来，随着农业结构调整的深入，专用优质小麦种植的比例逐年上升，因小麦品质既与品种和生态条件有关，又与栽培措施密切相关，为此在品种选择上，需根据当地的生产要求、种植区域和品种品质而定。

一、优质小麦品种的介绍

优质小麦是指含有优质蛋白质、优质矿物质、丰富维生素且适宜作为加工产品使用的小麦。根据小麦籽粒的用途一般分为强筋小麦、中强筋小麦、中筋小麦、弱筋小麦。不同类型小麦的品质对专用粉及其加工食品的品质有很重要的影响。随着小麦单产的持续提高和人民生活的不断改善，小麦生产由过去的以产量为主，逐渐转向产量和品质并进。下面介绍几个高产优质的小麦品种。

（一）强筋小麦品种

强筋小麦胚乳为硬质，小麦粉筋力强，适用于制作面包或者用于配麦。籽粒容重＞770 g/L，籽粒蛋白质（干基）含量14.0%或面粉湿面筋含量（14.0%水分基）30.0%，面团稳定时间8.0 min。

1. 周麦32

该品种来源为父本矮抗58和母本周麦24杂交育成，属半冬性中晚熟品种，全生育期226.0～235.2 d。幼苗匍匐，叶片窄长，叶色浅绿，冬季抗寒性一般。分蘖力强，成穗率较高。春季起身拔节快，两极分化快。株型松紧适中，旗叶宽短、上冲，穗下节短，穗层较厚，株高74～75 cm，茎秆弹性好，抗倒伏能力强。穗纺锤形，长芒。籽粒卵圆形，白粒，角质。根系活力好，叶功能期长，耐后期高温，成熟落黄好。该品种高抗条锈病，中感叶锈病、白粉病和纹枯病，高感赤霉病，平均亩产482.9 kg（1亩≈667m²）。适宜在河南省（南部稻茬麦区除外）早中茬中高肥力地种植。

2. 郑麦3596

该品种来源为郑麦366航天诱变，属半冬性中晚熟品种，全生育期225.6～234.9 d。幼苗半匍匐，叶色深绿、宽大，冬季抗寒性强。分蘖力中等，成穗率高。春季起身拔节早，两极分化快，抽穗早。成株期株型紧凑，旗叶偏小、上冲、有干尖，穗下节短，株高75～76 cm，茎秆弹性好，抗倒伏能力强。穗纺锤形，大小均匀。籽粒卵圆形，角质率高，饱满度好，外观商品性好。根系活力好，叶功能期长，较耐后期高温，成熟落黄好。该品种中感条锈病、叶锈病、白粉病和纹枯病，高感赤霉病，平均亩产459.9 kg。该品种适宜在河南省（南部稻茬麦区除外）早中茬中高肥力地种植。

3. 丰德存麦5号

该品种母本为周麦16、父本为郑麦366，属半冬性中晚熟品种。幼苗半匍匐，苗势较壮，叶片窄长直立，叶色浓绿，冬季抗寒性较好。冬前分蘖力较强。春季起身拔节较快，两极分化快，耐倒春寒能力一般。后期耐高温能力中等，熟相较好。株高76 cm，茎秆弹性一般，抗倒性中等。株型稍松散，旗叶宽短、外卷、上冲，穗层整齐，穗下节短。穗纺锤形，长芒，白壳，白粒，籽粒椭圆形，角质，饱满度较好，黑胚率中等。亩有效穗数38.1万个，穗粒数32粒，千粒重42.3 g。慢条锈病，中感叶锈病、白粉病，高感赤霉病、纹枯病。品质达到强筋一级国标，可替代进口优质小麦。其容重794 g/L，籽粒蛋白质含量16%，湿面筋含量33.1%，吸水量60.6%，面团稳定时间14.6 min，拉伸面积147.7 cm²。2017—2018年实打验收平均亩产685.9 kg，2018—2019年实打验收亩产778.9 kg。

4. 郑麦 7698

该品种是河南省农业科学院小麦研究中心用品种郑麦 9405、4B269、周麦 16 选育而成。半冬性多穗型中晚熟品种,成熟期与周麦 18 相同。幼苗半匍匐,苗势较壮,叶窄短,叶色深绿,分蘖力较强,成穗率低,冬季抗寒性较好。春季起身拔节迟,春生分蘖略多,两极分化快,抽穗晚。抗倒春寒能力一般,穗部虚尖,缺粒现象较明显。株高平均 77 cm,株型紧凑,茎秆粗壮,抗倒伏能力强。旗叶宽长、上冲,蜡质重。穗层厚,穗多穗匀。后期根系活力较强,熟相较好,穗长方形,籽粒角质,均匀,饱满度一般。国家黄淮南片冬麦区区域试验平均亩穗数 41.5 万个,穗粒数 34.3 ~ 35.5 粒,千粒重 43.6 ~ 44.4 g。前中期对肥水较敏感,肥力偏低的地块成穗数少。中抗白粉病、条锈病和叶枯病,中感叶锈病和纹枯病,高感赤霉病,平均亩产 514.60 kg。

5. 郑麦 379

该品种由周 13 和 D9054-6 选育而成,属半冬性多穗型中熟品种,幼苗半匍匐,苗势壮,叶片窄长,叶色浓绿,冬季抗寒性较好。分蘖力较强,成穗率较低。春季起身拔节迟,两极分化较快,耐倒春寒能力一般。耐后期高温能力中等,熟相中等。株高 80 cm 左右,茎秆弹性较好,抗倒性较好。株型稍松散,旗叶窄长、上冲,穗层厚。穗纺锤形,小穗较稀,长芒,白壳,白粒,籽粒角质、饱满,籽粒外观商品性好。产量三要素较协调,亩穗数 45.8 万个,穗粒数 34 粒,千粒重 45 g。低感条锈病,高感叶锈病、白粉病、赤霉病、纹枯病。2016—2017 年平均亩产量 518.1 kg。

6. 藁优 2018

该品种以 9411 为母本、98172 为父本经有性杂交系统选育而成,属半冬性品种,全生育期 240 d 左右。幼苗半匍匐,叶片深绿色,分蘖力较强。株型紧凑,株高 73 cm 左右,抗倒性强。穗长方形,长芒,白壳,白粒,硬质,籽粒较饱满。亩穗数 48 万个左右,穗粒数 31.9 粒,千粒重 38.6 g,籽粒容重 789.9 g/L,亩产量 500 kg 左右。该品种籽粒粗蛋白质含量 15.48%,湿面筋含量 31.8%,沉降值 45.8 mL,吸水率 57.4%,面团形成时间 6.0 min,面团稳定时间 24.0 min。该品种中感条锈病,高抗叶锈病,中抗白粉病。该品种适宜播期为 10 月 1—15 日,播种量为每亩基本苗 18 万~ 22 万株,适宜在河北省中南部冬麦区中高水肥地块种植。

7. 师栾 02-1

该品种以 9411 为母本、9430 为父本经有性杂交系统选育而成,属半冬性中熟品种,成熟期比对照品种石 4185 晚熟 1 d 左右。幼苗匍匐,分蘖力强,成穗率高。株高 72 cm 左右,株型紧凑,叶色浅绿,叶小、上举,穗层整齐。穗纺锤形,护颖有短茸毛,长芒,白壳,白粒,籽粒饱满,角质。平均亩穗数 45.0 万个,穗粒数 33.0 粒,千粒重 35.2 g,籽粒容重 786 g/L,亩产量 550 kg 左右。该品种蛋白质(干基)含量 16.88%,湿面筋含量 33.3%,沉降值 61.3 mL,吸水率 59.4%,面团稳定时间 15.2 min,拉伸面积 180 cm²,面包评分 92 分。该品种抗寒性中等,中抗纹枯病,中感赤霉病,高感条锈病、叶锈病、白粉病、秆锈病。适宜播期 10 月上中旬，每亩适宜基本苗 10 万～15 万株，后期注意防治条锈病、叶锈病、白粉病等，适宜在黄淮冬麦区北片的山东中部和北部、河北中南部、山西南部中高水肥地种植。

8. 济麦 20

该品种以鲁麦 14 号为母本、鲁 884187 为父本经有性杂交系统选育而成，属冬性中早熟品种，全生育期 237 d 左右。幼苗半直立，苗色深绿，叶片较窄，叶耳紫色，旗叶中长、挺直而上冲。分蘖力强，成穗率高。株高 75～80 cm，株型紧凑，较抗倒伏。抽穗后茎、叶、穗蜡质较重，抗旱性较好。穗纺锤形，长芒，白壳，白粒，硬质，籽粒饱满。产量结构好，亩穗数 40 万～43 万个，穗粒数 36 粒左右，千粒重 42～43 g，籽粒容重 780～800 g/L，在山东省亩产量 500～600 kg。济麦 20 是优质面包、面条兼用品种。该品种籽粒蛋白质含量 17.02%（干基），湿面筋含量 37.2%，沉降值 52.9 mL，吸水率 61.2%，面团形成时间 11.7 min，面团稳定时间 24.0 min。2003 年利用国家区试 5 点取样混合种子测定，面团稳定时间 28.6 min，最大抗延阻力 586 E.U.，拉伸面积 126 cm^2。该品种中抗条锈病、白粉病，高抗叶锈病，高感白锈病。该品种集优质、高产、稳产和适应性为一体，适宜播期为 10 月上旬，适宜在黄淮冬麦区中高肥水条件下推广种植。

9. 济南 17

该品种是以临汾 5064 作母本、鲁麦 13 作父本杂交育成的高产优质面包、小麦新品种，属中早熟品种。济南 17 为冬性，幼苗半匍匐，抗寒性好，分蘖力强，成穗率高，属多穗型品种。株高 75 cm 左右，株型紧凑，叶片上冲，长势和长相好。穗纺锤形，穗粒数 30～35 粒，顶芒，白壳，角质，千粒重 38～42 g，亩产超过 600 kg。该品种蛋白质含量 15.51%，湿面筋含量 36.6%，沉降值 55.4 mL，吸水率 62.3%，面团稳定时间 15.7 min，面包和馒头品质优良。该品种适宜在山东全省及河南、河北、江苏和安徽等地部分地区的高肥水地块种植。最佳播期 10 月 1—15 日，播量 4～6 kg/ 亩。冬前苗齐、苗壮、水肥基础好的地块春季水肥管理可适当推迟，抽穗后注意防治蚜虫和白粉病，扬花后 15 d 左右浇灌浆水是提高产量的关键措施。

10. 济麦 44

该品种由父本陕 82-29 和母本烟 1933 杂交选育而成。属半冬性中晚熟强筋小麦品种。叶色浅绿，生育期 233 d。幼苗半匍匐，越冬抗寒性较好，亩最大分蘖 102.0 万个，亩有效穗 43.8 万个，分蘖成穗率 44.3%。株型较紧凑，旗叶上冲，株高 75～80 cm，穗长方形，穗粒数 35.9 粒，千粒重 43.4 g，容重 763～821 g/L。抗倒伏，熟相好。长芒，白壳，白粒，角质，椭圆形。成株期抗条锈病，高抗秆锈病，中抗白粉病，中抗土传小麦病毒病，低感麦蚜。籽粒蛋白质含量 15.4%，湿面筋含量 35.1%，沉降值 51.5 mL，吸水率 63.8%，面团稳定时间 25.4 min，面粉白度 77.1。该品种适宜在山东全省肥沃棕壤、褐土、砂浆黑土和土质黏重的潮土地块种植利用。目前在河北、河南、安徽、天津等地的试验示范中表现突出、稳定优异。

11. 烟农 19

该品种以烟 1933 作母本、陕 82-29 作父本杂交选育而成，属半冬性中晚熟小麦品种。幼苗半匍匐，叶片窄长，株型紧凑，叶片深黄绿色，上冲，株高 84 cm 左右，全生育期 213～238 d，中感条锈病、叶锈病，高感白粉病。分蘖成穗率高，每亩成穗 40 万～45 万个。长芒，白壳，白粒，角质，中大穗，穗纺锤形，小穗排列较紧，结实性较好。穗粒数 35 粒左右，千粒重 41～43 g，容重 824 g/L。蛋白质含量 14.0%～15.1%，湿面筋含量 33.5%～35.5%，沉降值 40.2 mL，吸水率 57.24%，面团稳定时间 13.5～16.5 min。1999—2000 年高肥组生产试验，平均亩产 479.36 kg。适于黄淮冬麦区和部分北部冬麦区中高产地块和旱肥地种植。由于该品种分蘖成穗率高，抗旱、节水能力强，播种量不宜过多，宜采用"V"形管理法，在施足底肥、灌好冻水的情况下，返青至起身期以控为主，重施拔节肥，巧施抽穗期肥，可达到高产、优质、抗倒伏的目的。

12. 济麦 229

该品种由藁城 9411 为母本与济 200040919 为父本杂交选育而成，属半冬性小麦品种。幼苗半匍匐，植株繁茂性较好，株型半紧凑，平均株高 82 cm，穗纺锤形，小穗排列紧密，长芒，白粒，角质。成熟期较济麦 22 早 1 d。山东省高肥组区试中，平均亩穗数 44.5 万个，穗粒数 38.6 粒，千粒重 36.7 g。在 2014—2015 年度山东省水地组生产试验中，平均亩产 560.43 kg。籽粒蛋白质含量 15.53%，湿面筋含量 33.17%，沉降值 45.10 mL，吸水率 58.9%，面团稳定时间 23.67 min。该品种适宜播期为平均气温 14～16℃，亩基本苗 10 万～12 万株（精播减少至每亩 8 万～10 万株），适宜中高肥地块种植。中感纹枯病，高感条锈病、叶锈病和白粉病。

13. 济麦 262

该品种以临麦 2 号为母本与烟农 19 为父本杂交选育而成，属冬性小麦品种。幼苗半直立。株型半紧凑，旗叶宽大、下披，抗倒伏，熟相中等。其生育期比鲁麦 21 号晚熟 1 d。株高 67.2 cm，亩有效穗数 32.7 万个，成穗率 43.8%。穗长方形，穗粒数 37.5 粒，千粒重 44.7 g，容重 750.9 g/L。长芒，白壳，白粒，籽粒饱满、硬质。中抗条锈病，中感白粉病和纹枯病。2014—2015 年旱地组生产试验，平均亩产 492.97 kg。其籽粒蛋白质含量 15.0%，湿面筋含量 35.2%，沉降值 28.9 mL，吸水率 54.9%，面团稳定时间 2.3 min，面粉白度 80.2。播期 10 月 1—10 日，每亩基本苗 18 万～20 万株。注意防治蚜虫、叶锈病和赤霉病。其他管理措施同一般旱地大田，适宜旱肥地种植。

14. 石优 20 号

该品种以冀 935-352 为母本、济南 17 为父本经有性杂交系统选育而成，属冬性中晚熟品种。成熟期比对照品种石 4185 晚熟 1 d 左右。幼苗匍匐，分蘖力强。株高 77 cm，旗叶较长，后期干尖较重。茎秆弹性较好，抗倒性较好。成熟落黄较好。穗层整齐，穗下节短，穗纺锤形，白壳，白粒，籽粒角质。亩穗数 43.2 万个，穗粒数 34.5 粒，千粒重 38.1 g，籽粒容重 785 g/L，亩产量在 550 kg 左右。该品种蛋白质含量 14.59%，面粉湿面筋含量 32.9%，沉降值 54 mL，吸水率 59.4%，面团稳定时间 12.9 min。该品种抗寒性较差，高感叶锈病、白粉病、赤霉病和纹枯病，低感条锈病。黄淮冬麦区北片适宜播种期 10 月 5—15 日，适期播种高水肥地每亩基本苗 16 万～20 万株，中等地力每亩基本苗 18 万～22 万株。北部冬麦区适宜播种期 9 月 28 日至 10 月 6 日，适期播种每亩基本苗 18 万～22 万株，晚播麦田应适当加大播量。在生产中应及时防治麦蚜，注意防治叶锈病、白粉病、纹枯病等主要病害。

15. 徐麦 99

该品种以鲁麦 14 为母本、PH85-2 为父本杂交育成，属半冬性中晚熟小麦品种。幼苗偏匍匐，叶色较深，抗寒性较好。分蘖力强，成穗数较多。株型较松散，茎秆弹性好，抗倒性较好。穗层较厚，结实性好。长芒，白壳，白粒，穗纺锤形，籽粒半硬质或硬质。全生育期 236.0 d，株高 91.8 cm，每亩有效穗数 39.0 万个，每穗 33.1 粒，千粒重 42.5 g。中感赤霉病、纹枯病，高抗梭条花叶病。容重 808 g/L，粗蛋白质含量 15.8%，湿面筋含量 33.7%，面团稳定时间 8.2 min。2007—2008 年度平均亩产 534.5 kg。适宜在江苏省淮北麦区种植，适宜播期为 10 月 5～10 日，每亩基本苗条播 10 万～12 万株，撒播 15 万～20 万株。

16. 淮麦 30

该品种以郑麦 9023 为母本，淮 86175 为父本杂交选育而成，属弱春性中早熟小麦品种。幼苗半匍匐，叶色深绿，叶宽直立，生长健壮。抗寒性较好，分蘖力中等，成穗数较多，株型紧凑，穗层整齐，熟相好，茎秆弹性好，抗倒性较强。穗纺锤形，穗中等大小，结实性一般，长芒，白壳，白粒，籽粒硬质，饱满度较好，千粒重高，区试平均结果：全生育期 217.7 d，株高 81.3 cm，每亩有效穗数 40.5 万个，每穗 29.1 粒，千粒重 48.3 g。中抗赤霉病，中感纹枯病，高感白粉病，抗黄花叶病，耐渍性强，耐肥抗倒，综合抗性好，适应范围广，经农业部谷物品质监督检测中心测定，2007—2009 年两年平均结果：容重 822 g/L，粗蛋白质含量 12.9%，湿面筋含量 24.4%，沉降值 52.4 mL，吸水率 63.6%，面团稳定时间 3.4 min。适宜在黄淮冬麦区南片的安徽北部、江苏北部、河南中北部高中水肥地旱麦田种植。

17. 徐麦 30

该品种以周 91098 为母本，徐州 25 号为父本杂交选育而成，为半冬性多穗型中晚熟品种。幼苗半匍匐，苗壮。芽鞘白色，叶片较宽大，叶色深绿。分蘖能力强，成穗率较高，成穗数较稳定，每亩成穗数 38 万～45 万个。株型较紧凑，株高 85 cm 左右，茎秆弹性好。剑叶大小适中，叶片上冲，通风透光好，穗层较整齐。穗纺锤形，长芒，白壳，白粒。穗型中大，结实性好，平均每穗结实 32～35 粒。籽粒角质，均匀饱满，千粒重 42～45 g，容重高，商品性好。成熟中晚，熟相较好。硬度指数 66，容重 809 g/L，粗蛋白质（干基）含量 14.3%，湿面筋含量 30.2%，吸水率 62.1%，面团形成时间 2.2 min，面团稳定时间 7.8 min，弱化度 26 F.U.，最大抗延阻力 451 E.U.，延伸性 13.1 cm。中抗纹枯病，低感叶锈病，中感秆锈病、条锈病，高感白粉病和赤霉病。2007 年黄淮北片区试平均亩产 524.3 kg。高产栽培最适播期为 10 月 1—15 日，在此范围内适宜播种量为每亩基本苗 12 万～ 16 万株，肥力水平偏低或播期推迟，应适当增加基本苗。

（二）中筋小麦品种

中筋小麦胚乳为硬质，小麦粉筋力适中，适用于制作面条、饺子、馒头等食品。籽粒容重 770 g/L，籽粒蛋白质（干基）含量 12.5% 或面粉湿面筋含量（14.0% 水分基）26.0%，面团稳定时间 3.0 min。

1. 济麦 22

该品种以 935024 为母本、935106 为父本杂交选育而成，通过系谱法选育而成的优质中筋小麦品种，属半冬性中晚熟品种。幼苗半匍匐、浓绿，叶片较窄，分蘖力中等，成穗率高。旗叶深绿、上举，抽穗后茎叶有蜡质。茎秆韧性好，株型紧凑，株高 72 cm 左右，抗倒伏。穗长方形，长芒，白壳，白粒，角质，籽粒饱满。穗粒数 36 粒，千粒重 40 g。中抗白粉病，中抗至慢感条锈病，中抗至中感秆锈病，中感至高感纹枯病。2010—2011年平均亩产 549.2 kg。其籽粒蛋白质含量 14.1%，湿面筋含量 35.2%，沉降值 31.2 mL，出粉率 68.5%，面粉白度 74.3，吸水率 60.3%，面团形成时间 4.1 min，面团稳定时间 3.5 min。该品种适宜在山东全省及苏北、豫北、冀中南、晋南等地的中高肥力和水浇条件良好的地块种植。最佳播期范围为 10 月 1—15 日。济 22 小麦属多穗型品种，高产栽培条件下要求每亩基本苗 8 万～ 12 万株，适期播种时播种量应严格掌握在每亩 5 ～ 7.5 kg。

2. 良星 66

该品种以济 91102 为母本，济 935031 为父本选育而成，属半冬性中晚熟小麦品种，生育期 238 d。幼苗半匍匐，叶细、青绿色，分蘖力较强，成穗率中等。冬季抗寒性较好。春季起身拔节迟，春生分蘖多，两极分化快，抽穗较晚，抗倒春寒能力中等。株高 85 cm 左右，株型较紧凑，旗叶深绿色、短宽上冲。茎秆弹性一般，抗倒性一般。熟相较好。穗层较整齐。穗纺锤形，长芒，白壳，白粒，籽粒半角质、均匀、色泽光亮、饱满度一般，腹沟偏深。亩穗数 44.4 万个，穗粒数 32.5 粒，千粒重 42.2 g，属多穗型品种。高感叶锈病、赤霉病和纹枯病，慢条锈病，高抗白粉病。黄淮冬麦区南片冬水组品种区域试验，2007—2008 年平均亩产 567.4 kg，2008—2009 年平均亩产 551.0 kg，2009—2010 年生产试验，平均亩产 498.5 kg。

3. 济麦 60

该品种以济 037042 为母本，济麦 20 为父本杂交组合而成，7 属半冬性小麦品种。幼苗半匍匐，株型半紧凑，叶色深绿，叶片上举，抗倒伏性较好，熟相好，生育期 229 d。

株高 74.8 cm，亩最大分蘖数 88.4 万个，亩有效穗数 38.5 万个，分蘖成穗率 43.3%。穗纺锤形，穗粒数 35.4 粒，千粒重 41.5 g，容重 789.1 g/L。长芒，白壳，白粒，籽粒硬质。条锈病免疫，高感叶锈病、白粉病、赤霉病和纹枯病。越冬抗寒性较好。其籽粒蛋白质含量 13.2%，湿面筋含量 36.4%，沉降值 30.5 mL，吸水率 64.1%，面团稳定时间 3.4 min，面粉白度 73.4。2017—2018 年旱地组生产试验，平均亩产 440.5 kg。适宜播期 10 月 5—15 日，每亩基本苗 15 万～18 万株。注意防治叶锈病、白粉病、赤霉病和纹枯病。其他管理措施同一般大田间距适宜旱肥地种植。

4. 鲁原 502

该品种以航天空变系 9940168 为母本，济麦 19 为父本杂交而成，为半冬性小麦品种，适期播种耐寒性强，冬季及早春无冻害发生。幼苗半匍匐，长势强，分蘖力强。穗长方形，长芒，白壳，白粒。株高 80 cm 左右，高抗倒伏。平均亩成穗 41.5 万个，穗粒数 38.5 粒，千粒重 43.8 g。中抗条锈病和白粉病。在 2008—2009 年国家冬小麦品种区域试验黄淮北片水地组试验中，平均亩产量 558.7 kg。硬度指数 67.2，容重 794 g/L，蛋白质（干基）含量 13.14%，湿面筋含量 30.2%（中筋＞28%），吸水率 62.9%，面团稳定时间 5 min（中筋 3～7 min），最大抗延阻力 266 E.U.（中筋 200～400 E.U.）。适宜在山东全省、河北省中南部、山西省中南部等地种植。鲁原 502 小麦属多穗型品种，高产栽培条件下要求每亩基本苗 12 万～15 万株，适期播种时播种量一般应掌握在每亩 7.5～9.0 kg。

5. 济麦 23

该品种以豫麦 34 为母本，济麦 22 为父本杂交后回交并利用分子标记辅助选育而成，属半冬性中晚熟小麦品种，幼苗半匍匐，幼苗绿色，株型较紧凑，旗叶微卷、上举，旗叶长度中等，旗叶宽度中等。穗长方形，长芒，白壳，白粒，籽粒饱满度好，硬质，不易落粒，落黄、熟相好。株高 78.4 cm，亩穗数 46.1 万个，穗粒数 33.0 粒，千粒重 48.0 g，容重 813.4 g/L，籽粒蛋白质含量 15.28%，湿面筋含量 36.3%，面团稳定时间 7.3 min，属于中强筋品种。在 2013—2015 年山东省高肥区试中平均亩产 608.74 kg。适宜在黄淮冬麦区北片的山东、河北南部、山西南部等水肥条件好的地区种植。

6. 青麦 7 号

该品种以烟 1604 为母本，8764 为父本杂交选育而成，属半冬性小麦品种。幼苗匍匐，生育期 236 d。株高 76.4 cm，株型紧凑，较抗倒伏，熟相较好。亩最大分蘖数 87.9 万个，有效穗数 42.0 万个，分蘖成穗率 47.7%。穗纺锤形，穗粒数 33.5 粒，千粒重 38.9 g，容重 774.3 g/L。长芒，白壳，白粒，籽粒较饱满、硬质。中感条锈病，高感叶锈病、白粉病、赤霉病和纹枯病。籽粒蛋白质含量 12.0%，湿面筋含量 34.0%，沉降值 30.5 mL，吸水率 66.5%，面团稳定时间 3.1 min，面粉白度 74.7。2008—2009 年旱地组生产试验，平均亩产 446.31 kg，比鲁麦 21 号增产 6.56%。适宜播期 10 月上旬，每亩基本苗 15 万株。注意防治病虫害，适宜旱肥地块种植。

7. 山农 16

该品种以济南 13 号为母本，旱 635 为父本杂交选育而成，属半冬性小麦品种。幼苗半匍匐，生育期 238 d。株高 72.4 cm，株型较紧凑，较抗倒伏，熟相好。亩最大分蘖数 108.6 万个，亩有效穗数 39.3 万个，分蘖成穗率 36.2%。穗粒数 35.2 粒，千粒重 38.7 g，容重 767.9 g/L。穗纺锤形，长芒，白壳，白粒，硬质，籽粒较饱满。抗旱性较好。慢条锈病，高抗秆锈病和纹枯病，中感白粉病，高感赤霉病。籽粒蛋白质含量 12.2%，湿面筋含量 29.1%，沉降值 22.7 mL，吸水率 60.5%，面团稳定时间 3.4 min，面粉白度 75.4。2006—2007 年旱地组生产试验，平均亩产 399.49 kg，比对照品种鲁麦 21 号增产 7.34%。适宜播期为 10 月上旬，适宜基本苗每亩 15 万株。适宜在山东全省旱肥地块种植。

8. 山农 20

该品种以 PH82-2-2 为母本，954072 父本杂交选育而成，属半冬性中晚熟小麦品种。幼苗匍匐，分蘖力较强，成穗率中等。冬季抗寒性好，春季起身拔节偏迟，春生分蘖多，但抗倒春寒能力较差。株高 78 cm 左右，株型较紧凑，旗叶短小、上冲、深绿色。茎秆弹性一般，抗倒性一般。熟相较好，对肥水敏感。穗层整齐。穗纺锤形，长芒，白壳，白粒，籽粒半角质、卵圆形、均匀、较饱满、有光泽。高感赤霉病，中感条锈病和纹枯病，慢叶锈病，白粉病免疫。亩穗数 43.2 万～45.8 万个，穗粒数 32.9～31.8 粒，千粒重 43.1～40.2 g，属多穗型品种。籽粒容重 808 g/L，硬度指数 67.7，蛋白质含量 13.3%，面粉湿面筋含量 29.7%，沉降值 30.328 mL，吸水率 59.8%，面团稳定时间 2.9 min，最大抗延阻力 266 E.U.，延伸性 14.8 cm，拉伸面积 56 cm²。2009—2010 年生产试验，平均亩产 505.1 kg。适宜在黄淮冬麦区南片的河南（南阳、信阳除外）、安徽北部、江苏北部、陕西关中地区高中水肥地块早中茬种植。播种期在 10 月上中旬，每亩适宜基本苗 15 万～20 万株。生产中注意防治条锈病、纹枯病、赤霉病。春季水肥管理可略晚，注意控制株高，防止倒伏。

9. 冀 5265

该品种以冀 5006 为母本、9204 为父本经有性杂交系统选育而成，属半冬性中晚熟品种。幼苗匍匐，分蘖力强，成穗率中等。株高 73 cm 左右，抗倒性好，株型半紧凑，旗叶宽，干尖重，茎秆弹性好。穗纺锤形，长芒，白壳，白粒，籽粒角质、饱满。亩穗数 41.4 万个，穗粒数 36.4 粒，千粒重 40.4 g，籽粒容重 813 g/L，亩产量在 530 kg 左右。该品种蛋白质含量 14.83%，面粉湿面筋含量 33.5%，沉降值 28.4 mL，吸水率 56.5%，面团稳定时间 2.6 min，最大抗延阻力 156 E.U.，延伸性 18.2 cm，拉伸面积 42 cm²。该品种抗寒性好，中抗赤霉病，中感纹枯病，中感至高感叶锈病，高感条锈病和白粉病。适宜播种期为 10 月上旬，每亩适宜基本苗 18 万～20 万株。适宜在黄淮冬麦区北片的山东、河北中南部、山西南部高中水肥地块种植。

10. 石麦 15

该品种以冀麦 38 为母本、92R137 为父本进行有性杂交，并应用快速繁殖育种技术在 F1 代以冀麦 38 为父本回交，连续回交 4 代，后经连续 3 年田间异地定向选育而成。石麦 15 属半冬性品种，全生育期 243 d 左右。幼苗半匍匐，叶片绿色，分蘖力较强。成株株型紧凑，旗叶上冲，株高 75.7 cm 左右，较抗倒伏。穗纺锤形，短芒，白壳，白粒，硬质，籽粒较饱满。亩穗数 42.7 万个左右，穗粒数 32.0 粒，千粒重 37.4 g，籽粒容重 770 g/L。该品种蛋白质含量 13.49%，沉降值 13.5 mL，湿面筋含量 30.0%，吸水率 57.1%，面团形成时间 1.8 min，面团稳定时间 1.8 min。该品种抗旱性表现突出，高感条锈病，中抗叶锈病和白粉病。适宜播期为 10 月上旬，高肥水条件下播种量每亩 7.5～8.5 kg，中肥水条件下播种量每亩 8.5～9.5 kg，半干旱地播种量每亩 10～11 kg，晚播应适当加大播量。

11. 邯 00-7086

该品种以 93-4572 为母本、山农大 91136 为父本经有性杂交系选育而成，属半冬性中熟品种。幼苗半匍匐，分蘖力中等，成穗率高。株高 75 cm 左右，较抗倒伏，株型略松散，孕穗期叶片稍大，叶披，成熟落黄好。穗较长，小穗排列稀，结实性好。穗纺锤形，长芒，白壳，白粒，硬质，籽粒均匀，外观商品性好。平均亩穗数 38.4 万个，穗粒数 37.9 粒，千粒重 38.3 g，籽粒容重 800 g/L，亩产量在 550 kg 左右。该品种蛋白质（干基）含量 13.98%，湿面筋含量 30.7%，沉降值 35.8 mL，吸水率 58.2%，面团稳定时间 7.6 min，最大抗延阻力 352 E.U.，拉伸面积 72 cm²。该品种抗寒性较好，中抗条锈病，中感纹枯病，高感叶锈病、白粉病和秆锈病。适宜播种期 10 月上中旬，每亩基本苗 10 万～15 万株，适宜在黄淮冬麦区北片的山东、河北中南部、山西南部、河南安阳和濮阳中高水肥地种植。

12. 淮麦 26

该品种以淮麦 18 为母本，百农 9267 为父本有性杂交育成，穗纺锤形，长芒，白壳，白粒，籽粒半硬质或硬质，结实性好。全生育期 231 d，较对照品种淮麦 18 迟半天。株高 87.5 cm，每亩有效穗数 39.4 万个，每穗 33.0 粒，千粒重 41.9 g。中感赤霉病，高感纹枯病，中抗白粉病，中抗梭条花叶病毒病。容重 807 g/L，粗蛋白质含量 14.8%，湿面筋含量 32.7%，面团稳定时间 6.4 min。2008—2009 年生产试验平均亩产 514.1 kg，较对照品种淮麦 18 增产 6.1%。其适宜在江苏省淮北麦区种植，适宜播期为 10 月上旬至 10 月下旬，最适播期为 10 月 10～25 日，播期内每亩基本苗 13 万株左右。

13. 扬麦 22

该品种以扬麦 9 号 ×3 为母本，97033-2 为父本，选育而成，为春性品种，成熟期比对照品种扬麦 158 晚熟 1～2 d。幼苗半直立，叶片较宽，叶色深绿，长势较旺，分蘖力较好，成穗数较多。株高平均 82 cm。穗层较整齐，穗长方形，长芒，白壳，红粒，粉质，籽粒较饱满。平均亩穗数 30.4 万～33.8 万个，穗粒数 38.5～39.8 粒，千粒重 38.6～39.6 g。高抗白粉病，中感赤霉病，高感条锈病、叶锈病、纹枯病。籽粒容重 778～796 g/L，蛋白质含量 13.70%～13.73%，硬度指数 52.7～56.8。面粉湿面筋含量 24.6% ～ 30.6%，沉降值 24.6 ～ 34.0 mL，吸水率 58.5% ～ 54.9%，面团稳定时间 1.4 ～ 4.5 min，最大抗延阻力 170 ～ 395 B.U.，延展性 151 ～ 156 mm，拉伸面积 38.4 ～ 81.5 cm^2。2011—2012 年生产试验，平均亩产 449.9 kg。适宜在 10 月下旬至 11 月上旬播种，亩基本苗 16 万株左右，适宜在长江中下游冬麦区的江苏和安徽两省淮南等地区种植。

（三）弱筋小麦品种

弱筋小麦胚乳为软质，小麦粉筋力较弱，适用于制作馒头、蛋糕、饼干等食品。籽粒容重 770 g/L，籽粒蛋白质（干基）含量 < 12.5% 或面粉湿面筋含量（14.0% 水分基）< 26.0%，面团稳定时间 < 3.0 min。

1. 鲁麦 21

该品种以烟中 144 为母本，宝丰 7228 为父本，杂交选育而成，属弱春性中熟小麦品种。幼苗半匍匐，分蘖力强，苗期长势旺，春季起身慢，次生分蘖多，拔节抽穗迟，后期生长快，成穗率偏低。株高 85 cm 左右，株型较紧凑，旗叶宽长、上冲、长相清秀。穗黄绿色，穗近长方形，长芒，白壳，白粒，籽粒半角质，饱满度好，粒较小，黑胚率较低。平均亩穗数 39.9 万个，穗粒数 39.3 粒，千粒重 35.2 g。冬季抗寒性好，较耐倒春寒，抗倒性较好，耐后期高温，熟相较好。叶锈病免疫，中抗条锈病、赤霉病，慢秆锈病，中感纹枯病，高感白粉病。容重 802 g/L，蛋白质（干基）含量 12.81%，湿面筋含量 28%，沉降值 28.4 mL，吸水率 58.8%，面团稳定时间 3 min。生产试验平均亩产 534.9 kg。适宜播期为 10 月中下旬，每亩适宜基本苗 15 万～ 18 万株。注意防治白粉病和赤霉病。

2. 烟农 18

该品系以中 144/ 寨 5241 的高代品系为母本，以小黑麦为父本杂交后与科红一号/中 144、济南 13/ 中 144 的高代品系及科红一号等连续多代自然混交后选育而成，为半冬性小麦品种。幼苗半匍匐，分蘖力强，成穗率高，叶宽而披散，具蜡被，抗白粉，抗叶锈病、条锈病和秆锈病，耐根病，落黄较好，耐旱能力强，旱水比系数为 0.95，株高 87 cm，长方形大穗，长芒，白壳，白粒，籽粒半角质，千粒重 45 g，容重 810 g/L。分蘖力强，成穗率高，产量潜力大。旱地生产平均亩产 418.36 kg。在施足底肥条件下，春季一般不再追肥，到拔节中后期麦田内若有缺肥现象，应抓住雨前有利时机，追施尿素 5 kg。在 10 月 1 日前后播种的，亩播量基本苗为 10 万～ 15 万株，播期推迟，播量应适当加大。本品种适宜在旱地种植，整个生育期中都可不浇水。

3. 扬麦 13

该品种以扬辐麦 4 号为母本，优质抗病小麦品种镇麦 9 号为父本，利用辐射诱变与杂交技术相结合选育而成，系春性中早熟小麦品种，全生育期 210 d 左右。幼苗直立，长势旺盛。株高 85 cm，茎秆粗壮，植株整齐。长芒，白壳，红粒，粉质。大穗大粒，分蘖力中等，成穗率高，每亩有效穗数 28 万～ 30 万个，穗粒数 40 ～ 42 粒，千粒重

40 g。灌浆速度快，熟相好。抗白粉病，纹枯病轻，中感—中抗赤霉病，耐肥抗倒。粗蛋白质（干基）含量 10.24%，湿面筋含量 19.7%，沉降值 23.1 mL，吸水率 54.1%，面团稳定时间 1.1 min。适宜在长江下游麦区沙土、沙壤土地区推广应用，在江苏淮南麦区可推广种植。

4. 宁麦 13

该品种系春性小麦品种，全生育期 210 d 左右。幼苗直立，叶色浓绿，分蘖力一般，两极分化快，成穗率较高。株高 80 cm 左右，株型较松散，穗层较整齐。穗纺锤形，长芒，白壳，红粒，籽粒较饱满，半角质。平均亩穗数 31.5 万个，穗粒数 39.2 粒，千粒重 39.3 g。抗寒性比对照品种扬麦 158 弱，抗倒力中等偏弱，熟相较好。中抗赤霉病，中感白粉病，高感条锈病、叶锈病、纹枯病。2004 年、2005 年分别测定混合样，容重分别为 790 g/L、798 g/L，蛋白质（干基）含量分别为 12.50%、12.44%，湿面筋含量分别为 27.1%、25.8%，沉降值分别为 36.2 mL、35.7 mL，吸水率分别为 59.4%、58.9%，面团稳定时间分别为 5.7 min、6.1 min，最大抗延阻力分别为 295 E.U.、278 E.U.。2005—2006 年生产试验，湖北、安徽、江苏、浙江 4 省平均亩产 400.01 kg，比对照品种扬麦 158 增产 12.31%；河南信阳点平均亩产 443.7 kg，比对照品种豫麦 18 增产 19.5%。其在江苏苏南地区的播期以 10 月底为宜，江淮之间的播期以 10 月 25 日至 10 月底为宜；适期密植，建立优质高产群体结构，每亩基本苗以 15 万左右为宜。

5. 扬麦 15

该品种属春性早中熟小麦品种，熟期与扬麦 158 相当。株型紧凑，株高 80 cm 左右，抗倒性强。每亩有效穗数 30 万个左右，穗棍棒形，长芒，红粒，每穗 36 粒左右，千粒重 42 g 左右。中抗纹枯病，中感白粉病、赤霉病。品质优良。2003 年全国优质专用小麦食品鉴评，在饼干组中超过对照品种美国软红麦。2003 年，农业部谷物品质监督检验测试中心检测结果：粗蛋白质（干基）含量 9.78%，湿面筋含量（14% 水分基）22%，容重 796 g/L，沉降值 18.8 mL，吸水率 53.2%，面团稳定时间 0.9 min，达到国家优质弱筋小麦的标准，适宜作为优质饼干、糕点专用小麦生产。平均亩产 500 kg。作为优质弱筋专用小麦，该品种适宜在长江下游麦区沙土、沙壤土地区推广应用。适宜播期范围为 10 月下旬至 11 月初，最佳播期在 10 月 24—31 日，亩基本苗以 14 万～16 万株为宜。

6. 扬麦 13

该品系为春性中早熟小麦品种，熟期与扬麦 158 相当。幼苗直立，长势旺盛，植株整齐，株高 85～90 cm，茎秆粗壮，分蘖力中等，成穗率高，灌浆速度快。长芒，白壳，籽粒红皮粉质。大穗大粒，亩有效穗数 28 万～30 万个，每穗结实粒数 40～42 粒，千粒重 40.0 g，容重 800 g/L 左右。抗白粉病、纹枯病，中感、中抗赤霉病，耐肥抗倒，耐寒、耐湿性较好。水分 9.7%，粗蛋白质（干基）含量 10.24%，容重 796 g/L，湿面筋含量 19.7%，沉降值 23.1 mL，吸水率 54.1%，面团形成时间 1.4 min，面团稳定时间 1.1 min，达到国家优质弱筋小麦的标准，适宜作为优质饼干、糕点专用小麦生产。2003 年 9 月全国优质专用小麦食品鉴评，扬麦 9 号、扬麦 13 分别在弱筋小麦食品蛋糕、饼干组的综合评分中列居首位，超过对照品种美国软红冬小麦。为保持弱筋的特点，实现优质高产，其播种期应在适期范围内早播，冬前实现较多的蘖，以壮苗越冬。每亩基本苗 16 万～18 万株，亩穗数 28 万个左右。2002 年生产示范平均亩产 476.2 kg。

7. 农麦 126

农麦 126 属春性品种，全生育期 198 d。幼苗直立，叶片较宽，叶色淡绿，分蘖力较强。株高 88 cm，株型较紧凑，茎秆弹性好，抗倒性较好。旗叶平伸，穗层较整齐，熟相较好。穗纺锤形，长芒，白壳，红粒，籽粒角质，饱满度较好。亩穗数 30.4 万穗，穗粒数 37.1 粒，千粒重 41.3 g。2014 年、2015 年，农业部谷物及制品质量监督检验测试中心（哈尔滨）对农麦 126 的测定结果，籽粒容重分别为 770 g/L、762 g/L，蛋白质含量分别为 11.65%、12.85%，湿面筋含量分别为 21.3%、24.9%，面团稳定时间分别为 2.1 min、2.6 min。适宜在长江中下游冬麦区的江苏淮南地区、安徽淮南地区、上海、浙江、湖北中南部地区、河南信阳地区种植。适宜播期为 10 月下旬至 11 月上旬。亩基本苗应控制在 15 万～17 万株为宜，亩穗数不低于 32 万个。

8. 扬麦 9 号

该品种属春性小麦品种。幼苗半直立，生长清秀，叶色绿但略淡于扬麦 158。分蘖出生早，分蘖力强，成穗率高，一般亩有效穗 30 万个以上。矮秆，株高 80 cm 左右，株型紧凑，茎秆中粗，基部节间短，耐肥抗倒。穗近长方形，籽粒饱满，容重高，穗大粒多，籽粒着实密，穗粒数 40 粒，千粒重 40 g 左右。中抗赤霉素，中感白粉病、纹枯病。作为弱筋小麦，扬麦 9 号面团形成时间和稳定时间分别为 1.3 min 和 1.7 min，均优于饼干专用粉标准的 1.4 min 和 1.9 min，仅面团的衰减度略逊于饼干专用粉。亩有效穗数 30 万个以上。

二、种子质量要求

优良种子是小麦生产获得高产、稳产的基础。种子质量一般包括纯度、净度、发芽率、种子活力、水分、千粒重、健康度、优良度等。目前，我国种子分级所依据的指标主要指种子净度、发芽率和水分，其他指标不作为分级指标，只作为种子检验的内容。

（一）品种纯度

小麦品种纯度是指一批种子中本品种的种子数占供检种子总数的百分率。品种纯度高低会直接影响小麦良种优良遗传特性能否得到充分发挥和持续稳产、高产。小麦原种纯度标准要求不低于 99.9%，良种纯度要求不低于 99%。

小麦品种纯度鉴定可分为形态鉴定法和快速测定法。形态鉴定法是从种子形态特征方面来观察和鉴别的，要有标准的样品。快速测定法又分为苯酚染色法和氢氧化钠测定法。苯酚染色法是将小麦种子在清水中浸泡 18 ～ 24 h，用滤纸吸干表面水分，放入垫有已经用 1% 苯酚溶液湿润滤纸的培养皿中（腹沟朝下），在室温下，小麦保持 4 h 后观察小麦染色情况，通常颜色分为 5 级，即浅色、淡褐色、褐色、深褐色和黑色。将与基本颜色不同的种子取出作为异品种。小麦种子红白皮（尤其是经过杀菌剂处理过的种子）不宜区分时，可用氢氧化钠测定法鉴定，将小麦种子先用 95% 甲醇浸泡 15 min，然后让种子干燥 30 min，在室温下将种子在 5 mol/L 氢氧化钠溶液中浸泡 5 min，然后将种子移至培养皿中，不可加盖，让其在室温下干燥，根据种子浅色和深色加以计数。

品种纯度（%）=（供检种子数 - 异品种种子数）÷ 供检种子数 ×100

（二）种子净度

种子净度是指种子清洁干净的程度，具体到小麦来讲是指样品中除去杂质和其他种子后，留下的小麦净种子重量占分析样品重量的百分率，小麦原种和良种种子的净度不低于 98%。种子净度分析应按《农作物种子检验规程净度分析》（GB/T 3543.3—1995）规定的方法，从检测的样品中称取一定重量，以克表示。根据种子明显特征，对称取的试样进行分离，分成净种子、其他作物种子和杂质三种成分，分别称重，计算百分率。

（三）种子发芽力

种子发芽力是指种子在适宜的条件下发芽并生长成正常幼苗的能力，常采用发芽率和发芽势表示，是决定种子质量优劣的重要指标之一。在拌种前和播种前应做好发芽试验，根据种子发芽率的高低计算播种量，既可以防止劣种下地，又可以保证田间苗齐、苗全，为小麦高产打下良好基础。

种子发芽率是指在适宜的温度和水分条件下，发芽试验终期（7 d 内）长成的全部正常幼苗数占供试种子总数的百分率。种子的发芽率越高，表示有生活力的种子数越多，播种后成苗率高，小麦原种和良种的发芽率应不低于 85%。

种子发芽势是指在适宜的温度和水分条件下，发芽试验初期（3 d 内）长成的全部正常幼苗数占供试种子总数的百分率。种子发芽势越高，表明种子发芽出苗迅速、整齐、活力高。

（四）种子活力

种子活力是种子发芽和出苗率、幼苗生长的潜势、植株抗逆能力和生产潜力的总和，是种子品质的重要指标。高活力的种子，发芽迅速、出苗整齐，可以逃避和抵抗病虫害，同时由于幼苗健壮、生长旺盛，具有和杂草竞争的能力；反之，出苗能力弱，受田间不良环境影响大。长期以来都是用实验室发芽试验检验种子的质量,生产实践表明,实验室的发芽率与田间的出苗率之间往往存在很大差距。遗传性决定种子活力强度的可能性,发育程度决定活力程度表现的现实性,贮藏条件则决定种子活力下降的速度。种子活力是一项综合性指标,受种子的遗传基础、种子成熟程度、种子大小、种子水分含量、种子机械损伤和种子成熟期的环境条件影响,还受收获、加工、贮藏和萌发过程中外界条件的影响。

(五)种子水分

小麦种子收获到播种要经历高温高湿的夏季,种子水分含量过高会影响播种质量。种子含水量是检验种子质量的指标之一。种子内所含水分包括游离水、束缚水和化合水3种。种子水分测定的主要对象是游离水。小麦种子含水量的国家标准为12%,在种子入仓时如遭连续阴雨或灾害性气候,最多也不能超过13.5%。如果是散装种子,数量较大,首先划分种子批,后进行取样,即在仓库四角(距边10～20 cm处)、中间计5点,上、中、下3层(上下各距面、底20 cm处),合计15点,取样品后按规定的操作方法测定种子水分。袋装种子,在划分种子批后,按5点式或棋盘式方法取样品测定种子水分,取样后用烘箱烘干(100～105℃,约8 h),其计算公式为:

种子含水量(%)=(干燥前供检种子质量 – 干燥后供检种子质量)/干燥前供检种子质量 ×100

三、种子精选与处理

小麦生产的种子准备应包括种子精选和种子处理等环节,是小麦生产中不可缺少的步骤。

(一)种子精选

在选用优良品种的前提下,种子质量的好坏直接关系出苗与生长的整齐度,以及病虫草害的传播蔓延等问题,对产量有很大影响。实施大面积小麦生产,必须保证种子的饱满度好,均匀度高,这就要求必须对播种的种子进行精选。精选种子一般应从种子田开始。

1. 建立种子田

种子田就是良种供应的繁殖田。良种繁殖田所用的种子必须是经过提纯复壮的原种,应保持良种的优良种性,包括良种的特征特性、抗逆能力和丰产性等。种子田收获前还应进行严格的去杂去劣,保证种子的纯度。

2. 精选种子

对种子田收获的种子要进行严格的精选。目前精选种子主要是通过风选、筛选、泥水选种、精选机械选种等方法，通过种子精选可以清除杂质、瘪粒、不完全粒、病粒及杂草种子，以保证种子粒大、饱满、整齐，提高种子发芽率、发芽势和田间成苗率，有利于培育壮苗。

（二）种子处理

小麦播种前为了促使种子发芽出苗整齐、早发快长以及防治病虫害，还要进行种子处理。种子处理包括播前晒种、药剂拌种和种子包衣等。

1. 播前晒种

晒种一般在播种前 2～3 d，选晴天晒 1～2 d。晒种可以促进种子呼吸，提高种皮的通透性，加速种子的生理成熟过程，打破种子的休眠期，提高种子的发芽率和发芽势，消灭种子携带的病菌，使种子出苗整齐。

2. 药剂拌种

药剂拌种是防治病虫害的主要措施之一。生产上常用的小麦拌种剂有 50% 辛硫磷，使用量为每 10 kg 种子 20 mL；2% 戊唑醇，使用量为每 10 kg 种子 10～20 g；15% 三唑酮，使用量为每 10 kg 种子 20 g，可有效防治地下害虫和小麦病害。

3. 种子包衣

把杀虫剂、杀菌剂、微肥、植物生长调节剂等通过科学配方复配，加入适量溶剂制成糊状，然后利用机械均匀搅拌后涂在种子上，称为包衣。包衣后的种子晾干后即可播种。使用包衣种子省时、省工、成本低、成苗率高，有利于培育壮苗，增产比较显著。一般可直接从市场购买包衣种子，生产规模和用种较大的农场也可自己包衣，可用 2% 咯菌腈作为小麦种子包衣的药剂，使用量为每 10 kg 种子拌药 10～20 mL。

第二节　施肥与耕作

一、小麦的需肥规律

小麦的正常发育需要吸收碳、氮、氢、氧、钾、磷、钙、镁、硫等大量元素和铁、锰、硼、锌、铜、钼等微量元素。其中碳、氢、氧占小麦植株干重的 95% 左右，主要是从空气和水中吸收，而氮、磷、钾等元素则需要从土壤中吸收，靠土壤养分来供给。高产小麦具有如下需肥特性：一是氮素的临界期。氮素的临界期在幼穗分化的四分体期和分蘖期，如果在这两个时期氮素营养不能进行有效的供给，会导致小麦发育不良，进而影响小麦的产量。二是磷素的营养期限。磷素的营养需求期主要集中在小麦的三叶期，小麦吸收磷素的有效时期主要在拔节孕穗期，此时应适当施用磷肥，以确保幼穗发育。三是钾素的临界期。钾素的临界期在拔节期，小麦通过钾元素来增长茎秆，此期应适当施用钾肥，防止后期叶片早衰，保证穗粒大小，达到预期的产量。

小麦每形成 100 kg 的籽粒，需从土壤中吸收氮素 2.5～3 kg，磷素 1～1.7 kg，钾素 1.5～3.3 kg，氮、磷、钾比例为 3∶1∶3。由于各地气候、土壤、栽培措施、品种特性等条件不同，小麦产量也不相同，因而对氮、磷、钾的吸收总量和每形成 100 kg 籽粒所需养分的数量也不尽相同。不同地区的小麦在不同生育期吸收氮、磷、钾养分的规律基本相似。一般氮的吸收有两个高峰，一是从出苗到拔节阶段，吸收氮量占总吸收量的 40% 左右；二是拔节到孕穗开花阶段，吸收氮量占总吸收量的 30%～40%。小麦拔节至孕穗、抽穗期，植株从营养生长过渡到营养生长和生殖生长并进的阶段，是小麦吸收养分最多的时期，也是决定麦穗大小和穗粒数多少的关键时期。因此，适期施拔节肥，对增加穗粒数和提高产量有明显的作用。小麦在抽穗至乳熟期，仍应保持良好的氮、磷、钾营养，以延长上部叶片的功能期，提高光合效率，促进光合产物的转化运转，有利于小麦籽粒灌浆、饱满和增重。小麦后期缺肥，可结合病虫害防治喷施叶面肥或植物生长调节剂。

二、小麦的合理施肥

合理施肥是指通过施肥手段调控土壤养分，培肥地力，经济有效地满足小麦高产对肥料的需求。研究表明，施肥对小麦增产的贡献率小于土壤基础肥力对产量的贡献率，提高小麦产量的基本途径是通过合理施肥来培肥地力实现的。小麦是需肥较多的作物，不同生育期吸收氮、磷、钾养分的吸收率不同，各生育阶段的施肥技术也不同。

（一）培肥地力

培肥地力应以有机肥为主，辅之适量的化肥，有机肥源充足的地区，应以有机肥（秸秆还田）为主，有利于增加土壤有机质，改善土壤结构，提高土壤持续供肥能力。

（二）施足基肥

小麦生产中，基肥施用量在总施肥量中占比为 50%～70%，在小麦播种前将基肥施入，主要为有机肥，适当搭配速效性、持效性肥料。底肥能保证小麦苗期生长对养分的需要，促进其早生快发，使麦苗在冬前长出足够的健壮分蘖和强大的根系，并为春后生长打下基础。底肥的数量应根据产量要求、肥料种类、性质、土壤和气候条件而定。底肥应以有机肥料为主，适量配合施用氮、磷、钾等化学肥料，随着科技的不断进步，目前许多地区都在使用比例适中的复合肥，效果较好。一般亩施农家肥 1 000～1 500 kg，复合肥 30～50 kg。

（三）合理使用种肥

小麦播种时用适量速效氮、磷肥作种肥，能促进小麦生根发苗，提高分蘖，增加产量，对晚茬麦和底肥不足的麦田有显著的增产效果。试验证明，施用硫铵拌种的可增产 10% 左右。氮肥作种肥，一般亩施硫酸铵 3 kg、尿素 2.5 kg，碳酸氢铵因易挥发造成种子灼伤而不能作种肥。磷肥作种肥，可预先将过磷酸钙与腐熟的农家肥粉碎过筛后，制成颗粒肥与小麦种子混播；也可将过磷酸钙撒在土表后，浅耙与土混匀再行播种。磷酸钙亩用量一般为 7.5 ～ 10 kg。土壤肥沃或底肥充足的麦田，可以不施种肥。

（四）根据品质要求，合理配施比例

根据优质小麦强、中、弱筋不同，采用不同施肥比例可有效促进小麦高产优质。一般而言，弱筋小麦一生用氮量控制在 12 ～ 14 kg，基叶肥和拔节孕穗肥运筹比例为 7：3，拔节孕穗肥在倒三叶时施用。弱筋小麦穗肥应控制氮肥的使用。中筋小麦一生施纯氮量控制在 14 ～ 16 kg，基叶肥和拔节孕穗肥运筹比例为 6：4，拔节孕穗肥分别在倒三叶与倒二叶时施用。强筋小麦亩产 500 kg 以上的田块，要求亩施优质土杂肥 2 000 ～ 2 500 kg、纯氮 16 ～ 18 kg、五氧化二磷 6 ～ 7.5 kg、氧化钾 5 ～ 7.5 kg，其中全部有机肥、磷肥、钾肥均作基肥。强筋小麦在生育后期对氮的需求量较大，追肥应在起身、拔节期。对群体较小的麦田症应重施起身肥，促进大成穗，提高成穗率，促进穗分化，争取穗大粒多。对群体大小适中、个体生育健壮的麦田应重施拔节肥。一般亩追施尿素 10 kg。

三、适合小麦的肥料种类

（一）有机肥

绝大多数有机肥都可用于小麦的种植，主要包括堆肥、沤肥、厩肥、沼气肥、绿肥、作物秸秆、饼肥、泥肥等。有机肥富含多种养分，养分释放速度慢，肥效长，主要用作小麦的底肥，在播种时穴施或条施。

（二）氮肥

我国北方冬小麦基本上全部种植在旱地土壤上，小麦对氮肥主要以铵态氮的形态吸收利用，所以氯化铵、碳酸氢铵、尿素、硫酸铵、硝酸铵等都可用于小麦的生产中，底肥以尿素、长效碳铵、硫酸铵为好，追肥以速效的碳酸氢铵为好。另外，小麦属冬季作物，硝态氮肥（硝铵）也可以应用。值得说明的是这些氮肥种类可兼作底肥和追肥施用。尿素含氮量高，但是含有缩二脲，影响种子的萌发和幼苗生长，一般不宜与种子混合播种；硫酸铵的吸湿性小，容易溶解，适量使用对种子的萌发和幼苗生长无

不良影响，适合作小麦种肥，可直接与种子混合播种。

（三）磷肥

我国土壤存在缺磷现象，播前施用磷肥是提高小麦产量的重要途径之一，一般选用钙镁磷肥、过磷酸钙、磷酸二铵、磷酸二氢钾等。钙镁磷肥不易潮解，不结块，对种子没有腐蚀性，施入土壤后不易流失，容易被土壤中的酸和作物根系分泌的酸分解，被作物吸收利用，宜作小麦种肥，亩用量为 5 ～ 10 kg，也可拌种施用。过磷酸钙容易溶解，多集中在施肥点 0.5 cm 的范围内，含有游离酸，具有腐蚀性，容易吸湿结块，施入土壤后，易被土壤化学固定降低磷肥肥效，不能与种子接触，不宜用作种肥，条施每亩 5 ～ 7.5 kg，与 5 ～ 10 倍的腐熟有机肥混施。磷酸二铵是以磷肥为主的氮、磷二元复合肥，每亩用量为 5 ～ 3 kg。磷酸二氢钾是磷、钾二元复合肥，可以改善小麦苗期磷钾营养，促进根系下扎，有利于苗全苗壮。可以拌种，用磷酸二氢钾 500 g，兑水 5 kg，溶解后拌麦种 50 kg，拌匀堆闷 6 h 后播种；还可以浸种，将选好的麦种放入 0.5% 的磷酸二氢钾溶液中，浸泡 6 h，捞出晾干后播种。

（四）钾肥

钾元素在植物体内几乎都以离子态存在，主要起催化剂作用。施用钾肥能促进碳水化合物的形成与转化，使叶中的糖分向生长器官运输，促进蛋白质合成，促进氨基酸向籽粒中运转的速率，同时也增大了氨基酸转化为籽粒蛋白质的速度，从而使蛋白质含量提高。在氮、磷供应较充足时，增施钾肥对籽粒产量和品质都是有益的，氮、磷充足时，钾肥才能发挥肥效。生产上一般使用的钾肥为氯化钾、硫酸钾和硝酸钾，一般作为底肥施用，硝酸钾每亩用量 5 ～ 10 kg。总之，氮、磷、钾适当配比施用，对提高小麦产量和品质有很大作用。

第三节 播 种

一、麦田土壤要求

小麦植根于土壤，土壤中水、肥、热直接影响根系的生长发育及活力，进而影响地上部植株生长及小麦产量和品质。土壤条件对小麦品质的影响几乎与气候因素同样重要。一般认为，土壤类型、土壤质地和土壤肥力等因子均能对籽粒品质产生较大影响。

（一）土壤的松紧度、酸碱度和含盐量

土壤松紧适中，孔隙适宜，水、肥、气、热因素比较协调，具有较好的保水保肥能力，

养分含量高,供肥能力强,耕性好,有利于小麦的根系生长和产量形成。沙质土壤结构松散,水、肥、气、热等因素协调差,土壤中沙粒含量高,孔隙较多,温度变化幅度大,保肥保水能力差,养分含量低,供肥能力弱,限制了小麦的生长发育和产量的提高。黏质土壤结构紧密,遇涝则土壤透气性差,造成闷苗,遇旱则土壤收缩龟裂,拉断根系,也不利于小麦高产。土壤的活土层在 25～40 cm,处于松而不散、黏而不紧的状态最适于小麦的生长。

土壤的酸碱性和含盐量对小麦的生长影响很大。小麦正常生长要求的 pH 6～7,近于中性,超出此范围,小麦的生长受到抑制,严重的会导致死苗。

(二)深厚的土层

在土体剖面构造自上而下的耕作层、犁底层、心土层和底土层中,深厚的耕作层是获得小麦丰产的重要土壤因素。小麦的根系有 60%～70% 分布在该层,这一层的有机质含量、结构、松紧状况等对小麦的生长发育影响很大。土层过浅,保水保肥能力差,不利于小麦高产。一般认为,土层厚度低于 40 cm 时不适于种植小麦。

(三)肥沃的土壤

土壤的有机质含量与小麦产量密切相关。据调查统计,山东省高产地块土壤有机质含量大都在 1% 以上。有机质所含养分比较全面,其中的腐殖酸、胡敏酸类能促进作物生长发育,活化土壤中的微生物,释放土壤中的矿质营养。腐殖质还能促进团粒结构的形成和各种矿物质的溶解,改善土壤的理化性质,加速养分的转化。有机质含量的高低一般与土壤肥力水平相一致,土壤供肥能力主要指速效养分供应的数量和持续时间,供肥能力强的土壤肥劲大而平稳,是小麦高产稳产的重要物质基础,也是持续高产的可靠保证。

二、麦田耕作方式

耕作和培肥是影响小麦生长发育和产量形成的重要因素。土壤耕作是借助外部机械力调节土壤中的水、热、气、肥等因子,改变其物理化学性状,达到作物高产的一项重要措施。

(一)少耕

少耕是指在一定的生产周期内合理减少耕作次数或增大耕作间隔,从而减少耕作面积的耕作法。在季节间、年间轮耕,减少中耕次数或免中耕等都属于少耕的范畴。从 20 世纪 50 年代起,各国提出了多种类型的少耕法。如保留翻耕环节的少耕方法有去掉耙耕环节、翻后直接播种,保留耙耕环节、去掉中耕等;免去翻耕环节的少耕法有以深松代翻耕、以旋耕代翻耕、间隔带状耕种、连年耙地、旋耕、垄作等。我国的松土播种法就是采用凿形犁或其他松土器进行平切松土，然后播种。带状耕作法是把耕翻局限在行内，行间不耕地，作物残茬留在行间。国外的少耕法包括耕播法、耕后播种法、轮迹播种法、带状播种法、耙茬播种、局部深松代替耕翻、旋耕代替耕翻等。

（二）免耕

免耕又称零耕、直接播种，指作物播前不用犁、耙等整理土地，直接播种，作物生育期间不使用农具进行土壤管理的耕作方法。国外的免耕一般由三个环节组成，利用前作残茬或播种牧草作为覆盖物；采用联合作业免耕播种机开沟、喷药、施肥、播种、覆土、镇压，一次完成作业；采用化学药剂防治病虫害及杂草。

免耕和少耕法具有以下几个特点：一是地面残茬覆盖可以减轻雨水对土壤的直接冲击，减少地面径流和水土流失，减少地面蒸发，降低风速，抗御风沙危害；二是与传统耕作法相比，用先进的机具代替传统耕作的机具和耕作，如用免耕播种代替传统的犁、耙等多种农具作业，实行一机或一次完成多项作业，可以减少机具进地次数，减轻农机具对土壤的压实和对土壤结构的破坏程度；三是用除草剂、杀虫剂、杀菌剂代替土壤耕作防草和防病虫害，降低人力成本，可以有效节约能源，降低生产投资；四是依靠作物根系和蚯蚓使土壤疏松，即利用生物代替土壤耕作来维持一定的土壤耕层结构，并增加有机质和水稳性团粒，免耕法的耕层紧实度比较适宜，减缓了土壤有机物质的矿化率，有利于有机质的积累和作物根系的生长；五是做到不违农时，扩大了复种面积。美国在应用免耕法之后，一年两熟的面积向北纬推进了 2°。

免耕法或少耕法节约劳力，减少了动力、机具与燃油的消耗，降低了生产成本，提高了劳动生产率，节约了耕作时间，减少了因耕作造成的土壤养分丢失，地面覆盖加上土壤紧实，减少了土壤侵蚀量，降低了土壤物质的消耗。少耕免耕也存在一些问题，如残茬覆盖地面，土壤温度偏低，对寒温带和温带地区的春播作物出苗和冬作物的苗期生长不利，且作物秸秆覆盖物在分解时产生的一些带苯环的有毒物质，会抑制微生物的活性，在一定程度上影响作物的生长。同时，免耕法病虫害较多，多年生杂草不易根除。

（三）深耕

深耕是利用拖拉机带动犁具将深层土壤翻到地表的过程，目的是打破犁底层、增加土壤透气性、减少病虫害以及增加土壤的蓄水能力等，一般来说，深耕是耕地整地的基础。

深耕深翻虽然能够破除犁底层，加深耕层，改善土壤理化性状，降低容重，增加孔隙度，使水肥库容增加，促进土壤养分分解，从而提高土壤肥力；深耕还能减少杂草和病虫危害，扩大根系伸展范围，促进小麦根系生长发育，防御后期早衰和倒伏；对于土层深厚的水浇麦田，深耕在于打破犁底层；对于土层较薄的山丘地，通过深耕可以加深活土层，有利于植物健康成长，但是深耕易打乱土层，降低当季土壤肥力，使耕层失墒过快；土壤过松，影响麦苗生长；在干旱年份播前深耕易影响苗全、苗壮，并且费工费时、延误播期；深耕能源消耗较多，生产上常出现深耕地当季减产的实例，所以深耕必须因地制宜，最好采用大型拖拉机或小拖带双铧犁进行深耕，以确保耕翻深度达到要求。

深耕后效一般可维持 2～3 a，可以每隔 2～3 a 深耕一次，这样既可防止犁底层形成，又节约成本。水稻茬麦田插稻前大多进行了深耕，一般采用旋耕即可，这样做既省工，又利于加快整地进度，实现抢时播种。深耕要结合增施肥料，肥料多时，应尽量分层施肥，在深耕前铺施一部分，浅耕翻入耕作层；若肥料少，在深耕后铺肥，再浅耕掩肥。深耕的适宜深度为 25 cm 左右。

（四）旋耕

旋耕是利用拖拉机带动旋耕机对土壤进行旋耕处理。通过旋耕机的旋耕齿，将 10～15 cm 深的表层土壤旋转打碎，达到疏松表层土壤的目的。

旋耕分为原茬旋耕和翻后旋耕。原茬旋耕所能作业的深度较小，一般只能松动 10 cm 左右的表层土壤，对深层土壤无作用，如果长期进行表层旋耕，旋耕齿的转动会造成犁地层过浅，不利于根系生长的情况，且土壤深层的黏重结构会越来越严重。翻后深耕是在翻耕后进行旋耕，通过将土块打碎、打散，达到起垄或者播种以及利于平地的目的。一般翻后旋耕多用在春季起垄播种作业之前或者收获后的秋季整地作业，达到封墒、保水的目的。

（五）深松

深松是指通过拖拉机牵引深松机具疏松土壤，打破犁底层，改善耕层结构，增强土壤蓄水保墒和抗旱排涝能力的一项耕作技术。开展深松土地作业有利于农作物生长，是提高农作物产量的重要手段之一。之所以要深松土地，在于实施农机深松整地作业具有以下特点。

（1）深松可以加深耕层、打破犁底层、增加耕层厚度、改善土壤结构，使土壤疏松通气，提高耕地质量。

（2）增强雨水入渗速度和数量，提高土壤蓄水能力，促进农作物根系下扎，提高作物抗旱、抗倒伏能力，经试验对比，深耕深松一次，可使每亩耕地的蓄水能力达到 10 m³ 以上，土壤蓄水能力是浅耕的 2 倍，可使不同类型土壤的透水率提高 5～7 倍，可促进作物增产 40～70 kg。

（3）深松不翻转土层，使残茬、秸秆、杂草大部分覆盖于地表，既有利于保墒，减少风蚀，又可以吸纳更多的雨水，还可以延缓径流的产生，削弱径流强度，缓解地表径流对土壤的冲刷，减少水土流失，能有效地保护土壤。

（4）土地深松后，可增加肥料的溶解能力，减少化肥的挥发和流失，从而提高肥料的利用率。

（5）深松后可减少旋耕次数（一般旋耕一遍即可），降低成本。

深松作业，对拖拉机动力性和附着性要求较高。5 行深松机一般应配备 90 马力（1 马力 ≈ 735 W）以上的拖拉机，四轮驱动牵引效果更好。

（六）其他土地作业方式

耙耕、镇压与耙糖可使土壤细碎，消灭坷垃，使土壤上松下实。目前，大部分麦田，细耙是最薄弱环节，大拖拉机深耕后，由于缺乏深耙机具，往往用旋耕耙作业，造成表层土碎发虚，而下部坷垃打不碎，耕层空，上虚而下不实，严重影响播种均匀度和幼苗生长发育，尤其是遇到旱年，不良作用尤为明显。

耙地次数以耙碎耙实、无明暗坷垃为原则，播种前遇雨，要适时浅耙轻耙，以利保墒和播种。对耕作较晚、墒情较差、土壤过于疏松的地块，播种前后可进行镇压，以沉实土壤，保墒出苗。但土壤过湿、涝洼及盐碱地不宜镇压。不同耕作措施必须保证底墒充足，并使表面环境适宜，一般要保证土壤水分占田间最大持水量的 60% ～ 70%，黏土地土壤含水量在 20% ～ 22%，壤土地土壤含水量 18% ～ 20%，沙壤土地土壤含水量在 16% ～ 20%。

因此，除千方百计通过耕作措施蓄墒保墒外，在干旱年份播种前土壤底墒不足时，要蓄水造墒，可在整地前灌水造墒，或整地作畦，再灌水造墒，待墒情适宜时再耕锄耙地，然后播种。有些田块可以在前茬作物收获前浇水造墒，也可在整地后串沟或作畦造墒。对于低洼地要注意排水放墒，防止产生渍害，烂籽烂苗。

水浇麦田要求地面平整，以充分提高灌水效率，并保证播种深浅一致，出苗整齐。为此要坚持整平土地，做到耕地前大整，耕地、作畦后小整。所谓地平，就是地面平整，既有利于机械化耕作，提高播种质量，同时还有利于灌水均匀，达到不冲、不淤、不积水、不漏浇的要求。畦规格各地差异较大，原则上，畦长一般不超过 50 m，畦宽不超过 10 m。另外要考虑种植方式与播种机配套。

三、播种时期

（一）播期确定的原则

1.适期播种

一般冬性品种适期播种的日平均气温为 16 ～ 18℃，半冬性品种为 14 ～ 16℃。培育冬前壮苗，冬性和半冬性品种要保证冬前有效积温在 550 ～ 600℃，同时还要考虑天气条件、肥力水平、病虫害和安全越冬等情况。一般豫北及豫西地区适宜种植的时间为 10 月 4 日—13 日，局部丘陵山区适宜种植的时间为 10 月初。豫中、豫东地区最佳种植时间为 10 月 7 日—15 日。豫西南地区适宜种植时间为 10 月 15 日—23 日。豫南地区适宜种植时间为 10 月 17 日—26 日。

2. 合理播种量

合理播种量、适宜的基本苗是奠定高质量群体的基础，也是构建合理群体结构、协调群体与个体、小麦生长发育与环境条件关系的重要措施。分蘖能力强、成穗率高的品种，适当减少播量，分蘖能力差、成穗率低的品种，适当增加播量；播种早的播量适当减少，播种晚的播量适当增加；土壤水肥条件较好的地块基本苗宜稀，播量宜少；土壤水肥条件较差或是旱地麦田，宜适当增加基本苗，播量宜适当增加。适期播种一般每亩的基本苗在 12 万～ 20 万株。播种时日均气温低于 15℃应适当推迟播种，每推迟播种 1 d，基本苗每亩应增加 1 万株左右。

3. 精细播种

用符合要求、质量合格的小麦播种机播种，并根据各地实际情况确定适宜播种行距，做到行距一致、播量精准、深浅一致，播种深度 3 ～ 5 cm，不漏播、不重播。带镇压器的播种机要做到随播随压，不带镇压器的播种机播种后要用镇压器镇压。要保证镇压的力度，确保镇压的质量，做到踏实土壤，减少土壤墒情散失，以促进麦苗生长，培育冬前壮苗，扩大壮苗比例。

（二）播期确定的方法

适宜的播期是指某一品种在某一区域能够安全、经济的获得最高产量的播种期。适期播种，主要目的是使小麦的各个生育阶段都处于相对适宜的环境条件下，避开或减轻不利环境因素如低温、高温或干旱的危害。

适宜播期的原则是要使小麦出苗整齐，出苗后有合适的积温，使麦苗在越冬前能形成壮苗。例如在北方冬麦区常说的壮苗标准是：三大两小五个分蘖（包括主茎一共 5 个单茎），十条根七片叶（一般为六叶一心），叶片宽厚颜色深，趴地不起身。

1. 根据小麦品种特性

冬性、弱冬性、春性品种要求的适宜播种期有严格区别。在同一纬度、海拔高度和相同生产条件下，春性品种应适当晚播，冬性品种应适当早播。

2. 根据地理位置和地势

一般是纬度和海拔越高，气温越低，播期就应早一些，反之则应晚一些。大约海拔每增高 100 m，播期提早 4 d 左右；同一海拔高度不同纬度，大体上纬度递减 1°，播期推迟 4 d 左右。

3. 根据冬前积温

积温即日平均气温 0℃以上的温度总和。冬小麦冬前苗情的好坏，除水肥条件外，和冬前积温多少有密切关系。能否充分利用冬前的积温条件，取决于适宜播期的确定，在生产上要根据当年气象预报加以适当调整。播种期与温度密切相关，一般小麦种子在土壤墒情适宜时，播种到萌发需要 50℃ 的积温，以后胚芽相继而出，胚芽鞘每伸长 1 cm，约需要 10℃，当胚芽鞘露出地面 2 cm 时为出苗标准，如果播深 4 cm，种子从播种到出苗一共需要积温约 110℃（50℃ +4×10℃ +2×10℃），如果播深为 3 cm，则出苗需要积温为 100℃。在正常情况下，冬前主茎每生长 1 片叶需要 70～80℃ 的积温，按冬前长 6～7 叶为壮苗的叶龄指标，需要 420～560℃ 的积温，加上出苗所需要的积温，形成壮苗所需要的冬前积温为 530～670℃，平均在 600℃。按照常年的积温计算，冬前能达到这一积温的日期就是适期播种期。如北方冬麦区在秋分播种均为适期播种，黄淮麦区在秋分至寒露初均为适宜播种，各地应根据当地的气温条件来确定。一般冬性品种掌握在日平均气温为 17℃ 左右时就是播种适期，半冬性品种播种适期平均气温可掌握在 14～16℃，春性品种播种适期平均气温 12～14℃，一般冬性品种可适期早播，半冬性、偏春性品种可适当晚播，总之，根据有效积温确定适宜播期，还要考虑有关的土壤质地、肥力等栽培条件，也可进行适当调整。

适期播种可充分合理利用自然光热资源，是实现全苗、壮苗、夺取高产的重要环节。播种早了，苗期温度较高，麦苗生长发育快，冬前长势过旺，不仅消耗过多的养分，而且分蘖积累糖分少，抗寒能力弱，容易遭受冻害，同时早播的旺苗还容易感病。播种过晚，由于温度低，幼苗细弱，出苗慢、分蘖少（甚至无分蘖），发育推迟，成熟偏晚，穗小粒轻，造成减产。适期播种，可以充分利用秋末冬初的一段生长时间，使出苗整齐，生长健壮，分蘖较多，根系发育良好，越冬前分蘖节能积累较多的营养物质，为小麦安全越冬、提高分蘖成穗率和壮秆大穗打好基础。

四、播种量

小麦适宜的播种量是建立合理的丰产群体结构、协调好群体和单株发育的关键，也是最大潜能地发挥高产的前提。小麦播种量大，不仅会造成小麦拥挤、个体发育不良，易导致冬季冻害的发生，而且会由于群体过大，使小麦的病虫害和后期倒伏发生概率增高；反之，播种量相对较低的话，虽然麦穗较大，千粒重较重，但会制约亩产量，降低小麦耐旱系数。小麦想要获得高产，就要做到一播全苗，达到苗齐、苗匀和苗壮，为明年小麦高产、稳产创建合理的丰产群体，只有准确、灵活地掌握播种量才能达到这一要求。要根据地力和水肥条件确定目标产量，由目标产量确定每亩穗数，由每亩穗数确定适宜的基本苗数，然后根据基本苗数、品种的千粒重以及发芽率、田间出苗率计算出适宜的播种量。

一般情况下，根据地力和肥力，各类麦田的适宜基本苗数为：精播高产田，成穗率高的品种每亩基本苗 8 万～10 万株，成穗率低的品种每亩基本苗 10 万～12 万株。

弱筋小麦亩基本苗应比同期播种的中筋小麦适当增加。半精量播种中产田，每亩基本苗14万～19万株，晚茬麦田每亩基本苗25万～30万株，独秆麦每亩基本苗40万～50万株。凡是地力、水肥条件好的取下线，反之取上线。

播种量的计算公式：

播种量（kg/亩）= 基本苗（万/亩）×[千粒重（g）÷100÷发芽率÷田间出苗率]

如每亩地计划基本苗为18万株，种子千粒重为43 g，发芽率为90%，田间出苗率为85%，则每亩的播种量为：播种量（kg/亩）=18×（43÷100÷0.9÷0.85）=10.1 kg。

五、播深

播种质量的好坏除与品种的选择、播种的日期及播量、整地施肥有关外，还与播种的深浅有关。高产栽培的播种质量要求达到落籽均匀，深度适宜，深浅一致，无露籽、丛籽、深籽现象。具体播种深度根据地区、土质、气候、土壤墒情等条件一般掌握在3～5 cm为宜。小麦播种好不好，关系到能不能早出苗及一播全苗，因此，小麦播种质量好是小麦高产栽培的首个技术环节。

在遇到土壤干旱时，为利于出苗，可以适当增加播种深度，但也不宜过深。另外田要整平，并深耕细耙，对于土壤过于疏松的田块、秸秆还田田块或耕后未耙细耙实的田块，容易发生播种过深现象。撒种后，对土壤进行翻耕或旋耕也容易发生播种过深现象。另外，机械播种的、机手播种经验不足或播种机深浅度没有调整好等也容易导致播种过深现象。

播种太浅，不利于根系发育，影响出苗，丛生小叶，分蘖节入土浅，越冬易受冻害，即使出苗后及时采取追肥、浇水等措施，也收不到很好的改善缓解效果，会严重影响产量。

播种过深，幼苗出土消耗养分太多，导致出苗迟，麦苗生长弱，影响分蘖和次生根发生，甚至导致出苗率低、无分蘖和次生根、越冬死苗率高。为避免播种过深，要及时趁土壤墒情较好时整平田块播种，播前对土壤深耕细耙，使田间土壤颗粒大小保持均匀一致，以避免播种深浅不一，同时尽量采用机械化播种，并找有播种经验的机手调整好播种机播种深度后进行播种。对于撒播田块，可以耙平或二次旋耕，也可有效防止过深播种；对于秸秆还田田块，除对土壤进行深耕细耙外，还要注意将田间秸秆分布均匀，并进行土壤镇压，避免土壤过于疏松引起播种过深。

若播种过深，可在出苗前及时用竹耙或铁耙等工具，从播种沟中间向两边垄间进行轻扒土表，以降低种子深度，降低出苗难度，利于小麦早出苗，出好苗，成壮苗。如果种植面积大，不便人工扒土的，或播种过深已经出苗的田块，只能进一步加强管理，适时追施肥料，并保持水肥供应均衡，防治好病虫草害，尽可能降低播种过深带来的不利影响，确保小麦高产、稳产。

六、 种植方式

（一）确定种植方式的原则

根据地块熟制，确定合理的产量目标，尽可能地满足不同熟制的要求，例如麦田套种棉花、玉米、花生等的耕作制度，要预先留出播种其他作物的行距。根据地力、播期、播种量以及播种机具条件，如麦田肥力高、播种早的田块，可适当加宽行距或采用宽窄行播种。也可根据品种特性选择合适的播种方式，如分蘖能力强、植株高的可适当加大行距。

（二）确定适宜的播种方式

小麦的播种方式有条播、撒播和点播，目前广泛采用的是条播，主要是以下几种方法。

1. 等行距条播

一般田用 17 cm 等行距机播，肥力较高的地块，特别是高产田，因需要改善通风透光条件，可将行距加大到 20 ～ 24 cm。这种方式的优点是可以增加小麦前期地表覆盖度，提高光能利用率，减少地表水分的无效蒸发，节水效果明显；单株营养面积均匀，能充分利用地力和光照，植株生长健壮整齐。对亩产 500 kg 以下产量水平的地块较为适宜。

2. 宽窄行条播

宽窄行条播又称大小垄条播，高产田采用宽窄行播种较等行距播种可增产10% ～ 16.4%。宽窄行条播一般在亩产 500 kg 以上的高产地块使用。一般采用窄行 15 cm，宽行 20 ～ 24 cm；高产田可采用窄行 15 cm，宽行 30 ～ 33 cm。这种方式的优点是便于除草、松土与加强田间管理；改善了麦田的通风透光条件，充分发挥了边际效应；宽行距有利于看清垄行，收割时田间损失小。

3. 宽幅精播

宽幅精播以扩播幅、增行距、促匀播为核心，一是扩大了播幅，将播幅由传统的 3 ～ 5 cm 扩大到 7 ～ 8 cm，改传统密集条播籽粒拥挤一条线为宽播幅种子分散式粒播，有利于种子分布均匀，提高出苗整齐度，无缺苗断垄及无疙瘩苗现象出现。二是增加了行距，将行距由传统的 15 ～ 20 cm 增加到 26 ～ 28 cm，较宽的行距有利于机械追肥，实行条施深施，既可节省肥料，又可提高肥料利用率。三是播种机有镇压功能，可以一次性镇压土壤，耙平压实，播后形成的波浪形沟垄，有利于增加雨水积累。

4. 立体匀播

利用小麦立体匀播机使施肥、旋耕、播种、第一次镇压、覆土、第二次镇压 6 道工序一次作业完成。小麦立体匀播技术参数为，覆土深度（4 ± 1）cm，冬小麦水浇地株距（5.9 ± 0.7）cm，冬小麦旱地株距（5.2 ± 0.5）cm，春小麦株距（3.9 ± 0.2）cm。小麦立体匀播的特点是改常规条播田间分布的"一维行距"为"二维株距"，出苗后无行无垄，均匀分布，使小麦株距均匀，使常规条播麦苗集中的一条"线"，变为麦苗相对分布均匀的一个"面"，减少了传统条播造成的行垄之间的裸地面积，减少了杂草的滋生，也减少了土壤水分的蒸发，同时避免了断垄缺苗，促使麦苗单株充分健壮发育，根多苗壮，从而建立了高质量的优势蘖群体结构，有利于根系生长发育，实现根多根壮，根系发达，能更好地吸收利用土壤水分和养料，形成相对健壮的植株，提高植株抗病虫能力和生长后期抗倒伏能力。把常规条播的边行优势升华为单株优势，使小麦个体发育在群体增加的条件下，充分发挥优势蘖的生长优势，促使穗、粒、重的协调发展，实现增产增收。

七、 播后镇压

小麦播后镇压比浇水施肥都重要。现在秸秆还田＋旋耕播种，把秸秆翻到13～15 cm的土层，会造成土壤松暄。如果播后不镇压，小麦种子与土壤接触不紧密，易导致出苗困难，秋季、冬季没问题，因为此时小麦生长较慢，不需要太多水分，但当春季返青后生长加快，此时根系与土壤接触不密切，就会出现根系吸水困难，会造成干苗、死苗现象。

小麦播后镇压是保证小麦出苗质量，抵御旱灾、低温冻害的有效措施，是提高小麦产量的重要手段。镇压后可压实土壤，减少透气跑墒，减轻冻害发生程度，还会使根系与土壤密切接触，增强对水分、养分的吸收能力，促进弱苗的升级转化。通过镇压控制地上部的旺长，促进根系生长，可以提高小麦冬季抗冻能力以及来年春天抗倒春寒的能力和后期抗干热风、抗倒伏的能力。小麦镇压时间一般可在越冬前或者返青至起身期进行，具体根据管理需求进行。如果播种早，在10月5日前播种，播种量超过10 kg，都存在冬前旺长的趋势，对这部分小麦，播种后立即进行镇压，冬前根据麦苗长势再镇压2～3遍。对旺长的麦苗进行镇压，可以控上促下，抑制旺长。一般来说，麦田镇压可以多次进行，在播后可以立即镇压，也可在小麦分蘖后至土壤上冻前进行冬前镇压，也可以在春季返青后至起身前进行早春镇压。

（一）播后镇压的意义

有利于压实土壤，粉碎坷垃，填实缝隙，增温保墒，避免跑风失墒；可以增强土壤与种子的密接程度，使种子容易吸收土壤水分，提高小麦出苗率和整齐度，提高小麦抗旱抗冻能力；有利于小麦生长发育，促进分蘖和次生根增长；有利于降低基部节间长度，增强抗倒伏能力，促进大蘖生成，控制无效分蘖，增加亩穗数。

（二）镇压时间

播种后镇压的时机很重要，在晴天、中午播种，墒情稍差的，要马上镇压；在早晨、傍晚或阴天播种，墒情好的可稍后镇压。墒情特别充足的，可在出苗前甚至出苗后择机镇压；黏性土壤潮湿时不宜镇压，否则容易造成表土板结，阻碍种子顶土出苗。墒情较差的壤土、沙壤土以及一般类型的土壤，最好是随播随镇压；对于土壤水分适宜的轻壤土，可在播后半天之内镇压；土质黏重或含水量较大的土壤，则应在播后地表稍干时进行轻镇压。

小麦适时镇压能起到控旺促壮的作用。播种后不镇压，易造成小麦在遭受严寒、干旱等不利条件时死亡。作用因镇压时间不同而不同，在 3～4 叶期压麦，有暂时抑制主茎生长、促进低叶位分蘖早生快发和根系发育的作用；冬季进行小麦镇压，可以压碎土块，压实畦面，弥合土缝，有利保水、保肥、保温，能防冻保苗，控上促下，使麦根扎实，麦苗生长健壮。由于镇压后分蘖节附近土壤的水分和温度状况有所改善，麦根与土粒接触紧密，增加了根的吸收能力，有利于小分蘖和次生根的生长。镇压的次数和强度视苗情而定。旺苗要重压，一般镇压一次控制效应一周左右，因此，旺苗要连续压 2～3 次。弱苗要轻压，以免损伤叶片，影响分蘖。镇压虽好，但也要注意一些问题，不可盲目镇压，要掌握压干不压湿、压大不压小、埋苗不要压、有露水或冰冻时不压、深苗谨慎压的原则。

冬季小麦的镇压可以是压碎浮渣、弥补裂缝、保持土壤滋润和保湿，帮助小麦安全越冬。但与其他措施相比，镇压操作简单易行，周期不严格。当冬季土壤表面反复冻结时，土壤表面有较软的表土，不仅在抑制过程中能桥接裂缝，而且还起到防止幼苗过度破坏的作用。一些麦田播种后造墒，土壤出现裂缝，随着土壤含水量的降低，土壤的裂缝更加严重。随着裂缝的加剧，小麦的根系生长受到损害，并且会出现"悬挂"幼苗的现象。黄淮以北的部分地区需要浇小麦冷冻水，它可以起到保湿和提升土壤温度的作用，形成合理的群体和根系。有利于小麦的安全越冬和冬季后的正常生长。镇压还有利于防止过量的肥料流失，有助于减少肥料损失。肥料有两种通过土壤的方式，一是通过较大的裂缝到达深层土壤；二是通过挥发。镇压使土壤不仅具有保水和提水的作用，而且还减少了肥料损失，确保了肥效。

第二章　麦田管理

小麦生长发育受到气候、土壤、耕作制度、栽培措施等条件影响，麦田管理技术是获得小麦优质高产的保证。在小麦生产过程中，争取一播全苗、培育壮苗，做好苗期、中期、后期田间管理，既能充分利用耕地，有效提高单位面积的产量和经济效益，又能决定小麦的产量和质量。

第一节　冬前田间管理

适时播种的小麦从出苗到开始越冬（日平均气温 0℃时）为冬前时期，一般经历 50 ～ 60 d，期间种子发芽、叶片生长、根系发育和分蘖产生（冬前分蘖），之后便进入越冬期（大雪至立春），停止生长。此期间是小麦从种子萌发到幼穗开始分化之前的营养生长阶段，经历了长根、长叶、长分蘖，并完成春化阶段。

小麦冬季生长健壮是小麦高产的基础，合理的冬前田间管理尤其重要。一般大田种植存在缺苗断垄或疯长旺长，苗期天气干燥，雨雪少或无，造成田间土壤干燥、麦苗长势较弱等问题。为确保小麦后期正常生长以及安全越冬，冬前就要确保小麦壮苗早发，强根增蘖。因此，冬前麦田管理的主要方向是促苗齐、苗匀、苗足，培育壮苗，调整合理群体结构，防冻害，以保证麦苗安全越冬，并为越冬期及中后期小麦发育创造基础。为了促进小麦强根增蘖和安全越冬，冬前小麦管理要做好以下几项工作。

一、查苗补种，疏苗移栽，控旺促壮

小麦播种后要及时检查小麦出苗情况，这是确保苗全的第一环节。小麦由于漏种、欠墒、地下害虫为害等原因易造成缺苗、断垄、缺窝或稀密不匀，应在出苗期间及时查苗，如果发现尚未达到计划出苗要求则为缺苗，一般垄内 10 ～ 15 cm 无苗者为缺苗断垄。应对缺苗断垄处进行补种或移栽。补苗需将同品种种子在萘乙酸或冷水中浸泡 24 h 催芽后晾干，播种到缺苗处。催芽有促进发根壮苗、增加分蘖和增强抗寒性的作用，能确保苗全、均匀；对于已经分蘖仍缺苗地段或补种不及时又过了补苗最佳时期的，需要匀苗移苗。麦苗移栽一般应根据气温和土壤墒情来确定，气温低、土壤墒情差，

可在麦苗长出 3～4 叶以后、小雪节气之前进行，气温高、土壤墒情好可以提早移栽，按"疏稠补稀，边移边栽，去弱留壮"的原则，疏开疙瘩苗补栽到缺苗断垄处，覆土深度要掌握"上不压心，下不露白"，栽后要踩实、浇水并松土，无论补种或补栽，都应带足肥水，保证成活，确保早发整齐。麦苗密集或是出现疙瘩苗的，要及时疏苗移栽，麦苗之间必须有固定的间距，以保证麦苗的正常生长。

冬前小麦壮苗的标准因品种、播期、播量、地力不同而异，能达到壮苗标准的，冬前一般不追肥。年前小麦生长不是很旺盛，但不瘦弱，越冬期能安全无冻害越冬的，返青后生长稳健。对麦田养分高、水肥条件好、播期偏早等形成的麦苗生长过旺、叶片肥大、分蘖滋生过快、群体密度过大的麦田，当冬前每亩总蘖数超过 60 万个时，可用 40% 多效唑兑水均匀喷洒麦苗，以控制麦苗旺长，也可在 11 月底或 12 月初进行深中耕，切断部分次生根，抑制群体过快增长，控制发育进程，以防群体过大或拔节过早。对播种较深或出现坷垃压苗的地块，可采取减薄覆土层或移除压苗坷垃等措施，使分蘖节保持在地面以下 1～1.5 cm，助苗出土，促使早分蘖，形成壮苗。对于播种后浇蒙头水或出苗前遇雨造成地面板结的，应及时疏松土壤，保证出苗。

二、适时浇越冬水

"立冬小雪十一月，温度急降始见雪。小麦要浇封冻水，把准火候要科学。"小麦浇越冬水可增强小麦抗寒、抗旱能力，预防春旱。冬水冬肥能有效改善土壤养分、水分状况，平抑地温变化，确保麦苗安全越冬，有利于麦苗越冬长根，并为翌春小麦返青和提高分蘖成穗率创造良好的条件。已施足底肥或土壤肥力较高，群体正常，麦苗生长健壮的麦田，不追冬肥。是否浇灌冬水应根据地力、土质、墒情、苗情等情况确定。一般麦田都要浇好越冬水。对悬根苗以及耕作粗放、大土块较多、秸秆还田质量不高的田块，浇越冬水更有助于小麦生长；对地力差、施肥不足、播种偏晚、群体偏小、长势较差的弱苗地块，可结合浇水酌情施肥，促使弱苗转化成壮苗；对土壤肥力高、肥足墒足、土壤结构良好、群体适宜、个体健壮的高产田，可以不浇冬水，以控制春季旺长；对晚茬麦，冬前生育期短，叶少、根少的麦田，在底墒充足的情况下，不宜浇越冬水。由于播前底墒不足，播后雨雪少，严重影响分蘖的发生时，可酌情浇越冬水。冬水应在日平均气温 7～8℃时开始，"气温降至五六度，抓紧浇灌莫耽搁"，正值夜冻日消，冬灌水量不宜过大，以浇透且当天渗完为宜，忌大水漫灌。灌水量可根据土壤墒情酌情处理。墒情适宜的地块，冬水水量可以适当减少。在浇水后应及时划锄松土，破除土壤板结，除草保墒，促进根系发育，促壮苗，防止地表龟裂透风跑墒，造成伤根死苗。对于沙土地、壤土地特别需要浇冬水，而低洼地、黏土地、潮湿地及晚播麦田，都不适宜浇冬水。晚播的麦田，必要时仍然要浇冬水，可根据具体情况灵活掌握，原则上不分蘖不浇水，以免淤苗，影响生长和造成冻害。

三、深耕锄断根，镇压划锄

深耕锄对植株地上部有先控后促的作用，可以断老根、培新根、深扎根，促进根系发育，因而可以控制无效分蘖，防止群体过大，改善群体内光照条件，提高根系活力，延缓根系衰老，促进苗壮株健，增加穗粒数，提高千粒重，增加产量。所以浇冬水前在总茎数充足或偏多的麦田，依据群体大小和长相，采取每行深耕或隔行深耕锄，深度 10 cm 左右，耕锄后将土耧平压实，接着浇冬水，防止透风冻害。对于群体过大的麦田，深耕锄断根具有明显的控制群体发展的作用。

冬初可采用人工踩踏或用平滑型镇压器等方法对麦田进行镇压，可破碎坷垃，弥缝保墒，有效保苗越冬。镇压应在小麦浇完冬水后，在 12 月上旬至中旬，当地表经过冻融变得干酥时进行。坷垃多、裂缝多、表面秸秆多、土壤过暄和播种偏浅的麦田务必要进行冬初压麦，以压碎坷垃，弥补裂缝，减少土壤水分蒸发，保苗安全越冬。

对于土壤没有上冻且土壤不实的麦田，应迅速采取冬季镇压措施，弥合土壤裂缝，保墒提墒，防止冷空气侵袭小麦分蘖节和根系造成冻害，确保小麦安全越冬，促进小麦顺利返青。生长过旺、群体过大的麦田，可在越冬前采用耙耱、中耕、镇压相结合的措施，抑制分蘖生长。盐碱地不宜镇压。压麦应该在中午以后进行，以免早晨有霜冻镇压伤苗，地湿、阴天或有雾水时不宜压麦。

四、预防小麦冻害

冻害是指农作物在越冬期间遭受 0 ℃ 以下低温或剧烈降温时，造成植物原生质受到破坏，从而受害或者死亡。小麦越冬初期（11 月下旬至 12 月中旬），小麦的幼苗未经过抗寒性锻炼，抗冻能力较差。突遇连续多日气温下降或气温骤降，易发生冻害，致使作物损伤和减产。

预防小麦冻害可以选用抗寒性比较好的品种，提高播种质量，在小麦播种前要施足底肥，有机肥 4 ～ 4.5 t/ 亩、尿素 20 ～ 25 kg/ 亩、磷肥 40 ～ 60 kg 亩，以上 3 种肥料配合，随耕一次垫底。浇好底墒水，做到精细整地，达到地平、土细、墒好。选择适时、适量、适深播种及镇压。播种过深或加大播量会导致植株细弱而加重冻害。加强冬前田间管理，播种后要间苗、疏苗、中耕划锄，疏松土壤，破除板结，促进麦苗出土和正常生长。小麦分蘖期如遇干旱，土壤含水量低，会严重影响小麦盘根分蘖，出现麦苗长势弱，呈暗灰色，分蘖少，次生根少，易受冻害，此时应及时浇水并施入少量氮肥，促使麦苗由弱转壮。培育冬前壮苗，控制旺长，可减轻冻害对小麦生长的影响。

目前可采取针对性措施来确保小麦不受冻。一是麦田覆盖，在冬灌、施肥之后，给麦田行间盖上一层草和麦糠，有利于防风、防冻、保温、保墒，并防止翌春旺长。麦秸、稻草等均可切碎后覆盖，覆盖后撒土，以防大风刮走。开春后，将覆草扒出田外。二是适时冬灌，可形成良好的土壤水分环境，调节耕层中的土壤养分，提高土壤的热容量，一般可提高地温 1～3℃，同时可以弥合土缝，促进多分蘖、长大蘖、育壮苗。当气温低于4℃时不宜冬灌。三是熏烟造雾，在霜冻到来时，可以将潮湿柴草在麦田周围点燃，制造烟雾，减少麦田热量向外辐射，能有效减轻冻害。

对于已经受冻的麦田可采取以下补救措施。一是加强肥水管理，对于叶片受冻，而幼穗未完全受冻的，即麦苗基部叶片变黄，叶尖枯黄的干旱麦田，应抢早浇水，防止幼穗脱水致死；对于主茎幼穗已受冻的，应及时追施速效氮肥，施尿素 10 kg/ 亩，并结合浇水促使受冻麦苗尽快恢复生长，促进分蘖快长、成穗。二是中耕保墒，提高地温。受冻害的麦田要及时进行中耕松土、蓄水提温，能有效促进分蘖成穗，弥补主茎穗的损失。三是加强中后期管理，小麦遭受冻害后，要做好以促为主的麦田中后期管理，使冻害损失降低到最低程度。

五、做好草害防治

麦田杂草有 95% 是在冬前生长起来的，因此应该加强冬前封闭除草，尤其是要对除草前后的天气情况进行关注。除草时间要选择在晴天进行，并且在未来4 d内不会出现霜冻或者大雨等情况，因为此时田间不易出现泥泞、积水等。当天的温度高于10℃为最佳，因为除草剂对杂草枝叶的作用温度区间比较短，一旦错过最佳的时机，就会降低除草剂的效果，甚至还会造成田间杂草成倍上涨。进入越冬前，麦田出现的杂草主要是野燕麦、节节麦、看麦娘、播娘蒿等，这些草害必须在 10 月下旬至 11 月上旬进行防治，可人工划锄除草，也可喷施除草剂，一般在温度 10℃以上（10：00-16：00）的无风晴天施药，不仅可减少药害，除草效果也很显著。

六、严禁在麦田放牧啃青

叶是小麦进行光合、呼吸、蒸腾的重要器官，也是小麦对环境条件反应最敏感的部分，越冬期间保留下来的绿色叶片，返青后进行光合作用，是为小麦恢复生长提供所需养分的重要器官。冬季畜禽啃食会使这部分绿色面积遭受大量破坏，削弱植株抗寒能力，不利于麦苗生长发育和安全过冬，对于旱情较严重的麦田影响更为突出，小麦减产严重。

第二节 小麦前期管理

一、返青期管理

立春之后，温度逐渐回升，小麦从越冬的休眠状态中苏醒过来，进入返青，经历一个冬季的洗礼，有些麦田麦苗依然健壮，有些麦田则遭受冷冻或干旱的危害，返青后小麦需一段恢复时间，这个时期是促使弱苗复壮、控制旺苗徒长、调节群体大小和决定成穗率高低的关键时期，所以早春管理尤为重要。返青期管理的主攻方向是促根早发，促弱控旺，提高成穗率。

（一）返青期的生育特点

返青指的是早春麦田半数以上的麦苗心叶（春生一叶）长出 1～2 cm 时，称为"返青"。从返青开始到起身之前，历时约一个月，属苗期阶段的最后一个时期，称"小麦返青期"。冬麦区在 2 月上中旬至 3 月上中旬，期间的生长主要是生根、长叶和分蘖。返青期是第二次分蘖高峰期，会增加 30%～40% 的分蘖，此期进行穗的分化，这个时期决定了亩穗数和穗粒数。在返青期，根系的生长随温度上升而逐渐加快，促进根系的生长发育对协调地上、地下矛盾起重要作用。根系发达，利于吸收养分，满足地上部营养生长和生殖生长的需要，以形成壮苗。播种较晚，冬前分蘖差的麦田，一定把握好返青期的分蘖。

（二）镇压划锄

镇压及划锄松土是促麦苗提早返青、健壮生长的重要措施。因为疏松表土，既能改善土壤的通气条件，提高土温，促进根系发育，还能促进土壤微生物的活动，有利于可溶性养分的释放。

镇压应选择在冷尾暖头、气温回升且无霜冻、无露水的晴天进行，而且土壤墒情要适宜（表土干燥），切忌在寒流天气来临前或土壤湿度大时镇压。要根据麦苗旺长程度把握适当的镇压强度，防止过度镇压。中耕松土的次数，一般从返青期至拔节共划锄 2～3 次，松土深浅应先浅而后逐次加深。中耕松土可以采用人工划锄或用中耕机械进行浅松浅耙。具体操作时要注意因地因墒，适时松土，待早春地表融冻、出现浅干土层时即可进行，地表太湿不宜中耕。采用机械中耕时要注意深浅适宜，尽量减少机械伤苗。

（三）浇返青水

浇返青水的时间，一般在 2 月下旬至 3 月上中旬，是否需要浇返青水，具体要看气温、墒情、地力条件、苗情等。冬前没有浇冬水或浇冬水偏早的，返青时 0～5 cm 土层严重缺水的，或者是分蘖节正好处于干土层时，应及时浇返青水，但是水量不宜过大，因为返青时土壤还没有完全化冻，大水漫灌容易造成积水沤根，新根不宜发出来，影响麦苗发育，严重的还可能造成死苗；对于墒情适宜、麦苗生长健壮的麦田，一般不浇返青水，以免浇水后造成土壤板结，降低地温，影响返青；冬水浇得比较晚、返青时麦田不缺水的，则可适当推迟到起身期再浇水。返青水应在 5 cm 地温 5℃ 左右时开始浇，过早容易发生冻害。浇水后应及时划锄，破除板结表土，减少草害滋生。

（四）追肥

返青期追肥可增加春季分蘖，巩固冬前分蘖，利于增加亩穗数。追施返青肥要因苗而定。晚播苗、弱苗、分蘖不足的麦田应早施、重施返青肥，提高分蘖成穗率，一般亩追施尿素 12～15 kg，对底肥未施磷肥的，可配施磷酸二铵 10 kg。返青肥对促进麦苗由弱转壮、增加亩穗数有重要作用，但对苗数较多的、或偏旺而未脱肥的麦田，追施返青肥往往会引起中、后期群体过大，遮阴郁闭，徒长倒伏等现象，故不追施返青肥，应推迟到起身或拔节初期时追施，以控制无效分蘖，达到提高分蘖成穗率、增加亩穗数的目的。

（五）麦田化学除草与病虫害防治

春季气温逐渐回升，小麦进入返青期，同时多种病虫害也开始进入多发期。病害主要有纹枯病、白粉病、叶锈病等，虫害主要有红蜘蛛、麦蚜等，其中重点监控对象是纹枯病、白粉病和红蜘蛛。

返青期是防治麦田杂草的用药补充时期。对冬前防效不好或没进行杂草防治的，可在返青期用药防除。年后化控选择晴好天气，在当日平均气温稳定在 6℃ 以上时，于 10：00—16：00 进行喷施，避免重喷、漏喷。年后杂草防治宜早不宜迟。用药越晚，草长得越大，抗药性越强，越不容易杀死，如果加大除草剂用量，又容易导致小麦出现药害。

（六）冻害后的补救措施

对受冻的麦田，如果叶片受损严重，但分蘖节和根系还有活力，应及时追施速效氮肥，促苗早发，追肥后及时浇水，以促进分蘖成穗，科学管理，减少产量损失。结合中耕，蓄水提温，破除板结，促进根系生长，增加有效分蘖，弥补主茎损失，减轻病虫草害。也可在小麦叶面喷施植物生长调节剂，促进中、小分蘖的迅速生长和潜伏芽的萌发，可有效增加小麦成穗数和千粒重，进而增加小麦产量。

二、小麦起身期、拔节期与挑旗期田间管理

小麦的起身期、拔节期与挑旗期是营养生长与生殖生长并进的阶段，其生育特点

是幼穗分化发育与根、叶、蘖、茎的生长同时并进。小麦起身期是匍匐期生长转化为直立生长，到起身后期，小麦的亩茎数达到峰值，分蘖数达到最高。当节间长出地面 2 cm 以上时，小麦进入拔节期后分蘖迅速开始两极分化，拔节期到挑旗期是小麦一生中生长速度最快、生长量最大的时期，穗、叶、茎等器官同时并进，叶面积及茎穗迅速生长，干物质积累迅速增长，是产量形成的关键时期。小麦自起身、拔节至挑旗一般经历 35 d 左右，是决定小麦穗数、小花数、结实粒数的主要时期，到挑旗期，单株体积较返青期增加 10 倍甚至几十倍，叶面积也增至生育期最大值。这时候的水肥措施对群体和个体的反应极为敏感，必须视具体苗情而定。因此该时期田间管理的主攻方向是根据苗情、墒情、地力等具体情况，适时、适量地运用水肥管理措施，保证群体结构，协调群体与个体的矛盾，确保秆壮、穗大、粒足，为后期高产、稳产奠定良好基础。

（一）起身期、拔节期、挑旗期麦田水肥管理

水肥管理，可促进分蘖的生长，延缓蘖的退化和消亡，有效增加可成穗蘖的比例，最终提高成穗率，增穗数，促穗大，所以对群体较小、苗弱的中产麦田宜在起身期追肥浇水，一般追氮肥量为总施肥量的 1/3 ～ 1/2。对于越冬期浇水的麦田可推迟至拔节期追肥浇水。对于已浇过水的麦田，要及时进行划锄，弥补裂缝，破除土壤板结。

进入拔节期后，小麦生长发育随之进入快速发展阶段，同时也是小麦需水需肥的关键时期。拔节期肥水可显著减少不孕小穗数和不孕小花数，可促穗大、增加穗粒数，延长叶片寿命，改善群体受光状况，优化群体光合性能。对于早春已施过返青肥水的麦田，由于气温升高，植株快速生长，拔节期应再次进行肥水管理，但施肥数量可酌情减少，一般每亩随水施入尿素 10 kg 即可；在返青期末追肥灌水的麦田，拔节期要重施肥水，一般每亩可随水施入尿素 20 kg 左右，以促进分蘖成穗；对于旱地小麦，无灌水条件，可把施肥时间前移至返青期，开沟施肥或趁雨适当追肥。

挑旗期是小麦需水"临界期"，是否需要追肥，视土壤肥力情况而定，必要时可适量追肥，起身拔节期已追肥的可不施。进入挑旗期，温度上升迅速，空气干燥，土壤水分易亏缺，及时供水，可延长小麦灌浆期间绿色器官的功能时间，提高光合强度和籽粒灌浆强度，挑旗肥水是防止早衰、提高籽粒重的主要措施。

（二）防止倒伏

小麦在肥水条件充足的条件下易出现倒伏现象，因此对小麦防倒伏措施应特别引起重视，一般应于起身期至拔节期前喷施多效唑。

（三）防治病虫草害

随着温度升高，麦田里的病虫草害滋生，应加强测报，及早防治，拔节后的杂草可采用化学防除或人工除草。

第三节　麦田中后期管理

小麦从抽穗、开花至成熟称为生育后期。此时期小麦根、茎、叶生长停止并逐渐衰退,生长主要以籽粒形成为中心。籽粒灌浆的干物质主要来自旗叶和倒二叶的光合产物,此时期田间管理主要就是维持根系、保护叶片、防止早衰、防病虫、防干热风,以保粒数、增粒重。

一、一喷三防

小麦"一喷三防"技术是减轻小麦后期病虫为害,确保小麦增产增收的关键措施。应根据防治对象选用适宜的杀虫剂、杀菌剂、植物生长调节剂和叶面肥混合施用,达到防病虫、防干热风、防早衰、增粒重的目的。"一喷三防"的适宜时期在小麦扬花期至灌浆期。应贯彻"预防为主,综合防治"的植保方针,突出重点,统筹兼顾,以防治四病三虫(锈病、白粉病、赤霉病、叶枯病,麦穗蚜、吸浆虫、麦蜘蛛)为重点,兼治其他病虫害,保障小麦丰产丰收。

这一生育时期的主要病害有白粉病、锈病、叶枯病、赤霉病等。防治小麦锈病、白粉病的主要农药有三唑酮和烯唑醇等,可用 15% 三唑酮可湿性粉剂 80 g/ 亩或 12.5% 烯唑醇可湿性粉剂 60 g/ 亩兑水均匀喷雾防治。防治赤霉病的药剂主要有多·酮(多菌灵和三唑酮复配剂)和甲基硫菌灵。用 60% 多·酮可湿性粉剂 70 g/ 亩或 70% 甲基硫菌灵可湿性粉剂 120 g/ 亩兑水均匀喷雾防治。在小麦齐穗至扬花初期(10% 扬花)第一次喷药,如果遇到连续阴雨天气,在第一次喷药 5 ~ 7 d 后进行第二次喷药。防治叶枯病的主要农药有井冈霉素和三唑酮等。当田间病株率达 10% 时,可选用 5% 的井冈霉素水剂 250 mL/ 亩或 20% 三唑酮可湿性粉剂 50 ~ 60 g/ 亩兑水 50 kg/ 亩,对植株中下部进行均匀喷雾,重病田隔 7 ~ 10 d 再用药防治 1 次。多菌灵和三唑酮混用可以防治包括赤霉病、白粉病、锈病和叶枯病等多种病害。

小麦生长中后期的害虫主要有蚜虫、吸浆虫等。防治蚜虫的主要农药有吡虫啉、高效氯氰菊酯、吡蚜酮、氧化乐果等。可以用 10% 吡虫啉可湿性粉剂 300 g/hm²(20 g/ 亩),吡蚜酮可湿性粉剂 5 ~ 10 g/ 亩,兑水均匀喷雾防治。防治吸浆虫成虫的农药主要有毒死蜱、辛硫磷、高效氯氰菊酯、甲基异柳磷、氧化乐果等。吸浆虫的防治一般分为孕穗期蛹期防治和抽穗期保护,蛹期是小麦吸浆虫防治的关键时期之一。在每小样方(10 cm × 10 cm × 20 cm)幼虫超过 5 头的麦田,应在孕穗前撒毒土进行蛹期防治,这时小麦植株已经长高,群体相对繁茂,撒施的毒土容易存留在叶片上,施药后要设法将麦叶上的药土弹落至地面。具体方法是:用 40% 甲基异柳磷乳油 200 mL/ 亩或 50% 辛硫磷乳油 200 mL/ 亩加水 5 kg/ 亩拌细土 25 kg/ 亩撒入麦田，随即浇水或抢在雨前施下，能收到良好效果。小麦抽穗期一般与小麦吸浆虫成虫出土期吻合，整个抽穗期都是小麦吸浆虫侵染的敏感期，是防治吸浆虫的关键时期。在小麦抽穗 70% ～ 80% 时进行穗部喷药效果最好。用 48% 毒死蜱或 40% 辛硫磷或 40% 的氧化乐果等 1 500 倍液，或 10% 高效氯氰菊酯 1 500 ～ 2 000 倍液，用药液 50 ～ 60 kg/ 亩均匀喷雾，防治效果可达 90% 以上。

我国的北部冬麦区和黄淮冬麦区小麦灌浆期间受干热风危害的频率较高，其他麦区也有不同程度的干热风出现。干热风危害一般分为高温低湿、雨后青枯和旱风 3 种类型，以高温危害为主。高温低湿型干热风危害的气象指标为：日最高气温 32 ℃，14：00 相对湿度 30%，14：00 风速 3 m/s 为轻干热风；日最高气温 35 ℃，14：00 相对湿度小于 25%，14：00 风速 3 m/s 为重干热风。雨后青枯型干热风危害的气象指标为：小麦成熟前 10 d 内有 1 次小至中雨降水过程，雨后猛晴，温度骤升，3 d 内有 1 d 同时满足以下两项指标，最高气温 30 ℃，14：00 相对湿度小于 40%，14：00 风速 3 m/s。旱风型干热风危害的气象指标为最高气温 25 ℃，14：00 相对湿度 25%，14：00 风速大于 14 m/s。预防小麦干热风主要是喷施抗干热风的植物生长调节剂和速效叶面肥。在小麦灌浆初期和中期，向植株各喷 1 次 0.2% ～ 0.3% 的磷酸二氢钾溶液，能提高小麦植株体内磷、钾浓度，增大原生质黏性，增强植株保水力，提高小麦抗御干热风的能力。同时，可提高叶片的光合强度，促进光合产物运转，增加粒重。

采用"一喷三防"技术时应注意以下几点。

（1）严禁使用高毒、高残留农药，拒绝使用所谓改进型、复方类锈宁、三唑酮，以免影响防治效果。

（2）根据病虫害的发生特点和发生趋势选用适宜农药，科学配方，药量准确，均匀喷雾。

（3）小麦抽穗扬花期喷药，应避开开花授粉时段，选在无露水情况下进行，一般在 10：00 以后喷洒，6 h 后遇雨应补喷。

（4）严格遵守农药使用安全操作规程，做好防护工作，防止人员中毒，并做好施药器械的清洁工作。

二、叶面喷肥

小麦生长后期一般施肥较少，对抽穗期叶色转淡，氮、磷、钾供应不足的麦田，通过叶面喷肥即可高效利用肥料的营养，达到养根护叶的作用。用 2% 的尿素溶液，或用 0.3% ～ 0.4% 磷酸二氢钾溶液 50 ～ 60 L/ 亩进行叶面喷施，可有效增加千粒重。

三、合理的水分供应

小麦生育后期，主要是籽粒形成时期。这时期如缺水严重，可导致籽粒减少，造成茎叶早衰，籽粒灌浆不足，进而减产。小麦后期是否浇水需根据土壤含水量而定，一般在开花后 15 d 左右即灌浆高峰前及时浇好灌浆水，同时注意掌握灌水时间和灌水量，特别要注意如遇到大风天气切勿灌水，以防止后期倒伏。

第四节　冬小麦主推技术

一、小麦宽幅精播高产栽培技术

选用具有高产潜力、分蘖成穗率高，中等穗型或多穗型品种。深耕深松、耕耙配套，提高整地质量，杜绝以旋代耕。积极防治地下害虫，耕后撒毒饼或辛硫磷颗粒灭虫。采用宽幅精量播种机播种，等行距（22～26 cm）宽播幅（8 cm）种子分散式粒播，与传统的小行距（15～20 cm）籽粒拥挤成一条线的密集条播相比，更利于种子分布均匀，无缺苗断垄、无疙瘩苗，克服了传统密集条播的籽粒拥挤、争肥、争水、争营养，根少、苗弱的生长状况。坚持适期适量足墒播种，播期 10 月 1—12 日，播量 6～8 kg/亩。冬前群体大于 70 万株/亩时采用深耘耕断根，利于根系下扎，个体健壮。浇好冬水，确保麦苗安全越冬。早春划锄增温保墒，提倡返青初期耧枯黄叶，扒苗清棵，以扩大光合面积，使茎基部木质坚韧，富有弹性，提高抗倒伏能力。科学运筹春季肥水管理，后期重视叶面喷肥，延缓植株衰老，注意及时防治各种病虫害。适宜区域为黄淮海高产小麦区。

二、冬小麦节水省肥高产栽培技术

（一）浇足底墒

播前补足底墒水，保证麦田 2 m 土体的储水量达到田间最大持水量的 90% 左右。底墒水的灌水量由播前 2 m 土体水分亏额决定，一般在 8—9 月降水量 200 mm 左右条件下，小麦播前浇底墒水 75 mm。降水量大时，灌水量可少于 75 mm，降水量少时，灌水量应多于 75 mm，使底墒充足。

（二）选用早熟、耐旱、穗容量大、灌浆强度大的适应性品种

熟期早的品种能够缩短后期生育时间，减少耗水量，减轻后期干热风危害程度；穗容量大的多穗型或中间型品种有利于调整亩穗数与播期；灌浆强度大的品种籽粒发育快，结实时间短，生产较平稳，适宜应用节水高产栽培技术。

（三）适量施氮，集中足量施用磷肥

产量水平 500 kg/亩的地块种麦时应集中施磷酸二铵 25～30 kg/亩，使氮、磷配

比达到 1 ：1，高产田需补施硫酸钾 10 ～ 15 kg/ 亩。

（四）适当晚播，利于节水节肥

早播麦田冬前生长时间长，耗水量大，春季需早补水，在同等用水条件下，限制了土壤水的利用。晚播以不晚抽穗为原则，越冬苗龄 3 片叶是界限，生产中以越冬苗龄 3 ～ 5 叶为晚播的适宜时期。各地应依此确定具体的适播日期。

（五）增加基本苗，严把播种质量关

本模式主要靠主茎成穗，在前述晚播适期范围内，以基本苗 30 万株 / 亩为起点，每推迟 1 d 播种，基本苗每亩增加 1.5 万株，以基本苗每亩 45 万株为过晚播种的最高苗限。为确保苗全、苗齐、苗匀和苗壮，要确保做到以下 3 点。

1. 精细整地

秸秆还田要仔细粉碎，在适耕期翻耕土壤或旋耕 2 ～ 3 遍，旋耕深度要在 15 cm 以上，耕后耙压，使耕层上虚下实，土面细平。

2. 精选种子

使籽粒大小均匀，严格淘汰碎粒、瘪粒。

3. 窄行匀播

行距 15 cm，做到播深一致（3 ～ 5 cm），落籽均匀。机播，严格调好机械、调好播量，避免下籽堵塞、漏播、跳播。地头边缘死角受机压易造成播种质量差、缺苗，应先播地头，再播大田中间。

（六）播后严格镇压

旋耕地播后待表土现干时务必进行镇压。选好镇压机具，采用小型手扶拖拉机携带镇压器镇压，压地要平，避免机轮压出深沟。

（七）春季浇关键水

这是节水高产栽培的重要环节，春季第一水最佳灌水时间应视具体情况而定。冬春干旱多风，起身期麦田耕层严重缺水的，应在起身后期浇水；春季多雨年份，直到拔节时麦田耕层仍不缺水的，应浇孕穗水；一般年份在春生 5 叶露尖时浇拔节水，效果最好。春季浇 2 次水，第 2 次水应在扬花到扬花后一周内浇，每亩每次浇水量为 50 m³。

（八）注意事项

强调"七分种、三分管"，确保整地播种质量，播期与播量应配合适宜，播后务必镇压。

（九）适宜区域

华北地区年降水量 500 ～ 700 mm 的区域，适宜土壤类型为沙壤土、轻壤土及中壤土类型，不适于过黏重土及沙土地。

三、黄淮海冬小麦机械化生产技术

（一）品种选择

肥水条件良好的高产田，应选用丰产潜力大、抗倒伏性强的品种；旱薄地应选用抗旱耐瘠的品种，在土层较厚、肥力较高的旱肥地，则应种植抗旱耐肥的品种。

（二）种子处理

根据当地病虫害发生情况选择高效安全的杀菌剂、杀虫剂，用包衣机、拌种机进行种子机械包衣或拌种，以确保种子处理和播种质量。

（三）整地

若预测播种时墒情不足，应提前灌水造墒。整地前，应按农艺要求施用底肥。

1. 秸秆处理

前茬作物收获后，对田间剩余秸秆进行粉碎还田。要求粉碎后85%以上的秸秆长度＜10 cm，且抛撒均匀。

2. 旋耕整地

土壤含水率15%～25%时适宜作业。旋耕深度在12 cm以上，旋耕深浅一致，耕深稳定性在85%，耕后地表平整度小于5%，碎土率50%。为提高播种质量，必要时应进行镇压。间隔3～4 a深松1次，打破犁底层。深松整地深度一般为35～40 cm，稳定性80%，土壤膨松度40%。深松后应及时合墒。

3. 保护性耕作

实行保护性耕作的地块，如田间秸秆覆盖状况或地表平整度影响免耕播种作业质量，应进行秸秆匀撒处理或平整地表，以保证播种质量。

4. 耕翻整地

土壤含水率在15%～25%时适宜作业。对上茬作物根茬较硬，没有实行保护性耕作的地区，小麦播种前需进行耕翻整地。耕翻整地属于重负荷作业，需用大中型拖拉机牵引，拖拉机功率应根据不同耕深、土壤比阻选配。整地要求耕深20 cm，深浅一致，无重耕或漏耕，耕深及耕宽变异系数小于10%。犁沟平直，沟底平整，垡块翻转良好、扣实，以掩埋杂草、肥料和残茬。耕翻后应及时进行整地作业，要求土壤散碎良好，地表平整，满足播种要求。

（四）播种

1. 适期播种

一般日平均气温冬性品种播种适期稳定在16～18℃，半冬性品种稳定在14～

16℃，春性品种稳定在 12～14℃。具体确定冬小麦播种适期时，还要考虑麦田的土壤类型、土壤墒情和安全越冬情况等。旱地播种应掌握"有墒不等时、时到不等墒"的原则。

2. 适量播种

根据品种分蘖成穗特性、播期和土壤肥力水平确定播种量。黄淮海中部、南部高产麦田或分蘖成穗率高的品种，播量一般控制在 6～8 kg/亩，基本苗控制在 12 万～15 万株/亩；中产麦田或分蘖成穗率低的品种播量一般控制在 8～11 kg/亩，基本苗控制在 15 万～20 万株/亩；黄淮海北部播量一般控制在 11～13 kg/亩，基本苗控制在 18 万～25 万株/亩。晚播麦田应适当增加播量，无水浇条件的旱地麦田播量控制在 12～15 kg/亩，基本苗控制在 20 万～25 万株/亩。

3. 提高播种质量

采用机械化精少量播种技术，一次完成施肥、播种、镇压等复式作业。播种深度为 3～5 cm，要求播量精确，下种均匀，无漏播，无重播，覆土均匀严密，播后镇压效果良好。实行保护性耕作的地块，播种时应保证种子与土壤接触良好。调整播量时，应考虑药剂拌种使种子重量增加的因素。

4. 播种机具选用

根据当地实际和农艺要求，选用带有镇压装置的精少量播种机具，一次性完成麦秆处理、播种、施肥、镇压等复式作业。其中，少免耕播种机应具有较强的秸秆防堵能力，施肥构件的排肥能力应在 60 kg/亩以上。

（五）收获

目前小麦联合收获机型号较多，各地可根据实际情况选用。为提高下茬作物的播种出苗质量，要求小麦联合收割机带有秸秆粉碎及抛撒装置，确保秸秆均匀分布于地表。收获时间应掌握在蜡熟末期，同时做到割茬高度小于 15 cm，收割损失率小于 2%。作业后，对收割机应及时进行清仓，防止病虫害跨地区传播。

四、冬小麦水浇地立体匀播栽培技术

（一）品种选择

选择通过国家或省级品种审定委员会审定的，适宜当地生产条件的，高产、稳产、多抗、广适的、成穗率高的多(中)穗型冬性或半冬性品种。种子质量要达到国家标准。

（二）秸秆还田

采用秸秆还田机对前作物秸秆粉碎 1～2 遍，较常规条播可减少 1 遍粉碎工序，使秸秆粉碎长度小于 5 cm，田间抛撒均匀度在 85%。为培肥地力，可增施有机肥 1 500 kg/亩左右。

（三）深耕深松

每 3 a 进行 1 次机械深耕或深松，深度 25 cm 以上，以破除犁底层；非深耕（松）年份可省去此工序，直接用立体匀播机播种。

（四）种子处理

根据当地病虫害调查结果，选用符合国家规定的、适宜的高效低毒种衣剂或拌种剂，按照推荐剂量进行包衣拌种，防治病虫害。对纹枯病、根腐病等，可选用 2% 戊唑醇或 20% 三唑醇拌种；对全蚀病，可选用 12.5% 全蚀净悬浮剂拌种；对地下害虫，可用 40% 甲基异柳磷乳油或 50% 辛硫磷乳油拌种。对多种病虫同时发生的，可采用杀菌剂和杀虫剂混合防治，各计各量，现配现用，必要时需进行土壤处理。

（五）立体等深覆土匀播

依据目标产量、土壤肥力及测土配方结果选择化学底肥用量，一般推荐施纯氮 6 ～ 17 kg 亩、五氧化二磷 5 ～ 6 kg/ 亩、氧化钾 5 ～ 6 kg/ 亩。在适宜播种期内进行播种，一般日均气温降至 17℃左右时播种，按照北部冬麦区 18 万～ 20 万株 / 亩、黄淮冬麦区 15 万～ 18 万株 / 亩、新疆冬麦区 20 万～ 25 万株 / 亩基本苗确定播种量。根据二次镇压后的土壤状况，覆土厚度保证在 3 ～ 4 cm；适宜土壤类型为壤土，土壤含水量为 12% ～ 19%，最适为 16% ～ 18%；避免扬尘过多或土壤过湿影响覆土效果。播种和覆土后分别进行镇压。施肥、旋耕、播种、镇压、覆土及第二次镇压等作业工序由立体匀播机一次性完成，实现等深匀播，利于出苗整齐一致。适播期之后播种，每推迟 1 d，播种量增加 0.5 kg/ 亩；墒情不足时，需提前造墒播种；土壤过湿时需及时整地散墒，以便于匀播机顺利播种。

（六）冬前管理

主要根据降水及土壤墒情确定是否需要灌越冬水，当土壤相对含水量低于 60% 时，应在日均气温 0 ～ 3℃时浇灌越冬水，保障麦苗安全越冬。立体匀播小麦出苗后可减少田间裸地面积，实现以苗抑草，降低杂草数量，一般可减少化学除草 1 次。

（七）拔节肥水

返青期一般不需要进行浇水施肥，可于拔节期结合微喷灌溉随水追施氮肥 6 ～ 7 kg/ 亩，浇水量 40 ～ 45 m³/ 亩。

（八）统防统治

春季抽穗期前，根据各地病虫害预测及实际发生情况，采用绿色防控技术，结合抗逆技术进行统防统治，各药剂各计各量、现配现用；或采用黄板（黏虫板）、黑光灯等物理技术进行防治。抽穗后，则需及时展开"一喷三防"（防病、防虫、防干热风）。鉴于立体匀播小麦出苗后无行无垄，为了减少田间人为损伤，建议采用机械或无人机进行喷防。施药过程中要严格遵守药剂安全使用规则，确保安全用药。

（九）机械收获

于籽粒蜡熟末期采用联合收割机及时收获，做到丰产丰收。

五、冬小麦旱地立体匀播栽培技术

（一）品种选择

选择通过国家或省级品种审定委员会审定的，适宜当地生产条件的，具有抗旱或耐旱特性的高产、稳产、多抗、广适、成穗率高的多（中）穗型冬性或半冬性品种。种子质量要达到国家标准。

（二）秸秆还田

采用秸秆还田机对前作物秸秆粉碎 1～2 遍，较常规条播可减少 1 遍粉碎工序，使秸秆粉碎长度小于 5 cm，田间抛撒均匀度为 85%。为培肥地力，可增施有机肥 1 000 kg/ 亩左右。

（三）深耕深松

每 3 a 进行 1 次机械深耕或深松，深度 25 cm 以上，以破除犁底层；非深耕（松）年份可省去此工序，直接用立体匀播机播种。

（四）种子处理

根据当地病虫害调查结果，选用符合国家规定的、适宜的高效低毒种衣剂或拌种剂，按照推荐剂量进行包衣拌种，防治病虫害。对纹枯病、根腐病等，可选用 2% 戊唑醇或 20% 三唑醇拌种；对全蚀病，可选用 12.5% 全蚀净悬浮剂拌种；对地下害虫，可用 40% 甲基异柳磷乳油或 50% 辛硫磷乳油拌种。对多种病虫同时发生的，可采用杀菌剂和杀虫剂进行混合防治，各计各量、现配现用，必要时需进行土壤处理。

（五）立体等深覆土匀播

依据目标产量、土壤肥力及测土配方结果选择化学底肥用量，一般推荐施纯氮 7～8 kg/ 亩、五氧化二磷 6～7 kg/ 亩、氧化钾 5～6 kg/ 亩。在适宜播种期内抢墒播种，一般日均气温降至 17℃ 左右时播种，按照北部冬麦区 25 万～30 万株/亩、黄淮冬麦区 20 万～ 25 万株 / 亩基本苗确定播种量。根据二次镇压后的土壤状况，覆土厚度保证在 3 ～ 4 cm；最适宜的土壤类型为壤土，土壤含水量为 12% ～ 19%，最适为 16% ～ 18%；避免扬尘过多或土壤过湿影响覆土效果。播种和覆土后分别进行镇压。施肥、旋耕、播种、镇压、覆土及第二次镇压等作业工序由立体匀播机一次性完成，实现等深匀播，利于出苗整齐一致。适播期以后播种，每推迟 1 d，播种量增加 0.5 kg/ 亩；土壤过湿时需及时整地，便于匀播机顺利播种。

（六）冬前管理

主要根据降水及土壤墒情及时进行越冬前镇压，保障麦苗安全越冬。立体匀播小麦出苗后可减少田间裸地面积，实现以苗抑草，降低杂草数量，一般可减少化学除草 1 次。

（七）春季管理

早春可适时进行镇压，提墒增温，促进小麦早发。随时关注天气变化，可根据天气预报，在降雨前及时采用合适的机械或人工追施氮素 3 ～ 5 kg/ 亩；或于拔节及灌浆期结合统防统治用 1% 浓度的尿素溶液进行叶面喷施。

（八）统防统治

春季抽穗期前，根据各地病虫害预测及实际发生情况，采用绿色防控技术，结合抗逆技术进行统防统治，各药剂各计各量、现配现用；或采用黄板（黏虫板）、黑光灯等物理技术进行防治。抽穗后，则需及时展开"一喷三防"（防病、防虫、防干热风）。立体匀播小麦出苗后无行无垄，故为了减少田间人为损伤，建议采用机械或无人机进行喷防。施药过程中要严格遵守药剂安全使用规则，确保安全用药。

（九）机械收获

于籽粒蜡熟末期采用联合收割机及时收获，做到丰产丰收。

六、北方冬小麦节水高产栽培技术

该技术是以底墒水调整土壤水，减少灌溉次数，提高产量和水分利用率的栽培技术，在年降水量 500 ～ 700 mm 的地区，利用本技术在小麦生育期浇 1 ～ 2 次水可达到亩产 400 ～ 500 kg。

播种前浇足底墒水，将灌溉水变为土壤水。选用株型较为紧凑、穗容量高、早熟、耐旱、多花、中粒型品种。适当晚播，越冬苗龄主茎 3 ～ 5 叶，既减少冬前耗水，又为夏玉米充分成熟提供了时间。小麦、玉米两茬的磷肥集中施给小麦，适当增加基肥中的氮素用量。适当增加基本苗，缩小行距至 15 cm，确保播种质量。春季共灌水 2 次，第 1 次为拔节至孕穗期，第 2 次为开花期，适用于北部冬麦区和黄淮冬麦区，主要包括河北、山西、山东等水资源相对缺乏的麦田。

七、小麦深松——少免耕镇压节水高产栽培技术

该技术是在秸秆还田的基础上，深松打破犁底层，增加土壤蓄水，促进根系下扎利用深层水；旋耕破碎坷垃，并将秸秆打入表土提高保墒能力；镇压踏实耕层以减少水分蒸发、培育壮苗等一整套栽培技术。

玉米秸秆还田，用秸秆还田机粉碎 2 遍。小麦适宜出苗的耕层相对含水量为 70% ～ 80%，低于这一值应该浇水造墒，每亩 40 m^2。每隔 2 ～ 3 a 用震动式深松机深松一次，深度 30 cm。用旋耕机旋耕两遍，深度 15 cm。旋耕后耙压或镇压，以破碎坷垃，踏实耕层，保墒抗旱。用带镇压轮的播种机播种，无镇压轮或镇压质量不好的麦田，要播后镇压，保证出苗，提高抗旱能力。适用于北部冬麦区和黄淮冬麦区，包括河北、山东、河南、江苏北部、安徽北部、山西、陕西等地。

八、冬小麦氮肥后移高产栽培技术

（一）培肥地力，施好肥料

一般地力的麦田，全部有机肥、氮肥的 50%、全部磷肥、全部钾肥、全部锌肥均施作基肥，翌年春季小麦拔节期再施另外 50% 氮肥。土壤肥力高的麦田，全部有机肥、氮肥的 1/3、钾肥的 1/2、全部磷肥、全部锌肥均作基肥，翌年春季小麦拔节时再施另外 2/3 的氮肥和 1/2 的钾肥。

（二）确定合理群体

对于分蘖成穗率高的中穗型品种，适宜基本苗 10 万～ 12 万株 / 亩，穗数 40 万～ 45 万个 / 亩。对于分蘖成穗率低的大穗型品种，适宜基本苗 13 万～ 18 万株 / 亩，穗数 30 万个 / 亩。

（三）提高整地质量，适期、精细播种

1.深耕细耙，提高整地质量

坚持足墒播种，适当深耕，打破犁底层，不漏耕；耕透耙透，耕耙配套，无明暗坷垃，无架空暗垡，达到上松下实，畦面平整，保证浇水均匀。播种前土壤墒情不足的应造墒播种。

2.适时播种

冬性品种应先播，半冬性品种应在适期内后播。抗寒性强的冬性品种在日平均

气温 16 ～ 18℃时播种，抗寒性一般的半冬性品种在 14 ～ 16℃时播种，冬前积温以 650℃左右为宜。

3. 精细播种

每亩基本苗和播种量要根据情况具体掌握。在播种适期范围内，分蘖成穗率高的中穗型品种，每亩种植 10 万～ 12 万株基本苗；分蘖成穗率低的大穗型品种，每亩基本苗为 13 万～ 20 万株。地力水平高、播种适宜而偏早、栽培技术水平高的可取低限；反之，取高限。按种子发芽率、千粒重和田间出苗率计算播种量。播种期推迟，应适量增加播种量。

（四）浇冬水

在小雪前后浇冬水，11 月底至 12 月初结束。

（五）拔节期追肥浇水

将生产中的返青期或起身期施肥浇水改为拔节期至拔节后期追肥浇水，一般分蘖成穗率低的大穗型品种在拔节期追肥浇水，分蘖成穗率高的中穗型品种在拔节期至拔节后期追肥浇水。

（六）适宜区域

适用于北纬 35° ～ 38° 的黄淮海麦区，主要包括河南中部和北部、江苏和安徽北部、山东和河北大部、山西与陕西、新疆等地有水浇条件和肥力较好的麦田。

九、晚播小麦应变高产栽培技术

（一）选用良种，以种补晚

晚播小麦种植弱春性半冬性品种，阶段发育进程较快，营养生长时间较短，灌浆强度提高，容易达到穗大、粒多、粒重、早熟丰产的目的。

（二）提高整地播种质量，以好补晚

晚播小麦播种适宜的土壤湿度为田间持水量的 70% ～ 80%。最好在前茬作物收获前带茬浇水并及时中耕保墒，也可在前茬收获后抓紧造墒及时耕耙保墒播种。在足墒的前提下，适当浅播是充分利用前期积温、减少种子养分消耗，达到早出苗、多发根、早生长、早分蘖的有效措施。一般播种深度以 3 ～ 4 cm 为宜。如果为了抢时早播，也可播后立即浇蒙头水，待适墒时及时松土保墒，助苗出土。

（三）适当增加播量，以密补晚

依靠主茎成穗是晚播小麦增产的关键。

（四）增施肥料，以肥补晚

晚播小麦应适当增加施肥量，氮、磷、钾平衡施肥，特别重视施用磷肥，可以促进小麦根系发育，促进分蘖增长，提高分蘖成穗率。必须在返青期对晚播小麦加大施肥量，应注意的是土壤严重缺磷的地块增施磷肥对促进根系发育、增加干物质积累和提早成熟有明显作用。

（五）科学管理

科学管理，促壮苗多成穗。

（六）适宜区域

主要适用于各冬麦区晚播麦田。

十、小麦"一喷三防"技术

（一）防治时期

"一喷三防"技术是在小麦生长后期，即小麦抽穗扬花至灌浆期，在叶面喷施杀菌剂、杀虫剂、植物生长调节剂或叶面肥等混配液，通过一次施药达到防病、防虫、防早衰的目的，获得提高粒重的效果。

（二）配方组合

（1）每亩用10%吡虫啉可湿性粉剂20 g+2.5%高效氯氟氰菊酯水乳剂80 mL +45%戊唑醇·咪鲜胺25 g + 98%磷酸二氢钾100 g+芸苔素内酯8 mL。主要用于防治蚜虫、赤霉病、白粉病，兼治吸浆虫、锈病、叶枯病、干热风。

（2）每亩用2.5%联苯菊酯水乳剂80 mL+25%氰烯菌脂悬浮剂10 mL+98%磷酸二氢钾100 g。主要用于防治蚜虫、赤霉病，兼治吸浆虫、锈病、白粉病、叶枯病、干热风。

（3）每亩用22%噻虫嗪·高氯氟悬浮剂8 mL+15%三唑酮可湿性粉剂70 g+98%磷酸二氢钾100 g。主要用于防治蚜虫、白粉病，兼治吸浆虫、赤霉病、锈病、叶枯病、干热风。

以上药剂配方可根据各地小麦病虫发生特点合理搭配，每亩兑水50 kg进行喷雾。对于小麦白粉病、锈病发生严重的麦区及高肥水地块，可添加多抗霉素或嘧菌酯。多雨天气或密度过大麦田施药时加入有机硅助剂以提高黏着性、渗透性。

（三）注意事项

（1）用药量要准确。一定要按具体农药品种使用说明操作，确保准确用药，各计各量，不得随意增加或减少用药量。

（2）严禁使用高毒有机磷农药和高残留农药及其复配品种。要根据病虫害的发生特点和发生趋势，选择适用农药，采取科学配方，进行均匀喷雾。

（3）配制可湿性粉剂农药时，一定要先用少量水化开后再倒入施药器械内搅拌均匀，以免药液不匀导致药害。

（4）小麦扬花期喷药时，应避开授粉时间，一般在10：00以后进行喷洒，喷药后6 h内遇雨应补喷。

（5）严格遵守农药使用安全操作规程，确保操作人员安全防护，防止中毒。

（6）购买农药时一定要到三证齐全的正规门店选购，拒绝使用所谓改进型、复方类等不合格产品，以免影响防治效果。

第五节　小麦的收获与贮藏

小麦收获一般在6月上中旬，此时正值干热风、暴雨、冰雹等自然灾害的多发期，一旦收割不及时，容易落粒掉穗，造成减产，麦收后更要做好防霉贮藏。

一、适期收获

人工收获在蜡熟中末期最佳，此时小麦茎秆叶片已经变黄，穗下节间是黄色，穗下第一节呈微绿色，有80%～90%的籽粒已经变黄、变硬，内部呈蜡质状，含水量在25%～30%。而用联合收割机收割小麦应在蜡熟末期至完熟初期，此时植株枯死、变脆，籽粒变硬并呈现品种固有特征，籽粒含水量小于20%。一般人工收获包括收割、打捆、运输、晒场晾干、机械脱粒或压场脱粒等工序。机械收割一步完成小麦收割、脱粒和秸秆粉碎等工序。小麦收获期较短，应提早做好人力、物力、机具等准备，以防遇雨，麦穗发芽。

小麦收获后，要及时进行晾晒，可采用日晒、风干和烘干的方法进行干燥。日晒一般选择高温的晴天，将小麦种子均匀、薄一些摊开放在太阳下进行暴晒，并定时翻动，使小麦种子受热均匀、水分蒸发完全，使其晒干晒热。高温晒种过程中种温必须在46～52℃，将小麦种子内部含水量降低至12.5%以下，这样不仅能促进麦种完成后熟作用，还能利用强烈的紫外线杀虫、杀菌。

二、贮藏管理

由于农户储粮保粮条件较差，环境条件有利于仓库害虫繁殖，加之防治工作跟不上，普遍受仓库害虫为害，一般贮存一年以上的小麦损失率达6.62%，个别受害严重的农户，损失率在45%左右。此外，由于害虫的排泄物、虫尸、呼吸作用等对小麦造成污染，甚至导致小麦发热霉变，严重影响小麦的品质，其损失往往超过害虫的直接损失。因此，加强小麦贮藏期害虫的防治具有重要的意义。

小麦种子贮藏的目的在于杀灭虫卵、防止种子发潮霉变、确保种子的发芽率等。不当的贮藏管理方法，容易造成小麦种子出现吸潮、发霉、病虫害等问题。根据小麦的吸湿性和后熟期较长的贮藏特性，应在晾晒后的小麦籽粒含水量在13%以下时入库贮藏。一般小麦贮藏方式有高温密闭贮藏、低温密闭贮藏和缺氧贮藏3种。

（一）高温密闭贮藏

小麦趁热入仓密闭贮藏，是我国传统的贮麦方法。通过日晒，可降低小麦含水量，同时在暴晒和入仓密闭过程中可以收到高温杀虫、杀菌的效果。对于新收获的小麦能促进后熟作用的完成。由于害虫的灭绝，小麦含水量和带菌量降低，呼吸强度大大减弱，可使小麦长期安全贮藏。

小麦趁热入仓的具体操作方法是，在三伏盛夏，选择晴朗、气温高的天气，将麦温晒到50℃左右，持续2 h以上，水分降到12.5%以下，于15：00前后聚堆，趁热入仓，散堆压盖，整仓密闭，使粮温在40℃以上持续10 d左右，可使日晒中未死的害虫全部死亡。达到目的后，根据情况，可以继续密闭，也可转为通风。

（二）低温密闭贮藏

小麦虽能耐高温，但在高温下持续长时间贮藏也会降低小麦品质。因此，可将小麦在秋凉以后通过自然通风或机械通风进行充分散热，并在春暖前进行压盖密闭以保持低温状态。低温贮藏是小麦长期安全贮藏的基本方法。

（三）缺氧贮藏

缺氧贮藏主要指用塑料薄膜或其他密闭容器，将小麦与外界空气隔绝，利用其自身的呼吸作用达到气调效果的一种方法。在密闭良好时，一般新收的小麦经20～30 d的自然缺氧可达到气调效果，而隔年陈麦由于后熟作用已经用完，不能自然缺氧，需向麦堆中充一氧化碳，或氮，达到气调效果。操作时应做到仓储容器或仓库上不漏、下不潮，四周无缝隙，防止进入湿热空气，这样可以保持小麦干燥、低温，达到安全贮藏的目的。

第三章 小麦病害及防治

第一节 小麦真菌性病害的发生与识别

一、小麦锈病

小麦锈病，俗称黄疸病，为典型的远程气传真菌病害，分为条锈病（Wheat stripe rust）、叶锈病（Wheat leaf rust）、秆锈病（Wheat stem rust）3 种，是小麦生产中为害广泛的一类病害，苗期以叶锈病为主，小麦孕穗期以后以叶锈病和条锈病混发为主，兼有秆锈病为害。

（一）为害症状

3 种锈病症状的共同特点是，在被侵染叶片或者茎秆上出现黄色、深褐色或者红褐色的夏孢子堆，孢子堆破裂后，孢子散开呈现铁锈色，锈病因而得名。

小麦条锈病主要发生在叶片上，其次是叶鞘和茎秆，颖壳及芒上也有发生。在小麦苗期侵染，侵染初期在受害部位出现褪绿色斑点，幼苗的叶片上产生多层轮状排列的鲜黄色夏孢子堆，表皮破裂后，出现了鲜黄色夏孢子粉。在成株叶片发病初期，夏孢子堆呈小长条状，椭圆形，鲜黄色，与叶脉平行，以虚线状成行排列。后期叶片表皮破裂，出现了锈褐色粉状物。小麦近成熟时，叶鞘上出现了圆形或卵圆形黑褐色的夏孢子堆，散出鲜黄色粉末状的夏孢子。发病后期发病部位产生黑色的冬孢子堆，冬孢子堆为短线状，扁平，数个融合在一起，埋伏在表皮内，成熟时不开裂。

小麦叶锈病主要为害叶片，也为害叶鞘，在茎秆和穗部很少发生。叶片被侵染后，产生许多散乱不规则排列的圆形至椭圆形的夏孢子堆，表皮破裂后，散出黄褐色粉状物。叶锈病的夏孢子堆与秆锈病相比较小，而与条锈病相比较大，多发生在叶片正面，一般不穿透叶片。发病后期在叶片背面或叶鞘上散生出圆形或椭圆形的扁平状黑色冬孢子堆，表皮不破裂。

小麦秆锈病主要发生在叶鞘和茎秆上，也可为害叶片及穗部，引起穗部脱落。其夏孢子堆在 3 种锈病中最大，隆起高，为长椭圆形，黄褐色或者深褐色，排列呈不规则，散生，多个夏孢子堆连接成大斑。成熟后表皮破裂，表皮大片开裂且向外翻成唇状，散出大量铁锈色夏孢子粉。小麦成熟后，在夏孢子堆及其周围出现黑色椭圆形至长条形的冬孢子堆，表皮破裂后，散出黑色粉末状的冬孢子。发生在叶片上的秆锈病病菌孢子穿透叶片能力强，可使同一侵染点叶片正反面均出现孢子堆，且背面孢子堆大。

（二）识别要点

小麦条锈病：在小麦叶片上产生沿叶脉呈虚线状的鲜黄色夏孢子堆。

小麦叶锈病：在受害叶片上产生圆形至长椭圆形的橘红色不规则排列的夏孢子堆。

小麦秆锈病：在受害部位产生长椭圆形的褐色大斑。

（三）发生规律

小麦条锈病发生传播快，为害严重。主要发生在河南、河北、山西、陕西、山东、甘肃、四川、湖北、云南、新疆等地。其以夏孢子世代在异地越夏和越冬，其中在我国西南和西北高海拔地区越夏。越夏区产生的夏孢子通过风力传播到麦区，侵染秋苗。春季在越冬病麦苗上产生夏孢子，扩散造成再次侵染。小麦条锈病靠夏孢子在异地往返传播，完成周年病害的循环，并在大范围内流行成灾，造成严重减产。

小麦叶锈病是世界性的小麦病害之一，在世界分布的范围比条锈病、秆锈病广泛。在我国各麦区以夏孢子连续侵染的方式越夏，越夏后就近侵染秋苗，并向周围传播，成为当地秋苗主要侵染源。冬季在小麦停止生长、气温不低于0℃的地方，病菌以休眠菌丝体潜伏在小麦叶组织内越冬，春季温度适宜时再随风扩散为害。造成叶锈病流行的因素主要是当地春季气温和降水量以及小麦品种的抗感性。在流行年份，可减产50%～70%。

小麦秆锈病主要发生在华东沿海、长江流域、南方冬麦区及东北、华北的内蒙古自治区、西北春麦区。秆锈病病菌为专性寄生菌，在活的寄主上才能生长发育。小麦秆锈病的主要越冬区为南方麦区。其病原孢子通过气流由南向北逐步传播，造成为害。到达新环境后，在条件适宜的情况下开始快速蔓延，产生大量的夏孢子，使得病害在短期内流行起来。小麦秆锈病在中国的流行年份最高使小麦减产75%，其中，部分地区甚至绝产。

二、小麦白粉病

（一）为害症状

小麦白粉病在小麦苗期至成株期的整个生育期均可发生。该病主要为害小麦叶片，严重时也为害叶鞘、茎秆和穗部的颖壳和芒。发病初期，叶片上有直径为1～2mm的黄色小点产生，随后病斑逐渐扩大至近圆形或椭圆形的白色霉斑，霉斑表面有灰白色粉状霉层，严重时病斑相互连接成片。一般叶片正面的菌丛比背面的多，下部的菌丛比上部的多。菌丝初发生时为薄丝网状，随后扩大增厚形成一层粉状霉层。霉层遇到外力时立即飞散。这些粉状物就是无性阶段的菌丝体、分生孢子梗和分生孢子。后期病部菌散生为灰白色至浅褐色，病斑上散生有针头大小的黑色颗粒点，即病菌有性生殖阶段产生的子囊壳，即闭囊壳。叶片被侵染后，逐渐变为黄褐色，并慢慢枯死。茎和叶鞘受害后，植株表现为易倒伏。严重时叶鞘、麦穗以及麦芒上都呈现灰白色霉层，叶片几乎完全被覆盖。

小麦白粉病除了通过掠夺植物养分来为害小麦以外，菌丝层还覆盖植株表面，使小麦植株呼吸作用增强，蒸腾作用增高，光合作用效能降低，碳水化合物的积累和输送减少。若小麦植株发病较早而且比较严重，其生长发育会受到严重影响，导致根部的吸收能力降低，影响根系的发育，从而减少了小麦植株的分蘖数、成穗数、穗粒数和千粒重，使得产量和品质大大降低。如果发病较晚并且病情较轻时，则会出现籽粒不饱满、千粒重下降、产量减少的现象。

（二）识别要点

小麦白粉病发病部位产生白色粉状霉层，颜色由浅转暗，后期霉层上产生小黑点。

（三）发生规律

小麦白粉病病原菌越夏方式有两种，一种以分生孢子在夏季温度较低的地区（最热为旬平均气温不超过 23.5℃）的夏播麦株上越夏。越夏时病原菌不断侵染麦苗，并产生分生孢子。另一种越夏方式则是以病残体上的闭囊壳在低温、干燥的条件下越夏，并进行初步的侵染。

小麦白粉病越夏后，开始就近侵染越夏区的秋苗，导致秋苗发病。分生孢子和子囊孢子借高空气流进行远距离传播。分生孢子在适宜的条件下萌发产生芽管，芽管顶端膨大形成附着胞，附着胞产生侵入丝，直接穿透寄主表面角质层，侵入表皮细胞。在条件适宜的情况下（10 ～ 20℃，湿度较高），病原菌完成整个侵染过程仅需 1 d。病菌侵染 18 d 后，形成指状吸器，并且在寄主表面产生二次菌丝。3 ～ 4 d 内产生次生吸器，5 d 后表生菌丝体上有隆起产生，分化形成分生孢子梗。

在冬季，病菌以菌丝体潜伏在植株下部叶片或者叶鞘内。冬季温度越高，湿度越大，越利于病原菌越冬。

小麦白粉病一般先在植株下部以水平方向扩展，随后逐渐向上蔓延。发病早期，病田有明显的发病中心，随后向周围传播蔓延。在适宜的条件下，病害可在很短的时间内暴发流行。

三、小麦赤霉病

（一）为害症状

小麦赤霉病又名麦穗枯、烂麦头、红头瘴，是一种在全世界流行发生的病害。在小麦的各个生育期均能为害。主要引起苗腐、茎基腐、秆腐以及穗腐，其中穗腐在我国最常见、为害最大，其次是苗腐。

1. 苗腐

由种子携带的病原菌或者土壤中的病残体侵染导致的。早期芽鞘变褐色，随即根冠呈褐色水渍状腐烂，轻者病苗黄瘦，重者病苗死亡。在湿度较大时，土壤中残留的种粒和枯死的麦苗上会产生粉红色霉状物（病菌的分生孢子和子座）。赤霉病和根腐病引起的苗腐不同点在于根腐病病菌仅会引起芽鞘或者根部变褐色。苗腐在冬麦区发病不明显，在春麦区易发生。

2. 穗腐

穗腐是抽穗后到成熟阶段在穗部呈现的症状。该病在小麦扬花时发病，发病初期，小麦的小穗和颖片上产生水渍状浅褐色病斑，随后病斑逐渐扩大至整个小穗，小穗变枯变黄。湿度较大时，病小穗基部或颖壳接缝处有橘红色或者玫红色黏胶状霉层产生，即病菌的分生孢子团或分生孢子座。病菌通过风、雨的传播，露水的流散，再次以分生孢子侵染麦穗。病菌若已侵入穗轴使维管束系统输导受阻，则会导致病部以上的麦穗呈青枯，病部以下麦穗呈青绿，致使粒枯干秕，造成很大的损失。若穗颈节受到了侵染，则全穗呈枯黄，不结实。发病后期若湿度较大且温度适宜，霉层上会产生密集蓝黑色小颗粒（病菌子囊壳），用手触摸有突起感，不能抹去。籽粒干瘪并且伴有白色至粉红色霉层。

3. 秆腐

秆腐一般在抽穗前后发生，发生在穗下的 1～3 茎节上。发病初期，叶鞘、节间上出现水渍状褪绿斑，后扩展为淡绿色直至红褐色病斑，病斑不规则，或者向茎内扩展。病情严重时，可造成病部以上部分枯黄，有时候不能抽穗或者抽出的穗枯黄。空气湿度较大时，病部表面有粉红色霉层。

（二）识别要点

小麦病穗上小穗枯黄或形成"枯白穗"，潮湿天气在颖壳合缝处或小穗基部出现粉红色霉层。

（三）发生规律

小麦赤霉病主要以菌丝体在小麦穗轴上越夏越冬，翌年当气温上升、雨水频繁时，土表的带菌作物和植物残体上的子囊壳逐渐成熟，吸水破裂，将产生的子囊孢子释放到空中。经雨水飞溅和风向、气流变化，被动传播到麦穗上成为初侵染源。此外，分生孢子也可作为初侵染源侵染麦苗。造成苗枯的主要原因是种子带菌，土壤中有较多的病菌则为茎基腐病的产生提供了有利条件。

小麦抽穗后直至扬花末期最易受到病菌的感染（此时为病残体上子囊孢子产生的

高峰期）。乳熟期以后，在遇到非常合适的阴雨天气时可以侵染，其他条件下不易侵染。子囊孢子借助气流和风雨传播，孢子落在麦穗上萌发产生菌丝，先在颖壳外侧蔓延，然后通过凋萎的花药或者张开的颖缝处侵入小穗。菌丝侵入小穗后，以花药残害或者花粉粒作为营养，不断生长繁殖，进而侵害颖片两侧的薄壁细胞、胚和胚乳，导致小穗凋萎。在适宜条件下，被侵染的小穗在 3～5 d 内便可表现出症状。随后向水平方向上的相邻麦穗扩展，也可垂直方向穿透小穗轴从而侵害穗轴的输导组织，导致病穗出现枯萎。在潮湿条件下，侵染部位产生分生孢子，借助气流和雨水传播，进行再侵染。

小麦赤霉病虽是一种多循环病害，但因病菌侵染寄主的方式和时期比较严格，穗期靠分生孢子进行再侵染次数有限，作用不大。因此，穗枯的发生情况主要取决于花期的初侵染量和子囊孢子的连续侵染。

四、小麦根腐病

小麦根腐病是一种全球性病害，也是我国小麦重要的病害之一，严重时小麦幼苗根和茎基发生褐色腐烂，成株后茎、叶早枯，不结实或籽粒不饱满，给小麦产量带来很大的影响。

（一）为害症状

小麦根腐病在小麦全生育期均可引起发病，苗期形成苗枯，成株期形成茎基枯死、叶枯和穗枯。幼苗、根、茎、叶、穗均可受到侵染，由于小麦生长地区以及受侵染时期、部位不同，症状也有所不同。在华北地区表现为苗期根腐；西北干旱地区为茎基腐和根腐；在华南等潮湿地区，各部位均可受害。

1. 幼芽和幼苗

发病后的种子根变黑腐烂，严重时，种子不能发芽或发芽后未及时出土，芽鞘变褐腐烂，造成幼芽烂死。出土后的幼苗因根部腐烂，生长衰弱而造成幼苗死亡。轻者幼苗出土，但茎基部、叶鞘以及根部产生褐色病斑，幼苗瘦弱，叶色黄绿，发育迟缓，生长不良。

2. 叶片

幼嫩叶片、田间干旱、发病初期的叶片外缘呈黑褐色，中部有颜色较浅的梭形小斑；老熟叶片、田间湿度大以及发病后期的叶片，病斑为长纺锤形或者不规则形的黄褐色大斑，上面有黑色霉状物产生（分生孢子梗以及分生孢子），严重时叶片提早枯死。叶鞘上有黄褐色、边缘不明显的云状斑块，其中有褐色或银白色斑点掺杂其中。在湿度大的环境下，病部也有黑色霉状物产生。

3. 穗部

从灌浆期开始发病，在颖壳上形成褐色不规则的病斑，穗轴及小穗梗易变色。在湿度大的情况下，病部长出一层黑色霉状物（分生孢子梗及分生孢子），严重时造成整个小穗枯死，不结粒或者病粒干瘪皱缩。一般情况下，枯死的小穗上有十分明显的黑色霉层。

4. 籽粒

被害籽粒的种皮上有不定形的病斑，尤其是边缘黑褐色、中部浅褐色的长条形或者梭形病斑较多。病情严重时，胚部变黑。

5. 根、茎

小麦根腐病在小麦成株期发生根腐和茎腐，根腐的植株茎基部出现褐色的条形斑，严重时茎折断枯死或直立不倒但提前枯死，呈青灰色，白穗不实，俗称"青死病"。拔起病株时，可见根毛和主根表皮脱落，根冠部变黑并黏附土粒。

（二）识别要点

小麦发病部位潮湿时产生黑色霉状物。

（三）发生规律

病菌以菌丝体和厚垣孢子的形式潜伏在种子内外、土壤以及病株残体上越冬，成为翌年小麦根腐病的初侵染源。如若病残体腐烂，体内的菌丝体随之死亡。分生孢子也能在病株残体上越冬。随着土壤湿度的提高，分生孢子的存活力下降。种子、厚垣孢子和田间病残体上的病菌均能在小麦苗期侵染，尤其是种子内部最为重要。当气温升至16℃左右时，病菌组织以及残体所产生的分生孢子通过风雨传播，在温、湿度合适的条件下，病菌直接穿透侵入小麦植株或者通过小麦气孔和伤口侵入。直接侵入时，芽管与叶面接触后顶端膨大，形成球形附着胞，穿透叶片角质层从而侵入叶片内部；通过伤口和气孔侵入时，芽管不形成附着胞而是直接侵入。当气温达到25℃时，病菌的潜育期为5 d。在潮湿的环境下，当气温适合时，小麦植株发病不久后病斑上产生分生孢子，进行多次再侵染。小麦抽穗后，分生孢子通过小穗颖壳基部侵入，从而使颖壳变褐枯死。颖片上的菌丝蔓延侵染种子，从而使得种子上产生病斑或形成黑胚粒。

五、小麦茎基腐病

（一）为害症状

小麦茎基腐病在小麦分蘖期到成熟期均有可能发生。

1. 死苗、烂种

小麦茎基腐病病菌在种子萌发前侵染小麦，从而导致小麦在苗期枯萎，茎基部叶鞘、茎秆变褐色，根部腐烂。

2. 茎基部变褐色

在小麦生长期，茎基部1～2个茎节出现褐变，严重时会延伸到第六茎节，但不会影响穗部。在湿度较大的环境下，茎节处可见红色或白色霉层。

3. 白穗

受害麦田多出现零星的单株小麦死亡的白穗现象。小麦茎基腐病与其他病害"白穗"病症的区别：小麦茎基腐病和赤霉病无明显病症，纹枯病有波纹病斑，全蚀病有"黑膏药"状菌丝体。

（二）识别要点

成株期植株的茎节表现出褐色并褪色。在潮湿环境下，有的病株茎节上会产生粉红色或淡橘红色的霉层。

（三）发生规律

小麦茎基腐病是近几年快速增长的小麦病害，主要发生在玉米小麦两熟轮作、秸秆还田较多的河南、河北、山东、安徽、江苏等地。小麦出苗期就可感染，病菌最早可通过衰败的芽鞘侵入地中茎，向上扩展到分节；小麦返青后，病菌向上扩展，在茎基节间形成茶褐色病斑，麦苗生长缓慢，严重时开始死亡；小麦灌浆期造成茎基部分蘗节处枯死，上部茎叶和穗得不到水分而死亡，出现枯白穗，田间拔除时极易从基部拉断。重病田成穗大幅度减少，比正常少出50%以上，且穗小籽少。

六、小麦纹枯病

小麦纹枯病又称立枯病、尖眼点病，是一种世界性病害。冬前发病高峰不明显，中后期发病快，有枯穗出现，且枯穗率高，发生较普遍。一般导致小麦减产5%～10%，严重时减产20%～40%，为害严重。

（一）为害症状

从小麦播种期到生长后期均可发病。主要为害部位有植株基部的叶鞘和茎秆。有烂芽、病苗、死苗、花秆烂茎、倒伏、枯孕穗等多种发病症状。

1. 烂芽

种子发芽后，芽鞘受到侵染变褐色，继而烂芽枯死腐烂，导致不能出苗。

2. 病苗、死苗

在小麦3～4叶期，第一叶鞘上有中央灰白、边缘褐色的病斑产生，严重时因抽不出新叶而造成死苗。

3. 花秆烂茎

返青拔节后，病斑始于小麦基部叶鞘上，产生云纹状病斑，病斑中部灰白色、边缘浅褐色。多个病斑相连，形成云纹状花秆，即花秆烂茎。在适宜条件下，病斑向上向内扩散，在茎秆上出现中间灰褐色、四周褐色的近椭圆形或椭圆形的"眼斑"，病斑两端稍尖，在田间湿度较大时，染病叶鞘内侧及茎秆上出现蛛丝状白色菌丝体，以及由菌丝纠缠形成的黄褐色菌核。

4. 倒伏

由于茎部腐烂，导致后期麦苗极易倒伏。

5. 枯孕穗

发病严重的植株主茎和大分蘖常抽不出穗，最终因养分、水分供应不足而枯死，导致形成"枯孕穗"。有的麦苗虽然能够抽穗，但是结实减少，籽粒秕瘦，形成"枯白穗"。枯白穗在小麦灌浆乳熟期最为明显，发病严重时造成田间麦田出现成片的枯死。此时田间湿度如若较大，病株下部则出现病菌产生的菌核，菌核近似油菜籽状，极易脱落。

（二）识别要点

叶鞘上产生中央灰色、边缘褐色的病斑，茎秆上形成云纹状病斑，病株可见黄褐色的菌核。

（三）发生规律

1. 初侵染

病菌以菌核或菌丝体在土壤中或附着在病残体上越冬越夏，成为翌年的初侵染源，其中菌核的作用更为重要。菌核在干燥条件下保存 6 a 仍可以萌发。菌核萌发后长出的菌丝在遇到干燥条件而又找不到寄主，48 h 后会自行死亡。死亡后的菌核遇到合适的条件，可以再次萌发长出菌丝，且活力不降低。这种每次只有几个细胞萌发且能多次萌发的特性是菌核的一种自我保护机制，以此来达到延长自身存活时间的目的。病残体中菌丝体的作用和菌核相比较差。

2. 传播

小麦纹枯病是典型的土传病害，可以通过带菌土壤传播，带有病残体的病土和未腐熟的有机肥也可以传播病害。此外，也可以通过农事操作传播。

3. 传染与发病

土壤中的菌核和病残体中长出的菌丝在与寄主接触后，形成附着胞或者侵染垫产生侵入丝直接侵入寄主或者从根部的伤口侵染麦苗。冬麦区小麦纹枯病在田间的发生过程分为 5 个时期。

（1）冬前发病期。在土壤中越夏后的病菌侵染寄主，在小麦三叶期前后开始出现病斑。整个冬前分蘖期内，麦苗的病株率一般在 10% 以下，严重者在 10%～20%。主要通过接触土壤的叶鞘侵入寄主为主，冬前这部分病株是后期形成白穗的主要来源。

（2）越冬静止期。麦苗进入越冬阶段后，病情不再发展。冬前发病期的病株可以带菌越冬，成为春季早期发病的重要侵染源之一。

（3）病情回升期。在2月中下旬至4月上旬，主要以病株率的升高为主要特点。随着气温回升，病菌开始大量的侵染麦苗，病株率显著提升。在小麦分蘖末期至拔节期，发病率激增，此时病情多为1～2级。

（4）发病高峰期。在4月上中旬至5月上旬，随着植株拔节、病菌蔓延发展，发病情况加重。拔节后期至孕穗期为发病高峰期。

（5）病情稳定期。抽穗以后，随着气温升高、茎秆变硬，病菌停止继续扩展。在5月上中旬，发病情况与侵染数量都基本稳定，病株产生的菌核落入土壤。病重植株因失水枯死，导致枯孕穗和枯白穗的产生。

4. 再侵染

小麦纹枯病通过发病部位产生的菌丝向四周蔓延扩散引起再侵染。麦田发病有两个侵染高峰期，一是在冬前秋苗期，二是在春季小麦的返青拔节期。

七、小麦颖枯病

小麦颖枯病在世界50多个国家均有发生，给小麦生产带来巨大的损失。小麦颖枯病在我国各大麦区均有发生，其中以北方春麦区发生最重。叶片受害率一般为50%～98%，颖壳受害率为10%～80%。该病往往与叶斑、叶枯性病害混合发生。受害植株的穗粒数减少，籽粒皱缩干秕，出粉率减少，成穗率受到影响。

（一）为害症状

小麦颖枯病从小麦种子萌发至成熟期均能够发生，可为害小麦叶片、叶鞘、茎秆和穗部，主要为害未成熟的穗部和茎秆。病菌先侵害小麦穗部的顶端或者上部小穗，以后扩散至全穗，症状在小麦乳熟期最为明显，发病初期在颖壳上产生深褐色斑点，后变成枯白色并逐渐扩展至整个颖壳，病斑上长满菌丝和黑色小点（分生孢子器），病重的麦苗不能结实。未成熟的麦穗极易受到病菌侵染，这与随着小麦成熟度增加，颖壳内含糖量减少有关。

小麦叶片受害后先长出长椭圆形淡褐色小斑点，随后逐渐扩散成不规则形的病斑，病斑边缘有淡黄色晕圈，中央呈灰白色，病斑上密生黑色小点。叶片的正、背面均有病斑产生，但以正面为主。有的叶片在受到侵染后整个或者大部分变黄，但没有明显的病斑产生；剑叶被侵染后，叶片卷曲枯死。叶鞘发病后变黄，叶片上产生黑色小点。病菌能够侵入麦苗导管并将导管堵塞，使节部畸形、扭曲，茎秆上部变灰褐色，随后折断枯死。

（二）识别要点

护颖上产生深褐色斑点。

（三）发生规律

在冬麦区，病原菌主要是在田间病残体或者附着在种子上越夏，秋季病菌入侵麦苗，以菌丝体在病株上越冬；在春麦区，病原菌以菌丝体和分生孢子器的形式在病残体上越夏、越冬。翌年春，当环境条件适宜，分生孢子器释放分生孢子，侵染春小麦。病粒上的分生孢子器和分生孢子也可以作为初侵染源，侵染麦苗。病株上产生的分生孢子通过风、雨传播，不断扩大蔓延。

八、小麦霜霉病

小麦霜霉病又名黄化萎缩病，是一种偶发性病害。该病可以侵染小麦各个生育期，生育期不同、条件不同，发病症状也不同。

（一）为害症状

小麦霜霉病的典型症状为麦苗黄化萎缩，剑叶和穗部畸形。但在不同生育期、不同条件下发病症状也有所不同。

1. 苗期

在2月中下旬至3月初，麦苗返青起即开始发病。病株叶色淡绿并有轻微条纹状花叶。

2. 拔节期

拔节后的病株明显矮化，叶片呈淡绿色，并伴有比较明显的黄白色条纹或斑纹，病叶略有增厚。发病较为严重的植株在抽穗前死亡或者无法抽穗。

3. 穗期

穗期出现各种"疯顶症"，病株剑叶特别宽、长、厚；叶面发皱并且弯曲下垂；穗茎曲或弯成弓形，形成"龙头穗"；穗形不规则，花不结实；基部小穗轴长，呈分枝穗状，下部小穗的颖壳呈绿色小叶片状；在肥力等条件相同的条件下，得病植株的茎秆较健康植株粗壮。病株茎秆表面覆盖有较厚的白霜状蜡质层。病穗黄熟延迟，在健穗黄熟后仍然保持绿色。

（二）识别要点

病株较矮，叶片呈淡绿色，有黄白色条纹，分蘖增多；穗畸形，呈龙头拐状，颖片变叶片状。

（三）发生规律

病菌以卵孢子在土壤中的病株残体上越夏。土壤湿度较大时，有利于病株残体腐烂。

腐烂后，越夏的卵细胞在水中萌发产生游动孢子，游动孢子萌发后作为初侵染源侵入麦苗进行为害。卵细胞在 10 ~ 26℃均可萌发，其中 18 ~ 20℃为最适温度。此外，发病的野生寄主也是病菌的初侵染源。小麦苗期是霜霉病的主要侵染时期。病菌侵入寄主后，在寄主体内系统发展，菌丝分布在维管束内或邻近组织细胞间。发病后期在病株叶片、颖壳以及叶鞘等组织内，沿维管束两侧产生卵孢子。苗期发病后，病株数量不再增加，说明小麦霜霉病主要以初侵染为主。

九、小麦叶枯病

小麦叶枯病是引起小麦叶斑和叶枯类病害的总称。叶枯病的病原有 20 多种，我国目前主要是雪霉叶枯病、蠕孢叶斑根腐病、链格孢叶枯病（叶疫病）、壳针孢类叶枯病、黄斑叶枯病等为害较重，已成为我国小麦生产中的一类重要病害。小麦感染叶枯病后，造成叶片早枯，影响籽粒灌浆，造成穗粒数减少，千粒重下降，有些叶枯病的病原菌还可引起籽粒的黑胚病，降低小麦品质。

（一）为害症状

几种叶枯病都以为害小麦叶片为主，在叶片上产生各种类型的病斑，严重时造成叶片干枯死亡。

1. 雪霉叶枯病

主要发生在苗期至灌浆期。麦苗的各个部位均能受害，但主要为害幼芽、叶片、叶鞘和穗部，生长后期造成芽腐、叶枯、鞘腐和穗腐等症状，其中以叶枯为主。小麦拔节前，埋于土中的植株外层变褐色，地上部位无明显症状。拔节后，靠近地表的叶鞘逐渐变褐色，靠近地面的叶片出现病斑，病斑初为水渍状，后扩散为圆形或者椭圆形大斑，直径 1 ~ 4 cm，有明显的边缘，边缘灰绿色，中间污褐色，有多层不明显轮纹。天气潮湿时，在病斑中部覆盖有浅薄的砖红色霉层，即为病菌的分生孢子座和分生孢子。在病斑扩散的边缘，常有一层白色菌丝薄层，在病株茎部叶鞘的表皮下或在枯叶的表皮下有黑色小点，即病菌的子囊壳。分生孢子侵染穗部，可造成穗腐。

2. 蠕孢叶斑根腐病

小麦蠕孢叶斑根腐病又称小麦根腐叶斑病或黑胚病、青死病等，该病除引起根腐以外，还为害麦株其他部位，造成叶枯、穗腐或黑胚等。该病是小麦全生育期典型的多阶段性病害，从幼苗到抽穗结实期均有发生，由于受害部位不同，表现出一系列复杂的症状。

幼苗期导致芽腐和苗枯，成株期引发叶片早枯和穗腐、根腐、茎基腐、叶斑、黑胚粒、籽粒秕瘦等症状。在成株期，叶斑最普遍，为害最重。

（1）芽腐、苗枯。发病重的种子不能发芽或在刚发芽的时候变褐腐烂无法出土，发病轻的种子虽然可以萌发出土，但如果胚芽鞘或者其他地下部位发病，会导致麦苗在冬前死掉或者麦苗变弱。

（2）根腐、茎基腐。在小麦苗期的胚芽鞘、地下茎或者幼根上出现褐色病变，局部组织腐烂或者坏死，导致地下茎基近分蘖节处出现褐斑，接近地面的叶鞘出现褐色梭形斑，大小为（3～5）mm×（1～3）mm，无法到达茎节内部。病菌导致幼苗发黄，麦田中的病苗矮小、稀疏、叶直立。成株期麦苗下部1～2片叶的叶尖有1～2 cm的焦枯，根部发育不良，次生根较少，种子根、茎基表面具有褐色斑点，病斑可深达植物组织内部，导致病部腐烂死亡。病情严重时，次生根根尖或者中部会出现褐变腐烂，分蘖枯死或者在生育中后期部分植株甚至全株完全死亡。

（3）叶斑。该病主要在小麦秋苗期或者早春发病，在接近地面的叶片上产生椭圆形病斑，病斑浅褐色至褐色，大小为一至几毫米。拔节后到成株期症状明显，产生浅褐色、椭圆形或梭形病斑，大小为（1～3）cm×（0.5～1）cm，病斑中间枯黄色，周围有黄色晕圈，随着病情的扩展，多个病斑融合形成大斑，最后导致叶片部分或者全部干枯。

（4）穗腐、黑胚粒。穗部染病后，在颖壳基部形成水渍状斑，随后病斑变褐色，病斑表面散生黑色霉层，穗轴和小穗轴也变褐腐烂，小穗不结实或者种子不饱满。在湿度较高的条件下，穗颈变褐腐烂，最终致使全穗枯死或者掉穗。麦芒发病后，产生局部褐色病斑，病斑部位以上的麦芒干枯。种子被病菌侵染后，种胚全部或者局部变褐色，表面或有梭形或不规则形暗褐色病斑产生。有的籽粒染病后，籽粒胚部或周围有深褐色斑点产生，或籽粒带有浅褐色不连续斑痕，斑痕为眼睛状，其中央为圆形或者椭圆形的灰白色区域；还有的是籽粒呈灰白色或带有浅粉色凹陷斑痕，籽粒干瘪，重量轻，籽粒表面有菌丝体。胚部变褐腐烂的种子不发芽或发芽率非常低。

3. 链格孢叶枯病（叶疫病）

小麦链格孢叶枯病发生在小麦生长的中后期，主要为害叶片和穗部。为害叶片时，病菌在叶片上自下而上扩展，严重时造成叶片自下而上枯死。染病初期，有卵圆形或者椭圆形褪绿小斑，大小为（3～23）mm×（1～15）mm。通常病斑中心有黑褐色的叶组织崩坏部，呈眼点状，病斑周围有灰褐色至深褐色的叶组织坏死部，坏死部较大，两端还可以沿叶脉伸展，形成较大的坏死线，致病斑呈长梭形或长条形，边缘黄色，严重时叶鞘和麦穗枯萎，湿度较大时病斑上呈暗色霉层。

4. 壳针孢类叶枯病

小麦壳针孢类叶枯病发生在小麦生长中后期，主要为害小麦的叶片和穗部，造成小麦叶枯和穗腐。为害叶片时自下而上扩展。叶片发病初期，形成淡褐色卵圆形小斑，病斑扩大后形成浅褐色近圆形或长条形病斑，病斑亦可互相连接形成不规则较大病斑。病斑上密生黑色小点（分生孢子器）。

5. 黄斑叶枯病

黄斑叶枯病又称小麦黄斑病，在全国各麦区均有发生，为害严重。该病主要为害叶片，可单独形成黄斑，有时与其他叶斑病混合。叶片染病初期有黄褐色小斑点产生，随后扩展为椭圆形至纺锤形大斑，大小（7～30）mm×（1～6）mm，病斑中央色深，有不明显的轮纹，边缘边界不明显，外围有黄色晕圈。发病后期病斑融合，导致叶片变黄干枯。

（二）发生规律

5种叶枯病病菌主要以菌丝体潜伏于种子内或以孢子附着于种子表面，再或者以菌丝、分生孢子器、子囊壳在病残体内越夏或者越冬。种子和田间病残体上的病菌为苗期的主要侵染源。感病较重的种子，不出土就腐烂死亡。感病较轻的种子可以出苗，但是生长衰弱。病组织或者残体所产生的分生孢子或子囊孢子借助风、雨传播，直接侵入或由伤口和气孔侵入寄主。在条件适宜的条件下，发病后的病斑又可产生分生孢子或者子囊孢子，进行多次再侵染，致使叶片上产生大量病斑，干枯死亡。

十、小麦全蚀病

小麦全蚀病又称为立枯病、根腐病、黑脚病、致死病，是一种典型的根部病害。主要破坏小麦根系，是小麦的毁灭性病害之一。一般减产10%～20%，病重田可减产50%以上，甚至绝收。

（一）为害症状

小麦全蚀病是典型的土传根部病害，根部症状明显。小麦全蚀病主要为害小麦根部和茎基部第一节至第二节处，地上部的症状是根部和茎基部受害引起的。苗期至成株期均可发生，以成株期最为明显。

1.幼苗期

幼苗期感病后，麦苗地上部分叶片变黄色，植株矮小，麦苗基部黄叶多，病株易从根茎部拔断。种子根、地下茎变黑腐烂，特别是病根中柱部分变为黑色。次生根上也生有大量的病斑，严重时病斑连接在一起，使整个根系变黑死亡。

2.分蘖期

分蘖减少、重病植株表现出矮化，基部黄叶变多。拔出苗后，用水冲洗麦根，可见种子根或地下茎全部变为灰黑色。

3.返青拔节期

病株返青变迟缓，黄叶多，拔节后期病株明显矮化稀疏，叶片自下而上变黄。根部大部分黑色，湿度大时，基部和叶鞘内侧和茎基表面形成灰黑色菌丝层。麦田出现矮化发病中心，生长高低不平。

4. 抽穗灌浆期

小麦灌浆期至成熟期症状最明显。病株成簇或者点片出现早枯，呈现特有的"白穗"症状，远看与绿色健康植株形成鲜明对比。病苗极易从土中拔起，但不易倒伏，这是成株期特有的症状。在土壤湿度大时，在茎基部叶鞘内侧形成"黑膏药"状的黑色菌丝层，极易识别。该典型症状是小麦全蚀病与其他小麦根腐病区别的标志之一。

茎基部腐烂部分的叶鞘易剥离，放大后可看到叶鞘内表皮及茎秆表面布满紧密交织的黑色菌丝体和成串联生的菌丝结。收获期病株在潮湿条件下，基部病叶鞘内侧生有黑色颗粒状突起，即为病菌子囊壳。子囊壳的大量出现是在小麦收获以后。

不论苗期或成株期，被害根表面呈灰黑色，将病根横切开，根组织内部（根轴）也呈黑色，这是小麦全蚀病症状的突出特点，也是区别于其他根病的重要标志。

（二）识别要点

小麦根部变黑腐烂，茎基部叶鞘内侧和茎秆表面有黑褐色菌丝层，称为"黑脚"，叶鞘内侧生有黑色颗粒状物。

（三）发生规律

小麦全蚀病病菌是一种土壤寄居菌。小麦从被侵染到发病，从小麦单株发病到群体发病，以及从一个季节发病到下一个季节发病都需要过程，并受到很多条件的影响。

小麦全蚀病病菌和寄主接触后侵入寄主体内，建立寄生关系，在寄主体内获得营养，并在寄主体内生长发育，最后在形态上表现出症状，该过程为病菌侵染过程，简称病程。小麦全蚀病一般不发生再侵染，因此病菌侵染时期和侵染部位与发生为害程度有很大的关联。

小麦全蚀病病菌主要以菌丝体随着病残体在土壤、粪便中越夏或者越冬，作为翌年的初侵染源侵染麦苗。寄生在自生麦苗、杂草或者其他作物上的全蚀病病菌同样可以作为传染下一季作物的传染源。在小麦成熟前或者收获后，病根茬上产生大量的有性世代——子囊壳。小麦全蚀病病菌可通过土壤、粪肥传播，也可以通过子囊壳破裂喷射出大量的子囊孢子，其中一部分子囊落在麦田内，一部分随着气流去其他地方侵染麦苗。

在环境适宜时，小麦出苗后 5 ～ 7 d，全蚀病病菌通过小麦根毛侵入，10 d 左右，匍匐菌丝沿着根苗蔓延，相继侵入根组织。小麦幼苗期，由于幼苗较嫩，抗病能力差，病菌可轻易侵入薄壁细胞和导管，而成株期的植株由于根、茎组织老化，细胞壁加厚和导管内形成某种黑色沉淀物，加之根际各种微生物数量增多，抗侵染能力强，所以病菌对成株期的植株侵染能力弱。

小麦全蚀病病菌的整个生育期均可以侵染麦苗，以苗期侵染为主。在小麦幼苗期，病原菌有很多侵染点，可从小麦幼苗的种子根、胚芽以及根茎下的节间侵入作物组织内部，也可以通过胚芽、外胚叶侵入植物组织。小麦全蚀病病菌的菌丝除了褐色粗壮的匍匐菌丝外，还有一种侵染菌丝，称为细菌丝。细菌丝比较纤细，呈无色透明状，可以侵染寄主。在细菌丝无法侵染组织时，其细胞壁逐渐变褐变厚，成为匍匐菌丝。小麦出苗后，病残体上的菌丝体在小麦根毛区反复分支，形成细胞团，在根毛表面的类似附着胞的组织上长出侵染菌丝侵染根毛。随后侵染菌丝侵染根的皮层，根部皮层被迅速蔓延，尤其是外缘部分，菌丝体在根皮层部位与根的纵轴作平行方向蔓延，随后病菌侵染根轴。随着侵染的加深，菌丝变细。侵染菌丝侵入细胞时，细胞壁环绕侵入菌丝形成一种叫作"木质管鞘"的反应结构，木质管鞘在侵染菌丝前、后均可形成。在侵害严重时，所有除木质部以外的根部组织全部腐解。病菌可从种子根、根茎下的节间、外胚叶，继而侵入到根茎。根茎部受害比根部严重，影响各方面的发育，甚至引起幼苗死亡。

"全蚀病自然衰退"（Take-all decline，TAD）指全蚀病田连作小麦或者大麦，当病害发展到高峰后，在不采取任何防治措施的情况下，病害自然减轻的现象。该现象在国内外均可发生。该现象发生的先决条件有两个，一是连作，二是为害达到高峰，两者缺一不可。病害达到高峰的标志为白穗率在60%以上，且病田出现明显的矮化早死现象。经研究调查发现，小麦连作区全蚀病从田间零星发病到全田块严重为害一般需要3～4a，若土壤肥力高则病害发展缓慢，达到高峰期则需要6～7a。严重为害时间在1～3a，随后病害趋于下降稳定。如果病害高峰期出现后中断感病寄主连作或进行土壤消毒，那么TAD则不会出现。全蚀病自然衰退现象与土壤中的拮抗微生物有关，其中荧光假单胞菌为重要类群。出现TAD的土壤有明显抑菌作用，如果将抑菌土经热力或者杀菌剂处理后，其抑菌作用将会消失。

十一、小麦黑胚病

小麦黑胚病又称为黑点病，是侵染小麦籽粒胚部或者使其他部分变色的一种病害。

（一）为害症状

小麦被侵染后，胚部会产生黑色小点。若感染区沿腹沟蔓延并在籽粒表面占据一块区域，会导致籽粒出现黑色病斑，使得小麦籽粒变成暗褐色或者黑色。不同病原真菌侵染小麦，产生的黑胚症状不同。

1. 黑胚型
由链格孢侵染引起。通常在小麦籽粒胚部或者胚的周围出现深褐色斑点，这种褐色或者黑色的斑点为典型的"黑胚"症状。

2. 花粒型
由麦类根腐德氏霉侵染引起。一般籽粒带有浅褐色不连续斑痕，其中央位置为圆形或者椭圆形的灰白色，引起典型的眼状病斑。链孢霉侵染引起的症状是籽粒带有灰白色或者浅粉红色凹陷斑痕。籽粒一般干瘪、重量轻、表面长有菌丝体。

小麦籽粒在湿度大的环境下，产生灰黑色霉层，部分产生灰白色至浅粉色霉层。

（二）识别要点

小麦籽粒潮湿时或保湿情况下产生灰黑色霉层，部分产生灰白色至浅粉色霉层。

十二、小麦煤污病

小麦煤污病又称煤烟病，是小麦植株上产生一层由煤污病引起的煤灰。该病病菌对小麦叶片、麦穗、茎秆都有危害。发病初期，侵染部位产生许多散生的暗褐色至黑色辐射状的霉斑。病斑有时候会相连成片，形成煤污状黑色霉层。黑霉只存在于植株表层，可用手擦去。为害严重时，小麦整棵植株成片污黑，影响植株生长。

十三、小麦腥黑穗病

小麦腥黑穗病又称腥乌麦、黑麦、黑痘。除去南部少数地区外，在全国各麦区均有发生。小麦腥黑穗病主要包括网腥黑穗病和光腥黑穗病两种。网腥黑穗病病菌厚垣孢子的表面有网状花纹，而光腥黑穗病病菌厚垣孢子表面光滑，这是两者的区别。

（一）为害症状

小麦腥黑穗病病菌主要侵染穗部，病株较矮，分蘖多，病穗短且直，颜色较深，初为灰绿色后变为灰黄色。颖壳和麦芒向外张开一点，露出部分病粒（菌瘿）。病粒比健康籽粒粗短，初为暗绿色，后变为灰黑色或者淡灰色，外面包有一层灰白色薄膜，内部充满散发鱼腥味的黑色粉末（病菌厚垣孢子），破裂后散发出含有三甲胺鱼腥味的气体，因此称为腥黑穗病。

（二）识别要点

小麦腥黑穗病病株分蘖增加，病粒粗且短，内有黑色粉末，有鱼腥气味，用手指轻轻按压，易破裂。

（三）发生规律

小麦腥黑穗病病菌以厚垣孢子附在种子表面或者粪肥、土壤中越冬或者越夏。小麦脱粒时，病粒破裂，厚垣孢子四处飞散，黏附在种子表面，成为传播病害的主要途径。此外，用带有病菌的麦糠、麦秸、淘麦水等沤粪或者喂牲口，使粪肥中带有病菌，在麦地中施入带病菌的粪肥后，可以使麦苗感病。收获小麦时，落在土壤中的病菌孢子能够存活较长时间，也可以传播病害。厚垣孢子随着小麦种子发芽随即萌发，厚垣孢子产生不分隔的管状担子，担子顶端产生 6～8 个线状担孢子，不同性别的担孢子先在菌丝上呈"H"状结合，然后萌发为较细的双核侵染丝，通过芽鞘侵入麦苗后到达生长点，随后以菌丝体形态随着小麦生长而发育，到孕穗期病菌侵染小麦子房，破坏花器，抽穗时在麦粒内形成菌瘿，即病原菌的厚垣孢子。

小麦腥黑穗病在小麦幼苗期开始侵染，如土温、墒情、通气条件、播种质量、种子发芽势等均能影响病情的轻重，但主要影响因素是土温和墒情。病菌侵染小麦幼苗的最适温度为 9～12℃，最低 5℃，最高为 20℃。春小麦发育的适宜温度为 16～20℃，冬小麦发育的适宜温度为 12～16℃。影响种子发芽和幼苗生长的因素有温度、播种深度等。温度低、播种深，延长了幼苗出土时间，增加了病菌侵染的机会，提高了发病率。不利于种子发芽和幼苗生长。另外，病菌孢子萌发需要水分和氧气。土壤湿度低，水分不足影响孢子萌发。土壤过湿，则会导致供氧不足，也不利于孢子萌发。一般土壤含水量在 40% 以下适于孢子萌发，利于病菌侵染。因此，应适当调整播种时间和水分供应，避免此病发生发展。

十四、小麦散黑穗病

小麦散黑穗病，俗称黑痘、灰包、乌麦等，在我国春、冬麦区普遍发生。冬麦区，长江流域比华北地区发生重。春麦区，东北地区比西北和内蒙古地区发生严重。

（一）为害症状

小麦散黑穗病主要侵染小麦穗部，偶尔也侵害叶片和茎秆，在其上产生条状黑色孢子堆。病株虽略矮于健株，但是病穗抽穗早。病穗在出苞叶之前，内部已充满黑色粉末即病菌的厚垣孢子，病小穗外面包有一层灰色薄膜，成熟后薄膜破裂，有黑色粉末散出，只残留裸露的穗轴。病穗上的小穗全部或部分被毁，仅上部残留少数健穗。一般主茎、分蘖都会出现病穗。当小麦同时受腥黑穗病菌和散黑穗病菌侵染时，病穗上部表现腥黑穗，下部表现散黑穗。

（二）识别要点

小麦散黑穗病整穗或多数小穗的子房、种皮及颖片均变为黑色粉末，粉末分散后，仅残留穗轴。

（三）发生规律

小麦散黑穗病病菌属于花器侵染类型，一年侵染一次。该病为典型的种传病害，带菌种子是病害传播的唯一途径。在小麦扬花期，病穗散出厚垣孢子。冬孢子借助风力传送到健花柱头上，当柱头开裂并有湿润分泌物时，冬孢子萌发产生先菌丝，先菌丝产生 4 个细胞，分别生出丝状结合管，异性结合后形成双核侵染在子房下部或籽粒的顶端基部穿透子房壁表皮直接侵入，并穿透果皮和珠被，进入珠心，潜伏于胚细胞间隙，当籽粒成熟时，菌丝体变为厚壁休眠菌丝，潜伏于种子胚内越冬。种子外表不显症，新形成的染病麦粒跟健康的麦粒没有差别，并随着植株生长向上发展，形成系统侵染。病害侵染在孕穗期达到穗部，在小穗内继续生长发育，最后菌丝变成冬孢子，成熟后冬孢子散出，随风传到健穗的花器上再萌发侵入，开始下一个侵染循环。小麦散黑穗病发病率高低与上一年扬花期的气象条件、病菌侵入率有很大关系。开花期湿度大、温度高、微风，有利于孢子的传播、冬孢子萌发和侵入，导致种子带菌率高。当开花期遇到暴风雨，冬孢子被淋于地下，不利于传播，发病则轻。

第二节　小麦细菌性病害的发生与识别

一、小麦黑颖病

小麦黑颖病病斑出现在颖壳上时称为小麦黑颖病，病斑出现在叶片上时称为小麦细菌性条斑病。该病可为害小麦、大麦和黑麦，以孕穗开花期为害最严重，可减产10% ～ 30%。

（一）为害症状

小麦黑颖病自小麦幼苗期至成熟期皆可发病。病菌主要侵染叶片和穗部，发病严重时可为害叶鞘、茎秆、颖片、籽粒以及麦芒。叶片初侵染病害时，呈现水渍状透明的淡绿色斑点，逐渐沿叶脉扩展为半透明的条形斑。病斑呈黄褐色，在湿度大的环境下，病斑溢出黄白色细菌性脓液，干缩后变成白色薄膜状或者黄色胶粒。茎部染病，在茎秆、叶鞘和穗轴上发生长条状的褐色条斑，严重时在干燥条件下，病斑后期呈现白色薄膜状。麦穗染病初期，颖片上产生水渍状细小条纹，随后扩散为褐色条斑，严重时麦芒变褐枯死。病株穗茎上发生黑褐色、宽条状或者分布密集的斑点状病斑，颖端部变色是本病的特征。

（二）识别要点

病株穗茎上发生黑褐色、宽条状或者分布密集的斑点状病斑，颖端部变色。

（三）发生规律

小麦黑颖病的初侵染源是带菌的种子。病残体和其他寄主为次要侵染源。病菌在土壤中无法存活，随着病残体在土壤中或在种子上越冬。翌年春天病菌通过种子进入导管，进行系统侵染。侵染部分溢出的菌脓中含有大量的病原细菌，病菌通过风、雨等从寄主伤口或者自然孔口侵入，进行多次侵染，导致病害进一步扩展和蔓延，最后到达穗部形成病斑。

病菌侵染寄主的最适宜温度是 22～28℃。在 18～30℃，温度越高潜育期越短，一般在 12～72 h 内。光照度在 16 000 lx 时适宜发病。高温高湿利于该病扩展，因此小麦孕穗期至灌浆期，如果降雨频繁，温度高则发病重。大水漫灌、播种过密、小麦重茬、管理粗放、氮肥施用过多等都有利于小麦黑颖病的发生。湿度大、结露多则使病情加重。因为小麦黑颖病病菌是冰核细菌，所以在小麦返青期遇到低温霜冻天气时，会诱发和加重为害。冬小麦播种早、气温高，导致旺苗，翌年病害加重。

小麦受到黑颖病病菌侵染后，致使小麦种子普遍带菌。大面积种植带菌和易感品种是病害流行的关键因素。前茬小麦发病后病菌在病残体上积累，导致后茬小麦发病严重。

二、小麦黑节病

（一）为害症状

小麦黑节病病菌能够为害叶片、叶鞘、节及节间。叶片被侵染后，初生水渍状条斑，随后病斑颜色变为黄褐色，最后变为长椭圆形至长条形的黑褐色病斑。叶鞘被侵染后，小麦叶鞘上散生黑褐色条斑，最后叶鞘全部变为浅褐色。病菌侵染茎秆后，主要为害节部，随后扩至节间，病部呈现深褐色，秆部发病早则会逐渐腐败。叶片变黄，由下向上枯死，节部变黑是本病的基本特征，发病重时可造成绝收。

（二）识别要点

叶片变黄，由下向上枯死，节部变黑。

（三）发生规律

病菌通过种子和病秆传播。病菌在干燥条件下可长期存活，干燥种子上的病菌可存活至秋季。低洼地、湿度高的环境下病菌繁殖快、发病重。

三、小麦蜜穗病

（一）为害症状

小麦蜜穗病发生在小麦抽穗后。小麦感病后病株心叶卷曲，湿度高时有黄色胶状物以及细菌溢脓。病秆弯曲。新生叶抽出时往往受到菌脓阻碍而粘有细菌分泌物。病株多不能抽穗，即使抽穗，穗也很瘦小，小穗的一部分或者全部不能正常结实。在麦穗上出现明显的黄色渗出物，穗和穗颈出现扭曲的黏液团块。干燥后菌脓凝结硬化，形成胶状小颗粒，呈现干枯状。当小麦成熟时，整个麦穗呈现胶质细棒状。病株较健株矮 10 ～ 20 cm。

（二）发生规律

小麦蜜穗病病原细菌必须同小麦粒线虫相伴侵染。从小麦粒线虫病带菌虫瘿中游出的粒线虫都带有该病原细菌，而小麦蜜穗病病原细菌也必须伴随小麦粒线虫才能侵染小麦发生蜜穗病。侵染小麦的细菌和线虫，如果细菌超过线虫，则小麦发生蜜穗病。如果线虫超过细菌，则发生粒线虫病或者部分发生蜜穗病，部分发生粒线虫病。虫瘿中带有病原细菌，并可以存活多年。经研究表明，除非用带有小麦蜜穗病病原细菌的线粒虫虫瘿接种，否则不能单独用病原细菌接种使小麦感染蜜穗病，这说明了两者是相伴病原。

第三节　小麦病毒性病害的发生与识别

一、小麦黄花叶病毒病

小麦黄花叶病毒病又称小麦梭条斑花叶病毒病，可使麦田减产 10% ～ 50%，重病田减产 70% ～ 85%。

（一）为害症状

小麦黄花叶病毒病在小麦苗期侵染麦田，使得小麦新生的叶片可能出现褪绿或者扭曲的现象，在小麦拔节期后，病症明显，病株先从心叶叶尖或者中部开始褪绿。在病株嫩叶上出现初为淡绿色至橙黄色斑或者梭形点，不久变为黄色或者淡绿色不连续短条状，逐渐扩大为黄绿相间的斑驳或者不规则条斑，条斑的中心会导致坏死。叶脉最初呈现绿色，随后全叶呈枯黄色枯死。少数品种植株心叶褪绿严重，有时细弱扭曲，有的出现葱管状症状。老叶不显状。穗短小，有的穗轴弯曲，形成各种畸形穗。病株根系发育差，拔节后生长纤弱，植株松散分布，分蘖萎缩，重病株在抽穗前多数分蘖甚至整株枯死。

（二）识别要点

小麦叶片出现梭条斑或者叶片黄化、植株矮化。

（三）发生规律

该病主要依靠带病菌的土壤、病根残体和病田流水的扩散自然传播，汁液的摩擦接种也能够传播病毒；传播的直接生物媒介为居于土壤中的禾谷多黏菌。侵染温度一般为 12 ～ 16℃，侵染后在 20 ～ 25℃的环境下迅速增殖，潜育期为 14 d，14 d 后出现症状。

不同小麦品种间抗病性差异显著，长期大面积的单一化种植易感病品种，是病害流行的主要因素。小麦秋播后，在温度适宜以及土壤湿度充足条件下，4 ～ 10 d 就会发生病毒侵染，10 ～ 20 d 侵染达到高峰。

二、小麦黄矮病

（一）为害症状

小麦黄矮病病毒在小麦整个生育期均能侵染，表现症状随着寄主种类、品种、染病生育期及环境条件的差异而不同。

小麦苗期感病导致植株生长缓慢，分蘖减少，扎根浅，易拔起，新叶从叶尖逐渐向叶基扩散变黄，黄化的部分占全叶的 1/3 ～ 1/2，叶基为绿色，有时出现与叶脉平行但不受叶脉限制的黄绿色相间的条纹，叶片增厚。冬小麦病株在越冬期间容易冻死，能够存活下来的在翌年春天分蘖减少，病株严重矮化，不抽穗或者抽穗很小。拔节孕穗期感病的植株矮小，叶片从新叶叶尖开始发黄，沿叶片边缘向叶基部扩展蔓延，病叶质地光滑，随后逐渐变黄变枯，而下部叶片仍为绿色，病株虽然能抽穗，但籽粒秕瘦。穗期感病的植株一般只有旗叶发黄，为鲜黄色，植株矮化不明显，能够抽穗，但是粒重降低。同生理性黄化的区别在于，生理性的黄化是从下部叶片开始发黄，整个叶片发病，田间的发病比较均匀；而黄矮病下部叶片为绿色，新叶黄化，旗叶发病较重，从叶尖开始发病，先出现中心病株，随后向四周扩展。

（二）识别要点

小麦植株矮缩，叶片从叶尖开始发黄。

（三）发生规律

小麦黄矮病侵染和发病共有两个阶段，第一个阶段为秋苗感染形成发病中心，第二个阶段为春季田内再扩展导致病害的流行。

小麦黄矮病病毒的侵染循环在冬麦区、冬春麦混种区、春麦区各有不同。冬麦区在冬前感病的小麦是翌年早春的发病中心，返青后，第一次发病高峰在拔节期，发病中心的病毒随着麦蚜迁移扩散，到抽穗期形成第二次发病高峰期。5 月中下旬，各地小麦逐渐进入黄熟期，麦蚜因为植株老化，营养不良，形成有翅蚜向越夏寄主迁移，在越夏寄主上取食、繁殖和传播病毒。秋季小麦出苗后，麦蚜迁回麦田，特别是取食田边小麦，并在其上繁殖和传播病毒，并以有翅成蚜、无翅若蚜在麦苗基部越冬。玉米和小麦轮作黄矮病田间交互传播现象严重，尤其是夏播玉米的黄矮病，可以作为小麦黄矮病的初侵染源之一。

春麦区较为复杂，携带病毒的麦蚜通过气流远程迁飞传播该病，使得冬春麦区的黄矮病流行形成内在联系，地处黄河流域的冬麦主产区是麦蚜和黄矮病毒的越冬场所。在冬麦区的小麦扬花灌浆乳熟期，传播病毒的蚜虫因为小麦营养条件恶化和温度升高，有大量的有翅蚜产生，并随着西南气流向北迁飞。而此时北方春麦区正处于分蘖至拔节期，适宜蚜虫继续繁殖和传播病毒为害。麦蚜从冬麦区迁移至春麦区传播黄矮病毒，成为春麦区小麦黄矮病初侵染源。冬春麦区小麦生育期的衔接为麦蚜种群及其病毒的延续提供了十分有利的生态环境。到秋季传播病毒的有翅蚜又随着西北气流返回冬麦区越冬。根据麦蚜的迁飞变动规律及黄矮病的发生情况，黄矮病发生可划分为冬麦发生区和春麦发生区两个类区。彼此结合成为一个流行区域，从而完成病害的周年循环。

三、小麦丛矮病

小麦丛矮病又名小麦坐坡病、小老苗、小麦小叶病，是由传毒介体灰飞虱传播的一种病毒病害，是一种主要发生在我国北方麦区的主要病害。发病后，可导致越冬期小麦死苗，造成缺苗断垄。严重发病地块，会导致翻耕毁种，给小麦生产带来严重危害。灰飞虱在小麦上传毒侵染有两个高峰期，第一个高峰期为小麦播种出苗后；第二个高峰期是在小麦返青后，随着气温逐渐回升，越冬代的灰飞虱开始在麦苗上活动取食，传播病毒，感染越早或者显现丛生、矮缩症状越早，对产量的影响越大。

（一）为害症状

小麦感病后，最初症状是心叶上有黄白色相间的连续的虚线条，随后发展为不均匀的黄绿色相间的条纹，植株矮化，分蘖多，形成丛矮状。冬季前感病严重的植株枯死，不能越冬，感病较轻的植株越冬后，有的不能拔节，有的不能抽穗，有的抽穗后籽粒灌浆不饱满，为害程度差别很大。返青期感病的植株一般发病较轻。

冬小麦播种 20 d 后就可以发病。秋苗二叶期就开始表现出症状，首先从叶茎开始，出现叶脉间褪绿或者叶茎发黄，以后逐渐向叶尖扩散。发病轻的在叶脉间出现断续的短而纤细的黄白色，或者淡黄色，或者黄色条纹；发病稍重的，条纹不受叶脉限制，从叶茎到叶尖形成 1～3 条跨叶脉平行褪绿色条纹，叶脉为黄色，有不明显的矮化症状，有部分抽小穗；发病重的，植株矮小，叶片变黄色，新叶不能够伸展，呈细弱针状，分蘖多，20～30 个分蘖，不抽穗。也有个别植株分蘖不增多，但根系分根少且粗短，并且有褐色坏死。冬季前感病并且显症的植株，分蘖增多并且细弱，苗色变黄、瘦弱，大部分植株不能越冬而死亡。发病较轻的植株返青后分蘖继续增多，分蘖细弱，叶部依旧有明显黄绿色相间的条纹，病株严重矮化，一般不能拔节抽穗或者早期枯死。部分感病晚的病株以及早春感病的植株，在返青期和拔节期陆续显病，心叶有条纹，与冬前显病植株相比，叶色比较浓绿，叶茎稍粗壮。拔节以后感病植株只有上部叶片显条纹，能抽穗，但是籽粒秕瘦。

（二）识别要点

染病植株上部叶片有黄绿相间的条纹，分蘖显著增多，植株矮缩，形成明显的丛矮状。

（三）发生规律

小麦丛矮病毒主要由灰飞虱传播。灰飞虱吸食后，需要经过一段循环期才能传播病毒。日均温在27℃需要10～15 d，20℃需要15.5 d。1～2龄若虫容易传毒，成虫传播病毒能力最强。一旦携带病毒，便可终身携毒。但是卵不能传播病毒。病毒一般在携带病毒的若虫体内越冬。冬小麦发病的主要时期在秋季。一般在有毒源存在的情况下，冬小麦播种越早，秋苗受侵染越早，发病越严重。防治病害的关键是控制秋苗早期侵染。另外玉米套种冬小麦或者棉田套种冬小麦地块发病较重。靠近沟边地头杂草近的发病重，这是因为增加了灰飞虱连续传播侵染的机会。

四、小麦土传花叶病

小麦土传花叶病是最早报道的小麦病毒病害，也是最早报道的土传植物病毒病害。小麦受害后，返青、拔节、抽穗、成熟期大大推迟，植株矮化，成穗率降低，一般植株的穗粒数减少10%～60%，千粒重降低25%～50%，产量降低30%～70%。小麦土传花叶病可同小麦梭条斑花叶病在田间混合侵染，两者田间症状及发病特点极其相似，不易区分，通过电镜观察病毒颗粒体或者血清学方法可区分两种病。

（一）为害症状

冬小麦苗期被侵染后，植株一般不表现症状，翌年3月返青期开始出现病株。症状总体来说分为两个阶段，小麦返青至拔节期为黄叶阶段，拔节后期花叶逐渐明显为花叶阶段。抽穗后，由于气温升高，病株恢复生长较快，发病较轻的植株症状潜隐。

黄叶阶段，一般先在未展开的心叶上出现褪绿线状条斑。受侵染的地块远看似缺肥、受冻。整株叶片变黄变紫，叶尖干枯，质地脆，新叶基部褪绿，有不明显的短线状条斑，拔节晚，矮缩不长新根，根系呈现"鸡爪状"，分蘖少。

发病植株拔节后，叶片褪绿现象加重，条斑联合成不规则的淡黄色短线条斑驳，即花叶阶段。病叶上的短线条斑驳，有的出现在叶的前半部，有的出现在叶的中部或者基部。整个叶片上的斑驳多少和宽窄不同。叶鞘和颖壳上也出现褪绿短线状条斑。整棵病株出现株型松散、矮化，叶片呈现斑驳花叶，穗短小，籽粒秕瘦，贪青晚熟。

（二）识别要点

小麦叶片出现梭条斑，心叶卷曲，植株矮化。

（三）发生规律

小麦土传花叶病主要由土壤中的禾谷多黏菌传播，无法通过种子和昆虫媒介传播，可通过发病植株汁液摩擦传播病害，但影响不大。秋季小麦出苗后，多黏菌的休眠孢子变为游动孢子，带毒的游动孢子侵染小麦植株的表皮时，将病毒传到小麦的根部。游动孢子侵入根部后发育为变形体，再形成游动孢子，进行再侵染。小麦成熟前，游动孢子形成结合子，在根表皮内发育成变形体，再形成休眠孢子堆，内部装有休眠孢子。病毒在游动孢子及休眠孢子的原生质内越夏，这些游动孢子被释放到土壤后或者随病株残根进入土壤后，再一次侵入幼苗根时，将病毒带入寄主体内，导致寄主发病。病毒在禾谷多黏菌休眠孢子中存活 5 ～ 6 a。在田间主要靠病土、病根及病田流水传播蔓延。

第四节　小麦粒线虫病害的发生与识别

一、小麦粒线虫病

小麦粒线虫病又称为小麦粒瘦线虫病。在我国普遍发生，一般使小麦减产 10% ～ 50%，全国每年由于线粒虫病使小麦减产 20% 以上。

（一）为害症状

在小麦幼苗期到成株期均可为害，主要为害小麦植株的地上部分，但以在麦穗上形成虫瘿最为典型。该病害在小麦不同的生育期表现出的症状不同。苗期主要为叶片皱边、褪绿微黄，严重时造成小麦枯萎死亡。发病植株在小麦抽穗前叶片皱缩、卷曲畸形，茎秆肥肿扭曲、节间缩短，也在幼叶上出现小的圆状突起，即为虫瘿。孕穗后，茎秆肥大、植株矮小、节间短，受害重的不能抽穗，有的能抽穗但不结实而变为虫瘿。有时一花裂为多个小虫瘿，有时是半病半健，病穗较健穗短，色泽深绿。虫瘿开始时为绿色，后来变为褐色或者黑色，变硬，常使小穗颖壳张开。切开虫瘿，有白色絮状物即小麦粒线虫的幼虫。该病与小麦腥黑穗病的病粒区别为，前者病粒硬、不易压碎，内含有白色絮状物；后者病粒易压碎，内有黑粉。

（二）识别要点

病穗颖壳外张，虫瘿黑褐色，短并且圆，比较坚硬。

（三）发生规律

在干燥的条件下，2 龄幼虫在褐色虫瘿内可以存活 10 a 以上。当幼虫离开虫瘿进入土壤后，若遇不到寄主，最多存活几个月。粒线虫耐低温不耐高温，吸水后虫瘿在 50℃下 30 min 可导致虫瘿内的幼虫 100% 死亡。

小麦粒线虫病发生轻重取决于种子间混杂的虫瘿的数量。种子中混杂的虫瘿多，发病就重，反之则轻。潮湿凉爽的气候适合线虫的侵染。所以，冬小麦适当早播、地温高、发芽快、麦苗壮，线虫侵染机会少，发病则轻。干旱沙土条件适于线虫生长发育，使小麦发病加重，反之则轻。

二、小麦孢囊线虫病

小麦孢囊线虫病一般可使小麦减产 23% ～ 50%，严重者可减产 73% ～ 89%。此病除线虫本身为害以外，还可以引发根腐病等真菌性病害。

（一）为害症状

小麦孢囊线虫寄生在小麦根部。受害植株地上部位似缺肥水状，苗期表现出黄化、长势弱、根分叉多并且短的症状，扭结成团。分蘖期成片黄化、分蘖率低、生长稀疏。矮化植株穗小、籽粒不饱满。抽穗扬花期根侧部鼓包、皮裂，露出孢囊，孢囊开始时发白发亮，随后变褐变暗，老熟孢囊易脱落。根上孢囊是该病的鉴别性特征，也是该病与其他根病及生理性病害的主要区别。小麦抽穗期至扬花期是调查该病发生及其为害的最佳时期，在该时期挖取小麦全部的根系，轻轻抖落根部表面的土，可看见根部表面有白色亮晶状小颗粒，即线虫白孢囊，挤压孢囊有内容物溢出。

（二）识别要点

小麦地下部分的根分支多并且短，形成大量根结和白亮至暗褐色粉粒状孢囊，出现植株矮化、叶片发黄等营养不良的症状。

（三）发生规律

孢囊线虫在我国华北、华中麦区一年发生 1 代。秋天，冬小麦出苗后线虫便开始侵染，在麦苗根内越冬。翌年春天，气温回升，线虫开始生长发育，在 4 月上中旬（华中）或者 5 月上旬（华北）小麦根部可看见白色孢囊。该线虫喜欢低温环境，低温刺激孵化，高温环境下滞育。10 ～ 15℃为最合适孵化的温度。该线虫孵化受温、湿度影响很大，并不受根系渗出物的影响。

孢囊线虫在田间呈水平上的聚集分布，垂直分布于 5 ～ 30 cm 的耕作层。沙壤土和沙土透气性好，线虫密度大，为害严重。肥沃、疏松、保水性能好的壤土，孢囊含量多。板结、贫瘠的黄棕土中孢囊含量少。孵化期天气凉爽，降雨多，有利于线虫的孵化，为害增重。土壤肥力差的地块，小麦长势弱，线虫为害严重。

孢囊线虫在早期的侵染期是为害的关键时期,该时期对小麦生产造成的影响很大。

第五节 小麦病害综合防治技术

小麦病害的防治要坚持"预防为主、综合防治"的原则，以农业防治、物理防治、生物防治为主，化学防治为辅。优先采用农业预防措施和物理、生物等方法防治，再科学地使用化学农药防治。

一、农业防治

目前，常用的农业预防措施主要有以下几点。

（一）清除杂草

播种前清除田间以及四周杂草，集中烧毁。深翻灭茬，促使病残体分解，减少越冬的病原体。

（二）品种选择

种植抗、耐病品种和选用优良健康、包衣、无病、无虫的种子。选择抗病品种是防治小麦病害最经济有效的措施。目前生产上推广的小麦品种大部分都是感病的，在适宜的条件下，小麦病害很容易造成流行。因此选用抗、耐病小麦品种可以增加小麦抗病能力，减少病害的发生传播和流行。另外没有包衣的种子，在播种前对其进行消毒，是防病的关键。

（三）轮作换茬

实行轮作换茬，避免连作。小麦—玉米—小麦的连作方式有利于土壤中病原菌的积累，导致病害逐年加重，因此与非禾本科作物进行轮作，水旱轮作，或与非寄主作物进行1年以上轮作，可以减少病源，改良土壤。

（四）加强田间栽培管理

（1）病田适时迟播，避开传毒介体对麦苗侵染的高峰期。
（2）加强中耕除草。

（3）在麦苗发病初期，加强肥水管理，病地年前早浇水，结合施肥，翌年早镇压、划锄，提高地温，增施磷肥和钾肥。

（4）清洁田园。小麦收割后和播种前清除田间以及四周杂草，集中烧毁。深翻灭茬，促使病残体分解，减少越冬的病原体。

（5）及时拔除病株、严重虫害株，并及时销毁。

（五）清除病残体

小麦秸秆根茬、病残体是最直接的菌源物，发病麦田应将秸秆、根茬全部焚烧。

（六）对种植土壤及时进行肥力恢复、杀菌等准备工作

在土壤病菌多或者地下害虫严重的地块，应在播种前撒施或者沟施灭菌杀虫的药土，尽量减少土壤中的菌源与虫卵。

（七）田块选择

选用排灌方便的田块，开好排水沟，降低地下水位，达到雨停无积水；大雨或者大雪过后应及时清理沟渠，防止湿气滞留，降低田间湿度，这也是防病的重要措施。

二、物理防治

根据病虫对某些物理因素的反应规律，利用物理因子防治病虫害。

（一）设置防虫网

防止害虫入侵，可控制蚜虫、灰飞虱传播疾病。由于阻断了病毒病传染源——蚜虫、灰飞虱，对病毒病有明显的预防效果。

（二）高温灭菌

用电热器 40～60℃ 高温下处理 15 cm 深的土壤数分钟，可减少土传病害。

（三）及时抢晴收割、脱粒，做到随收随脱粒

入仓前麦粒要摊开晾晒干或者用烘干机器烘干，防止后期病害的传播。

（四）浸种

先将麦种在冷水中放置 4～6 h 后捞出，随后放到 49℃ 的温水中浸泡 1 min，然后放置到 54℃ 的热水中浸泡 10 min，随后立即取出放置在冷水中，冷却后捞出晾干。

（五）石灰漫种

用生石灰 0.5 kg 溶在 50 kg 水中，浸泡麦种 30 kg，要求水面高出种子 10～15 cm，种子厚度不得超过 66 cm，在 20℃下浸泡 3～5 d，25℃下浸泡 2～3 d，30℃下浸泡 1 d，浸种后不用冲洗，摊开晒干即可播种。

三、生物防治

广义的生物防治是指利用一切生物手段防治病害。狭义的指利用微生物的拮抗作用，杀死或抑制病原物的生长发育来防治作物病害。应用微生物防治病害，其机制主要包括竞争作用、抗生作用、寄生作用、捕食作用及交互保护反应等。

（一）土壤处理

在土壤消毒以后，再使用生防微生物制剂可以明显提高防效。可杀死病原菌或减少其群体，抑制病原菌在植物体和土壤中的定殖，保护萌发的种子和幼根不受病菌侵染。对一些土传病原菌，用具有重寄生能力的拮抗菌能起到一定的抑制作用。此外，用捕食线虫真菌、线虫卵寄生菌或天敌线虫处理土壤，能有效控制线虫病害。将木素木霉、亚木霉和绿色木霉培养物施入播种沟内，可使小麦白穗率显著下降。

（二）种子处理

一些拮抗真菌、拮抗细菌及其制剂均可用作种子处理，包括浸种或包衣，也称生物种子处理。如用木霉菌浸种，可使小麦全蚀病病菌的感染率降低，产量增加。在种子包衣的拮抗菌中添加一些物质往往能提高防病效果。但是在加入添加剂时，必须十分谨慎，应防止添加剂对病害菌产生促进作用。此外，用 80% 乙蒜素乳油 5 000 倍液浸种 24 h 后，捞出晾干播种，可以有效地防治小麦叶枯病。

（三）生物防治

生物农药是指利用生物活体及其代谢产物制成的防治病害的制剂，即微生物农药。包括保护生物活动的保护剂、辅助剂和增效剂。如 5% 井冈霉素水剂 1 000 倍液、80% 乙蒜素乳油 5 000 倍液防治小麦叶枯病。土壤中存在的假单胞菌属、芽孢杆菌属、木霉属、青霉属、芽枝霉属、毛霉菌科的菌株对小麦全蚀病病菌有不同的抑制作用。

生物防治措施必须与其他防病措施如栽培、施肥、抗病品种，甚至与低剂量可亲和的化学药剂结合起来，才能获得较完美的效果。生防菌或制剂与低剂量的杀菌剂结合有明显的增效作用，并能保持自然界的生态平衡。利用太阳辐射或较低温的蒸汽处理与生防菌土壤处理相结合，会取得更显著的防病效果。此外，通过使用有机肥、绿肥等措施激活土壤中自然存在的某些拮抗微生物，也可以达到控制病害的目的。

四、化学防治

化学防治是指通过化学药剂的田间喷施、灌根等，进行病虫草害的防治。化学防治技术虽在我国病虫害防治工作中发挥了非常重要的作用，但也很容易导致人、畜中毒，会存在污染和破坏自然生态环境等问题。

（一）真菌病害的化学防治

1. 小麦锈病

在条锈病暴发流行的情况下，药剂防治是大面积控制锈病流行的主要应急措施。小麦条锈病常发区控制菌量的主要手段为药剂拌种。推广种子包衣技术，可以解决药剂拌种技术掌握不当影响出苗的问题，也可以治疗多种病害。用于防治小麦锈病的药剂主要有三唑酮、戊唑醇、丙环唑等三唑类药剂和醚菌酯、吡唑醚菌酯等甲氧基丙烯酸酯类杀菌剂，可用于拌种或者成株期喷雾。三唑酮按麦种重量 0.03% 的比例拌种，防效可持续 50 d 以上。成株期田间病叶率在 2% ～ 4% 时，需要进行叶面喷雾，用量为 7 ～ 14 g/ 亩，施药 1 次便可控制成株期锈病的为害。烯唑醇防治条锈病的作用很强，并且还有很强的治疗作用。

小麦秆锈病的主要化学防治措施，一是在秋苗常年发病较重的地块，可以用 15% 三唑酮可湿性粉剂 60 ～ 100 g 或者 12.5% 烯唑醇可湿性粉剂进行拌种，每 50 kg 种子用药 60 g，勿干拌，控制药量，充分搅拌均匀，以免浓度过大影响出苗率。二是在小麦抽穗期发病，要及时进行化学防治。当病叶率在 5% ～ 10% 时，用 15% 三唑酮可湿性粉剂 50 g/ 亩，或 20% 三唑酮乳油 40 mL/ 亩，或 25% 三唑酮可湿性粉剂 30 g/ 亩，或 12.5% 烯唑醇可湿性粉剂 15 ～ 30 g/ 亩，兑水 50 ～ 70 kg 进行土壤喷雾，或兑水 10 ～ 15 kg 进行低容量喷雾。当发病严重，病叶率在 25% 以上时，要加大用药量，病情严重的，用以上药量的 2 ～ 4 倍浓度喷雾。

在小麦叶锈病常发区控制叶锈病的主要方式为种子药剂处理。在叶锈病秋季发病区内，通过小麦拌种，可有效控制秋苗发病，延缓病情扩散，延迟或者减轻春季发病时期和程度。用种子重量 0.02% 的戊唑醇或者 0.03% 三唑酮拌种。用多效唑、丙环唑或者种衣剂 24% 唑醇·福美双悬浮种衣剂包衣，对小麦叶锈病有较好的防效。

2. 小麦白粉病

化学防治是防治小麦白粉病的主要措施。

（1）播种期拌种。在秋苗发病严重的地区，按种子重量 0.03% 的苯醚甲环唑或者三唑酮进行拌种，防效期在 60 d 以上，同时还可以防治根部病害，但注意用药量不要过大。

（2）春季喷施防治。在春季发病初期（病叶率达10%或者病情指数达到1以上）喷施。常用药剂有醚菌酯、嘧菌酯等甲氧基丙烯酸酯类杀菌剂和三唑酮、烯唑醇、戊唑醇、丙环唑、硫黄、甲基硫菌灵等对小麦白粉病防效较好。

3. 小麦赤霉病

化学防治是小麦赤霉病防治的主要措施。

（1）种子处理。处理种子可以防治芽腐和苗枯。用50%多菌灵可湿性粉剂，每100 kg种子用药100～200 g拌种，或施用咯菌腈、苯醚甲环唑等种衣剂进行包衣。

（2）喷雾处理。用来防治穗腐的最佳喷施时期是小麦齐穗期至盛花期，用多菌灵和甲基硫菌灵等苯并咪唑类内吸杀菌剂。每亩用药30～40 g，兑水喷雾。戊唑醇与福美双的混剂对防治赤霉病有很好的效果，并且能够促进小麦的生长。在小麦扬花株率达到10%以上，气温高于15℃，多天连续降雨时，便可开始施药，发病严重的地块7 d后再施药一次，便可达到良好的防治效果。

4. 小麦根腐病

（1）播种前用万家宝30 g兑水3 kg，拌20 kg种子；50%异菌脲可湿性粉剂、75%萎锈·福美双合剂、58%甲霜灵·锰锌可湿性粉剂、70%代森锰锌可湿性粉剂、50%福美双可湿性粉剂、20%三唑酮乳油、80%代森锰锌可湿性粉剂选其一，按种子重量的0.2%～0.3%拌种，防效60%以上。

（2）开花期的成株被侵染，可喷施25%丙环唑乳油4 000倍液，或50%福美双可湿性粉剂100 g/亩，兑75 kg水喷洒。

（3）"多得"稀土纯营养剂，50 g/亩，兑水20～30 kg喷施，隔10～15 d喷施1次，连续喷施2～3次。

（4）小麦起身期，在施用一定有机肥的基础上，用"植物动力2003"10 mL，兑清水10 kg喷雾，这样可以促进根系发育，增产效果显著。或在小麦孕穗期至灌浆期喷洒万家宝500～600倍液，每隔15 d喷施一次。

5. 小麦茎基腐病

（1）在小麦播种前用戊唑醇、多菌灵等进行拌种，可以明显降低苗期茎基腐病的发病率。

（2）使用药剂处理土壤。结合耕翻整地用多菌灵、代森锰锌、甲基硫菌灵、高锰酸钾等低毒广谱杀菌剂处理土壤。在翻耕或者旋耕第一遍地后，选用上述药剂中的两种药剂兑水均匀喷施，然后旋耕第二遍地。

（3）在小麦返青期喷施烯唑醇或者戊唑醇＋氨基酸叶面肥兑水顺垄喷雾，控制病害扩展蔓延。注意不要将药液喷在茎基部。

6. 小麦纹枯病

（1）播种前用三唑类杀菌剂处理种子。用2%戊唑醇混拌种剂按药种比1∶500拌种，药剂用量不要过大，以免对小麦的出苗和生长产生抑制作用。用2.5%适乐时悬浮种衣剂或者 3% 苯醚甲环唑悬浮种衣剂按药种比 1 ∶ 500 进行种子包衣，能够起到很好的防治效果，而且安全性高。

（2）小麦返青拔节期需根据病情发展及时进行喷雾防治。喷雾可使用丙环唑、烯唑醇以及醚菌酯、蜜菌酯等杀菌剂，同时还可以兼治小麦白粉病和锈病。

7. 小麦颖枯病

（1）种子处理。用 50% 多·福混合粉（多菌灵∶福美双为 1 ∶ 1）500 倍液浸种 48 h，或 50% 多菌灵可湿性粉剂、或 70% 甲基硫菌灵可湿性粉剂、或 40% 拌种双可湿性粉剂，按种子量 0.2% 拌种。也可用 25% 三唑酮可湿性粉剂 75 g 拌种 100 kg，或 0.03% 三唑酮拌种、0.15% 噻菌灵拌种。

（2）药剂处理。发病较重的区域，在小麦抽穗期或者发病期喷施 70% 代森锰锌可湿性粉剂 600 倍液，或 75% 百菌清可湿性粉剂 800 ～ 1 000 倍液、1 ∶ 1 ∶ 140 倍式波尔多液、或 25% 苯菌灵乳油 800 ～ 1 000 倍液、或 25% 丙环唑乳油 2 000 倍液 1 ～ 3 次，每隔 15 ～ 20 d 喷一次。

8. 小麦霜霉病

（1）药剂拌种。播种前每 50 kg 小麦种子用 20% 甲霜灵可湿性粉剂 100 ～ 150 g（有效成分为 25 ～ 37.5 g）兑水 3 kg 进行拌种，晾干后播种。

（2）化学喷施。在播种后喷施 0.1% 硫酸铜溶液，或 58% 甲霜灵·锰锌可湿性粉剂 800 ～ 1 000 倍液、或 72% 霜脲·锰锌可湿性粉剂 600 ～ 700 倍液，或 69% 烯酰·锰锌可湿性粉剂 900 ～ 1 000 倍液，或 72.2% 霜霉威水剂 800 倍液。

9. 小麦叶枯病

（1）雪霉叶枯病。使用种子包衣技术，可有效控制雪霉叶枯病为害。在连阴雨天，当旗叶发病率达到 1% 时，喷施 70% 甲基硫菌灵 150 g/ 亩 +40% 氧化乐果 100 g/ 亩，混土 2 kg/ 亩，可使小麦雪霉叶枯病防效达到 75%。

（2）蠕孢叶斑根腐病。在小麦成株期喷施化学药剂，可有效防治蠕孢叶斑根腐病。每亩可选用单剂 70% 代森锰锌可湿性粉剂 100 g，12.5% 烯唑醇可湿性粉剂 80 g，40% 多菌灵可湿性粉剂 100 g，25% 丙唑醇乳油 40 mL 或者混合制剂 70% 代森锰锌可湿性粉剂 50 g+40% 多菌灵可湿性粉剂 50 g+12.5% 烯唑醇可湿性粉剂 40 g，兑水 75 kg 喷雾处理。

（3）链格孢叶枯病。

①拌种剂。将种子重量 0.3% 的 2% 戊唑醇干拌种剂、5% 烯唑醇拌种剂、12.5% 纹霉清、15% 三唑酮粉剂、40% 多菌灵超微可湿性粉剂、50% 福美双或者 70% 甲基硫菌灵、12.5% 烯唑醇拌种。拌种时需要把药剂加水喷在种子上拌匀，堆闷 4 ～ 8 h 后直接播种。

②浸种剂。用 80% 乙蒜素乳油 5 000 倍液浸种 24 h 后，晾干播种。

③化学喷施。75% 百菌清可湿性粉剂 600 倍液、70% 代森锰锌可湿性粉剂 500 倍液、64% 杀毒矾可湿性粉剂 500 倍液、50% 扑海因可湿性粉剂 1 500 倍液、50% 灭毒灵可

湿性粉剂 800 倍液交替使用。

（4）壳针孢类叶枯病。在发病初期及时喷施三唑酮、烯唑醇、甲基硫菌灵、多菌灵、丙环唑、代森锰锌或者百菌清等杀菌剂。

（5）黄斑叶枯病。

①拌种剂。用 22% 辛硫磷乳油 36 mL/ 亩，兑水 1 kg，混匀后，同 10 kg 种子拌种晾干后播种。用种子重量 0.3% 的 15% 三唑酮粉剂，或 0.3% 的 40% 多菌灵超微可湿性粉剂、或 50% 福美双、或 70% 甲基硫菌灵、或 12.5% 烯唑醇拌种。拌种时先把药剂加适量水喷在种子上搅拌均匀，堆闷 4 ～ 8 h 后直接播种，或者 10% 咪酰胺乳油或者 25% 甲霜·霜霉威乳油 2 mL 兑水 1 kg 拌 10 kg 麦种，闷堆 8 d 后立即播种。

②浸种剂。10% 咪酰胺乳油或者 25% 甲霜·霜霉威乳油 4 000 倍液，浸种 48 h，晾干即可播种。

③化学喷施。45% 三唑酮·多菌灵可湿性粉剂 1 500 ～ 2 000 倍液、或 45% 三唑酮·福美双可湿性粉剂 1 500 ～ 2 000 倍液、或 50% 咪酰胺锰盐可湿性粉剂 800 ～ 1 000 倍液、70% 甲基硫菌灵可湿性粉剂 1 000 倍液、或 70% 代森锰锌可湿性粉剂 500 倍液、或 75% 百菌清可湿性粉剂 700 倍液、或 12.5% 烯唑醇可湿性粉剂 3 000 ～ 4 000 倍液、或 20% 三唑酮乳油 1 000 ～ 1 200 倍液、或 69% 烯酰·锰锌可湿性粉剂 900 ～ 1 000 倍液、或 72.2% 霜霉威水剂 800 倍液、或 25% 叶斑清乳油 5 000 ～ 6 000 倍液、或 12.5% 井冈·蜡芽菌水剂 1 000 倍液、或 25% 丙环唑乳油 2 000 倍液。

10. 小麦全蚀病

用苯醚甲环唑、丙环唑、三唑醇按照种子重量的 0.02% ～ 0.03% 拌种，防病效果较好。在麦苗 3 ～ 4 叶时，用三唑酮喷施。小麦返青期每亩用 12% 的三唑醇可湿性粉剂 0.2 kg，拌细土 3.75 kg，顺垄撒施，适量浇水，翌年返青期再喷一次，可有效防治全蚀病为害。

11. 小麦黑胚病

在小麦播种前，用苯醚甲环唑、三唑酮、咯菌腈对种子进行处理；在小麦灌浆期喷施烯唑醇、氟菌唑或者戊唑醇能够有效控制小麦黑胚病。

12. 小麦煤污病

异菌脲、甲基硫菌灵、多菌灵、三唑酮对防治小麦煤污病具有良好的效果。

13. 小麦腥黑穗病

防治小麦腥黑穗病的化学防治以种子处理为主，在发病较重的地区用 2% 戊唑醇拌种剂 15 ～ 20 g，加少量水调成糊状与 10 kg 麦种混匀，晾干后播种。或者用种子重量 0.15% ～ 0.2% 的 20% 三唑酮、或 0.1% ～ 0.15% 的 15% 三唑醇、或 0.2% 的 40% 福美双、或 0.2% 的 40% 拌种福美双、或 0.2% 的 50% 多菌灵、或 0.2% 的 70% 甲基硫菌灵、或 0.2% ～ 0.3% 的 20% 萎锈灵等药剂拌种和闷种，对防治小麦腥黑穗病有很好的效果。

14. 小麦散黑穗病

防治小麦散腥黑穗病的化学防治以药剂拌种为主，用种子重量 0.08% ~ 0.1% 的 20% 三唑酮乳油拌种；或者用 40% 拌种双可湿性粉剂 0.1 kg 拌麦种 50 kg，拌后堆闷 6 h；也可以用 3% 苯醚甲环唑悬浮种衣剂 20 mL，加水 150 mL 充分混匀后，与 10 kg 麦种混在一起拌匀。

（二）细菌病害的化学防治

1. 小麦黑颖病

（1）药剂处理种子。分别用 15% 噻枯唑胶悬剂按照种子量 0.3% 浸种 12 h，或 70% 的敌磺钠可湿性粉剂按照种子量 0.2% 拌种，晾干后播种。

（2）叶面喷施。发病初期用新植霉素 4 000 倍液、或敌磺钠 15-25 g/ 亩、或 25% 噻枯唑可湿性粉剂 100 ~ 150 g/ 亩，喷施 2 ~ 3 次，每 7 ~ 10 d 防治一次。

2. 小麦黑节病

药剂处理种子。具体方法参见小麦黑颖病。

3. 小麦蜜穗病

小麦蜜穗病必须与粒线虫相伴才能侵染小麦，所以控制住小麦粒线虫病便控制住了小麦蜜穗病。具体防治方法见小麦粒线虫病。

（三）病毒病害的化学防治

1. 小麦黄花叶病毒病

利用甲醛、五氯硝基苯等在播种时进行土壤杀菌，以避免植株受到感染。

2. 小麦黄矮病

麦蚜是小麦黄矮病病毒唯一的传播媒介，及时防治蚜虫，是控制小麦黄矮病的关键步骤。

（1）种子处理。用 0.3% 或者 0.5% 吡虫啉可湿性粉剂拌种，闷堆 3 ~ 5 h 后播种，持效期 40 d 左右，或用 0.3% 乐果乳油拌种，闷堆 3 ~ 5 h 后播种，持效期 15 ~ 26 d，或采用毒土法，40% 乐果乳油 50 g 兑水 1 kg，拌细土 15 kg 撒在麦苗基叶上，可以减少越冬虫源。

（2）药剂喷施。在冬麦返青期到拔节期，根据虫情，进行化学药剂喷施。0.2% 苦参碱水剂 150 g/ 亩、或 0.5% 印楝素乳油 40 g/ 亩，或 30% 增效烟碱乳油 20 g/ 亩，或 40% 硫酸烟碱 1 000 倍液和 10% 皂素烟碱 1 000 倍液、或 1.8% 阿维菌素乳油 2 000 倍液等防治蚜虫。

3. 小麦丛矮病

小麦丛矮病主要通过灰飞虱传播，所以化学防治的关键是苗前苗后灰飞虱的防治。

（1）药剂拌种。75% 噻虫嗪 150 g、或 40% 氧化乐果 150 g，兑水 3 ~ 4 kg，喷

拌麦种 3 ～ 5 h，晾干后即可播种。

（2）药剂喷施。在小麦播后苗前喷施一次化学药剂，出苗后根据情况再喷施一次，主要是在麦田四周 5 m 范围内的杂草及麦田内 5 m 的麦苗和杂草。所使用的药剂主要有 10% 吡虫啉可湿性粉剂 250 g/ 亩、或 25% 速灭威可湿性粉剂 150 g/ 亩、或 25% 噻嗪酮可湿性粉剂 25 ～ 30 g/ 亩，均兑水 50 kg 进行喷雾。套作麦田以及小块棉花种植田需要整块田喷雾；大面积平作麦田在地边喷施 5 ～ 7 m 药带即可。在小麦出苗后和返青至孕穗期，选用有机磷或除虫菊酯或其他复配制剂等药剂喷施防治灰飞虱。重点喷洒靠近路边、沟边、场边、村边的麦田，包括田边杂草也要喷施。

4. 小麦土传花叶病

利用溴甲烷、二溴乙烷 60 ～ 90 mL/m 进行土壤杀菌，以避免植株受到感染。

（四）线虫病害的化学防治

1. 小麦粒线虫

用甲基异柳磷乳油 1 000 倍液浸种 2 ～ 4 h，晾干播种，或甲基异柳磷按照种子量的 0.2% 加水混匀后拌种，闷堆 4 h 后播种。

2. 小麦孢囊线虫病

在小麦播种前用 10% 克百威颗粒剂，或 10% 三唑磷 300 ～ 400 g/ 亩，可减轻为害。

第四章 小麦虫害及防治

第一节 刺吸类害虫

一、蚜虫

小麦蚜虫属半翅目，蚜科，俗称油虫、腻虫、蜜虫，是小麦的主要害虫之一，可对小麦进行刺吸为害，影响小麦的光合作用与营养吸收、传导。小麦蚜虫分布极广，几乎遍及世界各产麦国。我国为害小麦的蚜虫有多种，通常较普遍且重要的有麦长管蚜（*Macrosiphum avenae*）、麦二叉蚜（*Schizaphis graminum*）、禾谷缢管蚜（*Rhopalosiphum padi*）、麦无网长管蚜（*Metopolophium dirhodum*）。此外，还有主要分布在新疆地区的麦双尾蚜（*Brachycolus noxius*）。

（一）麦长管蚜

1. 为害特点

麦长管蚜前期集中在叶正面或背面，后期集中在穗上刺吸汁液，致受害株生长缓慢，分蘖减少，千粒重下降，是麦类作物重要的害虫，也是麦蚜中的优势种。

2. 发生规律

麦长管蚜在多数地区以无翅孤雌成蚜和若蚜在麦株根际或四周土块缝隙中越冬，有的可在背风向阳的麦田的麦叶上继续生活。该虫在我国中部和南部属不全周期型，即全年进行孤雌生殖，不产生有性蚜世代，夏季高温季节在山区或高海拔的阴凉地区麦类自生苗或禾本科杂草上生活。长江以南以无翅胎生成蚜和若蚜于麦株心叶或叶鞘内侧及早熟禾、看麦娘、狗尾草等杂草上越冬。成虫无明显休眠现象，气温高时，仍见蚜虫在叶面上取食。无翅孤雌蚜体长 3.1 mm，宽 1.4 mm，长卵形，草绿色至橙红色，头部略显灰色，腹侧具灰绿色斑。触角、喙第三节、足股节端部 1/2、胫节端及肘跗节、腹管黑色，尾片色浅。腹部第六节至第八节及腹面具横网纹，缺缘瘤。中触角细长，全长不及体长。喙粗大，超过中足基部。端节圆锥形，是基宽的 1.8 倍。腹管长圆筒形，长为体长 1/4，在端部有网纹十几行。尾片长圆锥形，长为腹管的 1/2，有 6～8 根曲毛。有翅孤雌蚜，体长 3.0 mm，椭圆形，绿色，触角黑色。第三节基部具 8～12 个次生感觉圈排成一行。喙不达中足基节。腹管长圆筒形，黑色，端部具 15～16 行横行网纹，尾片长圆锥状，有 8～9 根毛。

在麦田春、秋两季出现两个高峰，夏天和冬季蚜量少。秋季冬麦出苗后从夏寄主上迁入麦田进行短暂的繁殖，出现小高峰，为害不重。11月中下旬后，随气温下降开始越冬。春季返青后，气温高于6℃开始繁殖，低于15℃繁殖率不高；气温高于16℃，麦苗抽穗时转移至穗部，虫量迅速上升，直到灌浆和乳熟期蚜量达高峰。气温高于22℃，产生大量有翅蚜，迁飞到冷凉地带越夏。该蚜在北方春麦区或早播冬麦区常产生孤雌胎生世代和两性卵生世代，世代交替。在这个地区多于9月迁入冬麦田，10月上旬均温14～16℃进入发生盛期，9月底出现性蚜，10月中旬开始产卵，11月中旬均温4℃进入产卵盛期并以此卵越冬。翌年3月中旬进入越冬卵孵化盛期，历时1个月。春季先在冬小麦上为害，4月中旬开始迁移到春麦上，无论春麦还是冬麦，到了穗期即进入为害高峰期。6月中旬又产生有翅蚜，迁飞到冷凉地区越夏。麦长管蚜适宜温度10～30℃，其中18～23℃最适，气温12～23℃产卵量48～50头，高于24℃则下降。主要天敌有瓢虫、食蚜蝇、草蛉、蜘蛛、蚜茧蜂、蚜霉菌等。

（二）麦二叉蚜

1.为害特点

国内分布于各地，为害小麦、玉米、大麦、燕麦、高粱、水稻、狗尾草、莎草等禾本科植物。常大量聚集在叶片、茎秆和穗部，吸取汁液，影响小麦发育，严重的麦株不能正常抽穗，并能传播小麦黄矮病。

2.发生规律

麦二叉蚜一年发生20～30代。在北纬36°以北较冷的麦区多以卵在麦苗枯叶上、土缝内或多年生禾本科杂草上越冬，在南方则以无翅成蚜、若蚜在麦苗基部叶鞘、心叶内或附近土缝中越冬，天暖时仍能活动取食。3月上中旬越冬卵孵化，在冬麦上繁殖几代后，有的以无翅胎生雌蚜继续繁殖，无翅孤雌蚜体长约1.7 mm，淡黄绿色至绿色，头部额疣不明显，触角比体长短，腹背中央有深绿色纵线。有的产生有翅胎生蚜在冬麦田繁殖扩展，有翅胎生雌蚜体长1.5～1.8 mm，头部灰黑色，触角共6节，比体长稍短，第三节具4～10个小圆形次生感觉圈，排成一列。胸部灰黑色，前翅中脉分为二支，故称"二叉蚜"；腹部淡绿色，背面中央有深绿色纵线，侧斑灰黑色。4月中旬有些迁入到春麦上，5月上中旬大量繁殖，出现为害高峰期，并可引起黄矮病流行。小麦灌浆后，多数立即迁离麦田。大发生区都在年降水量500 mm以下的地区。在日平均温度5℃时开始活动，生长最适温度为13～18℃。故早春为害、繁殖早，秋苗受害时间长。麦二叉蚜怕光照，喜干旱，不喜氮肥，喜食幼嫩组织或生长衰弱、叶色发黄的叶子，多分布在植株下部、叶片的背面。成、若蚜受震动时，假死坠落。

（三）禾谷缢管蚜

1.为害特点

禾谷缢管蚜又称黍蚜、粟缢管蚜、小米蚜、麦缢管蚜，是一种世界性的禾谷类作物害虫。国内分布十分普遍。全世界除南美洲外，其他各大洲均有分布。国内分布十分普遍。以成、若虫吸食叶片、茎秆和嫩穗的汁液，不仅影响植株正常生长，还会传播病毒病。为害第一寄主桃、李、榆叶梅、稠李，第二寄主为玉米、高粱、麦类、水稻、狗牙根等。

2. 发生规律

禾谷缢管蚜一年发生 10～20 代。北方寒冷地区禾谷缢管蚜产卵于稠李、桃、李、榆叶梅等李属植物上越冬，翌年春季越冬卵孵化后，先在树木上繁殖几代，再迁飞到小麦、玉米等禾本科植物上繁殖为害。秋后产生雌雄性蚜，交配后在李属树木上产卵越冬。在冬麦区或冬麦、春麦混种区，以无翅孤雌成蚜和若蚜在冬麦上或禾本科杂草上越冬。冬季天气较温暖时，仍可在麦苗上活动。春季主要为害小麦，麦收后转移到玉米、谷子、自生麦苗上，夏、秋季持续为害，秋后迁往麦田或草丛中越冬。冬季潜伏在麦苗根部、近地面的叶鞘中、杂草根部或土缝内。无翅蚜体长约 1.9 mm，腹部橄榄绿至黑绿色，杂以黄绿色纹，被有薄粉，触角 6 节，黑色，长超过体之半，中额瘤隆起，喙粗壮，较中足基节长，腹管基部周围有淡褐或铁锈色斑，腹管圆筒形，末、中部稍粗壮，近顶端部呈瓶口状溢缩，尾片长有毛 4 根。有翅孤雌蚜体长 2.1 mm，长卵形，头、胸黑色，腹部深绿色，具黑色斑纹，触角第三节具圆形次生感觉圈，第四节 2～7 个，前翅中脉分支 2 次，第七节至第八节腹背具中横带，腹管黑色。禾谷缢管蚜在温度 30℃左右发育最快，较耐高温，畏光喜湿，不耐干旱。

（四）麦无网长管蚜

1. 为害特点

麦无网长管蚜是小麦、燕麦、黑麦等禾本科作物上的重要害虫，在我国的北京、河南、云南、西藏、陕西、甘肃、宁夏和内蒙古等地的禾谷类作物上均有发生，是我国局部麦区的主要害虫。麦无网长管蚜以为害叶片为主，是大麦黄矮病毒的主要传毒介体之一，影响小麦植株的正常生长，给农业生产造成巨大损失。

2. 发生规律

麦无网长管蚜属于异寄主全周期型，春、夏季寄生在禾本科植物上。其繁殖方式是孤雌胎生，在小麦灌浆期达到全年繁殖高峰。麦无网长管蚜在蔷薇属植物上产生有性蚜，通过有性生殖产卵越冬，春季孵化为干母，干母胎生产生有翅蚜，迁移到谷类作物或杂草上定殖。在南方地区，麦无网长管蚜可营不全周期生活，以胎生雌蚜的成、若虫越冬。

（五）麦双尾蚜

1. 为害特点

麦双尾蚜又称俄罗斯麦蚜，为害小麦、大麦、黑麦、燕麦、乌麦、雀麦等 70 余种禾本科作物及杂草。辽河、黄河、淮河、海河流域都是该虫适生区。国外主要分布在乌克兰、中亚、北非、东欧、尼泊尔、南非、墨西哥、美国、加拿大，是世界性麦类大害虫，国内检疫对象。麦双尾蚜先取食未展开的叶片刺吸小麦汁液，并且可分泌毒素破坏叶绿体，降低光合作用，使叶片产生白、黄或红色纵条，从一侧纵卷成筒状，躲入其中繁殖为害，随后又迁至新生叶。旗叶受害后，麦株常不能正常抽穗。

2. 发生规律

麦双尾蚜一年发生 11 代，在寒冷麦区营全周期生活。秋末冬初产生雌性蚜和雄蚜，交配后把受精卵产在麦类或禾本科杂草上，翌年春天卵孵化，在产卵寄主上孤雌生殖 3 个世代后向外迁飞或为害直到麦收。一二代为无翅型。无翅孤雌蚜体狭长，浅绿色，中额与额瘤隆起呈"W"形，触角短，不及体长之半，喙达中足基节。腹管短，长不及基宽，体末有尾片，宽锥形，长达腹管的 5 倍，第八腹节背片中央具上尾片，长约达尾片一半，故称双尾蚜。三四代部分为有翅型。有翅孤雌蚜体长 2.5 mm，头胸黑色，腹部淡褐色，斑纹灰褐色。触角短，黑褐色，长约为体长的 1/3，第三节上有圆形次生感觉器 4 ～ 6 个，第四节有 1 个或 2 个次生感觉器，喙黑褐色，不达中足基节。第一腹节至第五腹节有缘斑，第八节背片及上尾片黑色，腹管短，长不及宽，双尾，尾片长为上尾片的 2 ～ 3 倍。在温暖地区营不全周期孤雄生殖。天敌有无花果蚜小蜂、异足蚜小蜂、广鞘蚜茧蜂、食蚜瘦蚊、四斑毛瓢虫等。

（六）麦蚜防治方法

1. 加强预测预报

当孕穗期有蚜株率达 50%，百株平均蚜量 200 ～ 250 头或灌浆初期有蚜株率 70%，百株平均蚜量 500 头时即应进行防治。

2. 农业防治

（1）选用抗虫品种。小穗排列紧密的品种不利于麦蚜取食，小穗排列稀疏的品种有利于麦蚜取食，受害重。因此，应选择抗逆性强的品种，以减轻蚜虫为害。

（2）合理布局。冬春麦混种区，尽量减少冬小麦面积，或冬麦与春麦分别集中种植，也可以小麦套种油菜、豌豆等，以减轻蚜虫在小麦穗期的为害程度，减少受害。

（3）适时集中播种。冬麦适当晚播，春麦适当早播。

（4）合理施肥浇水。

（5）消除田埂、地边杂草，减少蚜虫越冬和繁殖场所。

3. 生物防治

保护和利用天敌昆虫。减少或改进施药方法，避免杀伤麦田天敌。充分利用瓢虫、食蚜蝇、草蛉、蚜茧蜂等天敌，必要时可进行人工繁殖释放或助迁天敌，使其有效控制蚜虫。当天敌不能控制麦蚜时再采用药剂防治。

4. 药剂防治

化学药剂在生产中，有机磷类、菊酯类及烟碱类等多种杀虫剂被应用于麦蚜的防治。其防治可用 600 g/L 的吡虫啉悬浮种衣剂包衣，对翌年穗蚜仍有防治效果；也可选用抗蚜威、吡虫啉、马拉硫磷、溴氰菊酯或其他药剂在小麦齐穗期进行喷雾防治。田间喷雾防蚜时要尽量倒退行走，以免接触中毒。目前，药剂防治在当前农业生产中仍占据重要地位。为了防止单一种类杀虫剂的长期施用，常会引发害虫抗药性的快速增长，注意交替用药。要做好麦田的防治工作，减少向玉米田转移的虫口数量。

二、条沙叶蝉

1. 为害特点

小麦条沙叶蝉（*Psammotettix striatus*）又名异沙叶蝉、条斑叶蝉、火燎子、麦吃蚤等，分布于东北、华北、西北、长江流域，主要为害小麦、大麦、黑麦、青稞、燕麦、莜麦、糜子、谷子、高粱、玉米、水稻等。以成、若虫刺吸作物茎叶，致受害幼苗变色，生长受到抑制，并传播小麦红矮病毒病。成、若虫均以刺吸式口器吸取植物汁液，受害部位出现许多失绿斑点或整片叶子枯黄，影响植株的光合作用和生长发育，更为重要的是它能传播多种植物病毒和植原体，如小麦矮缩病毒（WDV）、俄罗斯冬小麦花叶病毒（WWMV）、小麦黄条纹病毒（WYSV）和小麦蓝矮植原体（WBD）。这些病原物通过异沙叶蝉的高效传播导致相关病害大面积暴发流行，对小麦生产造成了巨大的危害，严重影响其高产、稳产。

2. 发生规律

条沙叶蝉属同翅目叶蝉科。长江流域一年发生5代，以成、若虫在麦田越冬。北方冬麦区一年发生3～4代，春麦区一年发生3代，以卵在麦茬叶鞘内壁或枯枝落叶上越冬，也可以成虫和若虫越冬。翌年3月初开始孵化，4月在麦田可见越冬代成虫，4—5月成、若虫混发，集中在麦田为害，后期向杂草滩或秋作物上迁移。成虫体长4.0～4.3 mm，全体灰黄色，头部呈钝角突出，头冠近端处具浅褐色斑纹1对，后与黑褐色中线连接，两侧中部各具1不规则的大型斑块，近后缘处又各生逗点形纹2个，颜面两侧有黑褐色横纹，是条沙叶蝉主要特征；复眼黑褐色，1对单眼，前胸背板具5条浅黄色至灰白色条纹，纵贯前胸背板，与4条灰黄色至褐色较宽纵带相间排列；小盾板两侧角有暗褐色斑，中间具明显的褐色点2个，横刻纹褐黑色，前翅浅灰色，半透明，翅脉黄白色；胸部、腹部黑色；足浅黄色。卵长卵形，浅黄色。若虫共5龄，5龄时背部可见深褐色纵带。

秋季麦苗出土后，成虫又迁回麦田为害并传播病毒病。条沙叶蝉适应性强，喜温暖干燥气候，有较明显的趋光性。在向阳干暖的环境中生活力强，繁殖率高。成虫耐饥力弱，耐寒力强，冬季0℃麦田仍可见成活，夏季气温高于28℃，活动受抑，成虫普跳，趋光性较弱，遇惊扰可飞行3～5 m，14：00—16：00活动最盛，有风天气或夜间多在麦丛基部蛰伏。以小麦为主一年一熟制地区，谷子、糜、黍种植面积大的地区或丘陵区适合该虫发生，早播麦田或向阳温暖地块虫口密度大。天敌昆虫会影响其种群密度，主要天敌有寄生卵的叶蝉缨小蜂、稻叶蝉缨小蜂、叶蝉赤眼蜂和寄生若虫的寄生螨类等。

3. 防治方法

（1）农业防治。通过合理密植，增施基肥、种肥，合理灌溉，改变麦田小气候，增强小麦长势，抑制该虫发生。及时清除禾本科杂草，控制越冬基数，减少虫源。

（2）药剂防治。可喷施 2.5% 的溴氰菊酯可湿性粉剂 2 000 倍液、或 20% 速灭威乳油 500 倍液、或 25% 噻嗪酮可湿性粉剂 1 000 倍液、0.5% 藜芦碱可湿性粉剂 600 倍液。使用药物防治的时候应当注意从周围到中间环绕喷药，并在中间部分加大用药量，要及时清理大田周围杂草地，并用药物喷洒。

三、红蜘蛛

1. 为害特点

小麦红蜘蛛是一种对农作物危害性很大的昆虫，常分布于山东、山西、江苏、安徽、河南、四川、陕西等地，主要危害大麦、豌豆、苜蓿、杂草等。以成、若虫吸食麦叶汁液，受害叶上出现细小白点，后麦叶变黄，麦株生长发育不良，植株矮小，严重的会造成全株干枯死亡。

2. 发生规律

小麦红蜘蛛主要包括麦圆蜘蛛（*Pentfaleus major*）和麦长腿蜘蛛（*Petrobia latens*），均属于蜱螨目叶螨科。

麦圆蜘蛛一年发生 2 ~ 3 代，即春季繁殖 1 代，秋季繁殖 1 ~ 2 代，完成 1 个世代需 46 ~ 80 d。以成虫或卵及若虫越冬。冬季几乎不休眠，耐寒力强。成虫卵圆形，体长 0.6 ~ 0.98 mm，黑褐色，疏生白色毛，4 对足，第一对长，第四对居二，第二对和第三对等长，具背肛，足、肛门周围红色。多行孤雌生殖，每雌虫产卵 20 多粒，卵椭圆形，初暗褐色，后变浅红色。春季多把卵产在小麦分蘖丛或土块上，秋季多产在须根或土块上，多聚集成堆，每堆数 10 粒，卵期 20 ~ 90 d，越夏卵期 4 ~ 5 个月。若端共 4 龄，1 龄称幼端，3 对足，初浅红色，后变草绿色至黑褐色；2 ~ 4 龄若螨 4 对足，体似成螨。生长发育适温 8 ~ 15℃，相对湿度高于 70%，气温超过 20℃，成虫大量死亡，水浇地易发生。

麦长腿蜘蛛在黄淮海地区一年发生 3 ~ 4 代，山西北部冬麦区一年发生 2 代，新疆地区一年发生 3 代，西藏地区一年发生 1 ~ 2 代。以成虫和卵在麦田越冬，成虫体长 0.62 ~ 0.85 mm，体纺锤形，两端较尖，紫红色至褐绿色，4 对足，其中第一对和第四对足特别长。

4—5 月田间虫量多，5 月中下旬后成虫产卵越夏，10 月上中旬越夏卵孵化，为害麦苗。完成一个世代需 24 ~ 46 d。多行孤雌生殖。把卵产在麦田中硬土块或小石块及秸秆或粪块上。卵有 2 型，越夏卵圆柱形，卵壳表面有白色蜡质，顶部覆有白色蜡质物，似草帽状，卵顶具放射形条纹；非越夏卵球形，粉红色，表面生数十条隆起条纹。成、若虫亦群集，有假死性。若虫共 3 龄。1 龄称幼螨，3 对足，初为鲜红色，吸食后为黑褐色，2 龄、3 龄有 4 对足，体形似成螨。主要发生在旱地麦田里。对湿度敏感，遇露水较大或降小雨，即躲于麦丛或土缝内。

3. 防治方法

（1）农业防治。因地制宜进行轮作倒茬，麦收后及时浅耕灭茬，冬春进行灌溉，可破坏其适生环境，减轻危害。

（2）生物防治。保护和利用天敌，塔六点蓟马、钝绥螨、食螨瓢虫、中华草蛉、小花蝽等对红蜘蛛种群数量有一定控制作用。

（3）药剂防治。选用 1.5% 阿维菌素超低容量液剂 40～80 mL/ 亩，进行喷雾，或用 15% 哒螨灵乳油 2 000 倍液、73% 灭螨净（炔螨特）3 000 倍液，进行喷雾防治。每隔 7 d 喷 1 次，连续喷洒 2～3 次。生产上适用于防治红蜘蛛的药剂还有很多，如联苯肼酯、唑螨酯、虫螨腈、丁氟螨酯、四螨嗪、联苯菊酯等，注意交替用药和混配用药。

四、灰飞虱

1. 为害特点

灰飞虱（ *Laodelphax striatellus* ）广泛分布于亚洲和欧洲，主要取食水稻、麦类、玉米、高粱、甘蔗、早熟禾和看麦娘等禾本科植物。可在小麦、玉米和水稻上转移为害。成、若虫均以口器刺吸小麦汁液为害，一般群集于小麦中上部叶片，近年来发现在河北地区小麦上传播大麦黄条点花叶病毒（BYSMV），造成小麦返青后植株矮化、叶片细窄、旗叶变黄等症状。在小麦上造成的损失通常不大，但在小麦生长期间若不加以控制、降低虫源基数，就会随着季节变化而转换寄主植物取食为害，而且灰飞虱还可以传播水稻条纹叶枯病毒、黑条矮缩病毒等多种病毒，造成水稻条纹叶枯病、玉米粗缩病广泛流行，严重威胁粮食作物的稳产、高产。

2. 发生规律

灰飞虱属半翅目飞虱科。在北方地区一年发生 4～5 代。若虫共 5 龄。在华北地区越冬若虫于 4 月中旬至 5 月中旬羽化，迁向草坪产卵繁殖，第一代若虫于 5 月中旬至 6 月大量孵化，5 月下旬至 6 月中旬羽化，第二代若虫于 6 月下旬至 7 月下旬羽化为成虫，第三代若虫于 7 月至 8 月上中旬羽化，第四代若虫于 9 月上旬至 10 月上旬羽化，有部分则以 3～4 龄若虫进入越冬状态，第五代若虫在 10 月上旬至 11 月下旬孵化，并进入越冬期，全年以 9 月初的第四代若虫密度最大，大部分地区多以第三龄至第四龄和少量第五龄若虫在田边、沟边杂草中越冬。成虫长翅型，体长（连翅）雄虫 3.5 mm，雌虫 4.0 mm；成虫短翅型，体长雄虫 2.3 mm，雌虫 2.5 mm；雄虫头顶与前胸背板黄色，雌虫则中部淡黄色，两侧暗褐色；前翅近于透明，具翅斑；胸、腹部腹面雄虫为黑褐色，雌虫为黄褐色，足为淡褐色。

灰飞虱属于温带地区的害虫，耐低温能力较强，对高温适应性较差，其生长发育的适宜温度在28℃左右，冬季低温对其越冬若虫影响不大。成虫翅型变化较稳定，越冬代以短翅型居多，其余各代以长翅型居多，雄虫成虫除越冬外，其余各代几乎均为长翅型成虫。成虫喜在生长嫩绿、高大茂密的地块产卵。卵呈长椭圆形，稍弯曲，前端较细于后端，初产乳白色，后期淡黄色，成块产于叶鞘、叶中肋或茎秆组织中，卵粒成簇或成双行排列，卵帽露出产卵痕，如一粒粒鱼子状。雌虫产卵量一般数十粒，越冬代最多，可达500粒左右，每个卵块的卵粒数，大多为5~6粒，能传播黑条矮缩病、条纹叶枯病、小麦丛矮病、玉米粗短病及条纹矮缩病等多种病毒病。如果植物被这种携带病毒的灰飞虱取食过，有可能会被感染，后期可能会在植物上产生灰飞虱幼虫，继续取食植物。

3. 防治方法

（1）农业防治。进行科学肥水管理，创造不利于灰飞虱滋生繁殖的生态条件。

（2）生物防治。灰飞虱各虫期寄生性和捕食性天敌种类较多，除寄生蜂、黑肩绿盲蝽、瓢虫等外，还有蜘蛛、线虫，菌类对白背虱的发生有很大的抑制作用。保护利用好天敌，对控制白背飞虱的发生及危害效果明显。

（3）药剂防治。结合小麦"一喷三防"，降低灰飞虱在田间的基数，减轻后茬作物玉米或水稻病毒病的发生。常用防治药剂包括10%吡虫啉可湿性粉剂、50%吡蚜酮可湿性粉剂、0.5%藜芦碱可湿性粉剂等。

五、小麦管蓟马

1. 为害特点

小麦管蓟马（*Haplothrips tritici*）又称小麦皮蓟马、麦筒管蓟马，为害小麦、大麦、黑麦、燕麦、向日葵、蒲公英、狗尾草等。国内分布区偏北，仅见于黑龙江、内蒙古、宁夏、甘肃、新疆等地，是新疆及甘肃河西一带小麦上的重要害虫。成、若虫在麦株上部叶片内侧叶耳、叶舌处吸食汁液，后从小麦旗叶叶鞘顶部或叶鞘缝隙处侵入尚未抽出的麦穗上，为害花器，重者造成白穗。灌浆乳熟时吸食籽粒的浆液，致籽粒空瘪。此外还为害小穗的护颖和外颖，受害颖片皱缩或枯萎，发黄或呈黑褐色，易遭病菌侵染，诱发霉烂或腐败。

2. 发生规律

小麦管蓟马属缨翅目管蓟马科，一年发生1代。以若虫在麦根或距离地表以下10 cm处越冬。翌年日均温8℃时开始活动，5月中旬进入化蛹盛期。前蛹和伪蛹的体长较若虫略短，体色淡红，四周着生显著白色绒毛，前蛹触角3节；伪蛹触角分节更不明显，分别紧贴于头的两侧，翅芽较前蛹期增长。5月中下旬羽化，6月上旬进入羽化盛期，羽化后进入麦田，有时一个旗叶内群集数十头至数百头成虫。成虫体黑褐色，长1.5~2.2 mm，头部略呈长方形，复眼分离，触角8节，第二节上有感觉孔，第三节至第七节上有感觉锥，不特别发达；翅2对，前翅仅有1条不明显的纵脉，并不延至顶端；翅上有缨毛，前足腿节粗壮，跗节很短，末端呈泡状；腹部10节，第一节小，呈三角形，腹部末端延成管状。其末端有 6 根细长的尾毛，其间各生短毛 1 根。待穗头抽出后，成虫又转移到未抽出或半抽出的麦穗里，成虫为害及产卵仅 2～3 d。成虫羽化后 7～15 d 开始产卵，把卵产在麦穗顶端 2～3 个小穗基部或护颖尖端内侧，卵排列不整齐，乳黄色，长椭圆形，一端较尖。幼虫初孵化时为淡黄色，随着龄期的变化逐渐转变为橙黄色乃至鲜红色，触角及尾管黑色。冬麦收获时，部分若虫掉到地上，就此爬至土缝中或集中在麦捆或麦堆下，大部分爬至麦丛中或叶梢里，有的随麦捆运到麦场越夏或越冬。新垦麦地、春小麦及晚熟品种受害重。

3. 防治方法

（1）农业防治。合理轮作倒茬。适时早播，躲过为害盛期。秋季或麦收后及时进行深耕，清除麦场四周杂草，破坏其越冬场所，可压低越冬虫口基数。

（2）药剂防治。在小麦孕穗期，大批蓟马成虫飞到麦田产卵时，及时喷洒 20% 丁硫克百威乳油、或 10% 吡虫啉可湿性粉剂、或 1.8% 阿维菌素乳油、或 40% 水胺硫磷乳油，兑水 60 kg 喷雾。在小麦扬花期，注意防治初孵若虫。

六、斑须蝽

1. 为害特点

斑须蝽（Dolycoris baccarum）又名细毛蝽、臭大姐，各地均有分布。成虫和若虫刺吸嫩叶、嫩茎及果、穗汁液，造成落花。茎、叶被害后，出现黄褐色斑点，严重时叶片卷曲，嫩茎凋萎。

2. 发生规律

斑须蝽属半翅目蝽科。该虫一年发生 2 代，以成虫在杂草、枯枝落叶、植物根际、树皮下越冬。雌成虫体长为 11～12.5 mm，雄虫长为 9.9～10.6 mm，椭圆形，赤褐色或灰黄色，全身披有细毛和黑色小刻点；雌虫触角 5 节，黑色，第一节短而粗，第二节至第五节基部黄白色，形成黄黑相间的"斑须"；喙细长，紧贴于头部；腹面小盾片三角形，末端呈鲜明的淡黄色，为该虫的显著特征；前翅革质部淡红褐色至红褐色，膜质部透明，黄褐色；足黄褐色，散生黑点。4 月初开始活动。成虫行动敏捷，具有群聚性；在强的阳光下，常栖于叶背和嫩枝头，阴雨和日照不足时，则多在叶面、嫩枝头上活动；具有弱趋光性，有假死性；一般不飞翔，如飞翔，距离也短，一般 1 次飞移 3～5 m。4 月中旬交尾产卵，成虫白天交配，可交配多次，交配后 3 d 左右开始产卵，以上午产卵较多。成虫需吸食补充营养才能产卵，即吸食植物嫩茎、嫩芽、顶梢汁液，故产卵前期是为害的重要阶段。卵长圆筒形，初产为黄白色，孵化前为黄褐色，眼点红色，有圆盖。4 月底至 5 月初幼虫孵化，第一代成虫 6 月初羽化，6 月中旬为产卵盛期。若虫共 5 龄。初孵若虫为鲜黄色，后变为暗灰褐色或黄褐色，全身披有白色绒毛和刻点；触角 4 节，黑色，节间黄白色，腹部黄色，背面中央自第二节向后均有 1 黑色纵斑，各节侧缘均有 1 黑斑。1 龄若虫群聚性较强，聚集在卵块处不食不动，需经 2～3 d 蜕皮后才开始分散取食活动。

3. 防治方法

（1）农业防治。做好田间卫生，及时清除枯茬杂草，减少越冬卵。小麦可与油菜、棉花、大豆、花生等作物间作条带种植，每条带宽 10～15 m，可优化生态环境，创造有利于天敌生存繁衍的条件，提高天敌对斑须蝽的自然控制能力。结合田间管理，人工捕捉成虫，抹杀卵块，消灭未分散的低龄若虫，可减轻田间受害程度。

（2）药剂防治。低龄若虫盛发期喷 25% 噻虫嗪可湿性粉剂 4 000 倍液，或 45% 马拉硫磷乳油 1 500 倍液、或 2.5% 高效氯氟氰菊酯乳油 2 000 倍液，若在成虫产卵前连片防治效果更好。

七、赤须盲蝽

1. 为害特点

赤须盲蝽（*Trigonotylus ruficornis* Geoffroy）又称赤须蝽。主要为害麦类、谷子、糜子、高粱、玉米、水稻等禾本科作物，以及甜菜、芝麻、大豆、苜蓿、棉花等作物。赤须盲蝽还是重要的草原害虫，为害禾本科牧草和饲料作物。赤须盲蝽成虫、若虫在叶片上刺吸汁液，导致叶片初呈淡黄色小点，稍后呈白色雪花斑布满叶片。严重时整个田块植株叶片上就像落了一层雪花，叶片呈现失水状，且从顶端逐渐向内纵卷。心叶受害生长受阻，全株生长缓慢，矮小或枯死。

2. 发生规律

赤须盲蝽属半翅目盲蝽科。华北地区一年发生 3 代，以卵越冬。翌年第一代若虫于 5 月上旬进入孵化盛期，3 月中下旬羽化。第二代若虫 6 月中旬盛发，6 月下旬羽化。第三代若虫于 7 月中下旬盛发，8 月下旬至 9 月上旬，雌虫在杂草茎叶组织内产卵越冬。该虫成虫产卵期较长，有世代重叠现象。每次产卵 5～10 粒。初孵若虫在卵壳附近停留片刻后，便开始活动取食。成虫在 9：00～17：00 这段时间活跃，夜间或阴雨天多潜伏在植株中下部叶背面。雌虫产卵期不整齐，田间出现世代重叠现象。

赤须盲蝽成虫身体细长，长 5～6 mm，宽 1～2 mm，鲜绿色或浅绿色。头部略呈三角形，顶端向前方突出，头顶中央有一纵沟；触角 4 节，红色，故称赤须盲蝽，触角长等于或略短于体长，第一节粗短，第二节至第三节细长，第四节短而细。成虫白天活跃，傍晚和清晨不甚活动，阴雨天隐蔽在植物中下部叶片背面。羽化后 7～10 d 开始交配。雌虫多在夜间产卵。卵粒口袋状，长约 1 mm，卵盖上有不规则突起；初为白色，后变黄褐色。卵多产于叶鞘上端，每雌虫每次产卵 5～10 粒，卵粒成 1 排或 2 排。气温 20～25℃，相对湿度 45%～50% 的条件最适宜卵孵化。若虫 5 龄，末龄幼虫体长约 5 mm，黄绿色，触角红色。头部有纵纹，小盾板横沟两端有凹坑；足胫节末端、跗节和喙末端黑色。翅芽长 1.8 mm，超过腹部第二节。若虫行动活跃，常群集叶背取食为害。

3. 防治方法

同斑须蝽。

第二节　食叶、潜叶类害虫

一、黏虫

1. 为害特点

黏虫（*Mythimna separata*）又称为剃枝虫、粟夜盗虫、天马、五彩虫、麦蚕，可为害 16 科 104 种以上的植物。尤其喜食禾本科植物，主要为害麦类、水稻、甘蔗、玉米、高粱等禾谷类粮食作物。野生寄主有芦苇、谷莠子、稗草、碱草、茅草等禾本科杂草。大发生时也为害豆类、白菜、甜菜、青麻、棉花等。属间歇性猖獗的杂食性害虫，常间歇成灾。幼虫食叶，大发生时可将作物叶片全部食光。初孵幼虫有群集性，1～2龄幼虫多在麦株基部叶背或分蘖背光处为害，3龄后食量大增，5～6龄进入暴食阶段，食光叶片或把穗头咬断，其食量占整个幼虫期 90% 左右。

2. 发生规律

黏虫属鳞翅目夜蛾科。一年发生世代数全国各地不一，东北、内蒙古等地一年发生 2～3 代，华北中南部地区 3～4 代，江苏淮河流域一年发生 4～5 代，长江流域一年发生 5～6 代，华南地区一年发生 6～8 代。黏虫属迁飞性害虫，在北纬 33° 以北地区任何虫态均不能越冬。在江西、浙江一带，以幼虫和蛹在稻桩、田埂杂草、绿肥田、麦田表土下等处越冬。在广东、福建南部终年繁殖，无越冬现象。北方春季出现的大量成虫系由南方迁飞所至。成虫体长 15～17 mm，翅展 36～40 mm。头部与胸部灰褐色，腹部暗褐色。前翅灰黄褐色、黄色或橙色，变化很多；内横线往往只现几个黑点，环纹与肾纹褐黄色，界限不显著，肾纹后端有 1 个白点，其两侧各有 1 个黑点；后翅暗褐色，向基部色渐淡。卵长约 0.5 mm，半球形，初产白色渐变黄色，有光泽，单层排列成行成块。老熟幼虫体长 38 mm。头红褐色，头盖有网纹、额扁，两侧有褐色粗纵纹，略呈 "八" 字形，外侧有褐色网纹；体色由淡绿至浓黑，变化甚大；在大发生时背面常呈黑色，腹面淡污色，背中线白色，亚背线与气门上线之间稍带蓝色，气门线与气门下线之间粉红色至灰白色。蛹长约 19 mm，红褐色；腹部 5～7 节背面前缘各有一列齿状点刻；臀棘上有刺 4 根，中央 2 根粗大，两侧的细短刺略弯。

气候因素对黏虫的发生量和发生期影响很大，其中与温度和湿度的关系尤为密切。春、夏向北迁飞扩散时，主要受气流冷暖交锋的影响而造成黏虫的为害程度不同。总的来说，黏虫不耐 0℃ 以下的低温和 35℃ 以上的高温，各虫态适宜的温度在 10～25℃，相对湿度在 85% 以上。黏虫是一种喜好潮湿而怕高温和干旱的害虫，高温低湿不利于成虫产卵、发育。但雨水多、湿度过大，也可控制黏虫发生。凡密植、多雨、灌溉条件好、生长茂盛的水稻、小麦、谷子地块，或荒草多、大的玉米和高粱地，黏虫发生量就多。小麦玉米套种，有利于黏虫的转移为害，黏虫发生较重。

3. 防治方法

（1）预测预报。黏虫是间歇性猖獗的害虫，发生时还有暴发性的特点，因此做好预测预报，掌握黏虫田间动态是主动消灭黏虫为害的重要措施。可通过调查成虫、卵、幼虫来预测当年的发生程度。

（2）农业防治。冬季和早春结合积肥，彻底铲除田埂田边、沟边、塘边、地边的杂草，消灭部分在杂草中越冬的黏虫，减少虫源。合理用肥，施足基肥，及时追肥，避免偏施氮肥，防止贪青迟熟。

（3）物理防治。采用频振式杀虫灯或黑光灯诱杀成虫。根据成虫产卵喜产于枯黄老叶的特性，在田间每亩设置 10 把草把，草把可稍大，适当高出作物，5 d 左右换草把 1 次，并集中烧毁，即可灭杀虫卵。

（4）药剂防治。根据黏虫成虫具有嗜食花蜜、糖类及甜酸气味的发酵水浆等特性，采用毒液诱杀成虫，其药液配比为糖∶酒∶醋∶水 =1∶1∶3∶10，加总量 10% 的杀虫单，可以作盆诱或把毒液喷在草把上诱集成虫。也可用 5% 高效氯氟氰菊酯 5 000 倍液，或 2.5% 溴氰菊酯乳油 4 000 倍液，20% 氯虫苯甲酰胺悬浮剂 5 000 倍液，在黏虫幼虫低龄期进行均匀喷雾处理。

二、麦叶蜂

1. 为害特点

麦叶蜂（*Dolerus tritici* Chu）又称齐头虫、小黏虫等。分布区北起黑龙江、内蒙古，南限稍过长江，最南采集地为浙江、江西、湖南、广西，东临海边，西达甘肃、青海，折入四川，华北局部地方分布密度较大。主要为害小麦、大麦以及禾本科杂草等。幼虫取食叶片成缺刻，1 ～ 2 龄幼虫日夜在麦叶上为害；3 龄后白天躲在麦株基部附近，14∶00—15∶00 开始上爬为害麦叶，至翌日 10∶00 下移躲藏。为害严重的可将叶片吃光，仅留叶脉。

2. 发生规律

麦叶蜂属膜翅目叶蜂科。麦叶蜂在北方一年发生 1 代，以蛹在土中越冬，3 月中下旬或稍早时成虫羽化，雌成虫体长 8.6 ～ 9.8 mm，雄蜂体长 8 ～ 8.8 mm；触角线状，9 节；唇基有点刻，中央具 1 大缺口；体大部分黑色略带蓝光，前胸背板、中胸前盾片、翅基片锈红色，翅膜质透明略带黄色，头壳具网状刻纹。交配后用锯状产卵器沿叶背面主脉锯 1 裂缝，边锯边产卵，卵肾脏形，表面光滑，浅黄色，卵粒可连成一串；卵期约 10 d。幼虫分 5 龄，末龄幼虫体长 18 ～ 19 mm，圆筒状；胸部稍粗，腹末稍细，各节具横皱纹；头黄褐色，上唇不对称，左边较右边大；胸腹部灰绿色，背面暗蓝色，末节背面具暗色斑 1 对，腹足基部有 1 暗色斑纹。4 月上旬到 5 月初是幼虫发生为害盛期。

5月上中旬小麦抽穗后，老熟幼虫入土20 cm左右作土茧越夏，到10月间化蛹越冬。蛹初黄白色，近羽化时棕黑色。麦叶蜂幼虫有假死性，稍遇震动即可掉落，虫体缩成一团，约经20 min后再爬上麦株取食为害。麦叶蜂幼虫有趋绿为害习性，一般水肥条件好、生长茂密的一类麦田发生重，其次是二类麦田，三类田及麦棉套种地块发生较轻。

麦叶蜂的发生与气象条件关系密切。冬季温度偏高，土壤水分充足，有利于蛹的越冬；春季温度回升早，土壤湿度大，成虫羽化期无大雨天气，对其羽化有利；幼虫喜欢潮湿环境。

3. 防治方法

（1）农业防治。小麦播种前深耕细耙，破坏其化蛹越冬场所或将休眠蛹翻至土表机械杀死或冻死。有条件的地方可进行水旱轮作。老熟幼虫在土中时间长，麦收后及时深耕，能破坏土茧，杀死幼虫。

（2）药剂防治。一般应掌握在幼虫3龄前进行。可用20%氯虫苯甲酰胺悬浮剂3 000倍液、或用1%甲维盐水乳剂2 000～3 000倍液、或1.8%阿维菌素乳油1 500倍液、或50%辛硫磷乳油1 300倍液喷施防治；也可每亩用5%敌百虫粉2 kg，掺细沙（或细土）20～25 kg顺麦垄撒施，施药时间以傍晚或10：00以前为佳；或用20%杀灭菊酯或2.5%溴氰菊酯4 000～6 000倍液喷雾，每亩60～75 kg；也可用4.5%甲敌粉（甲基对硫磷—敌百虫），每亩0.5 kg兑5 kg细沙或细干土顺麦垄撒施，其效果均在95%以上。

三、麦黑斑潜叶蝇

1. 为害特点

麦黑斑潜叶蝇（Cerodonta denticornis panler）分布于山东、河南、甘肃及我国台湾等地，为害小麦、燕麦、大麦等。幼虫从叶尖或叶缘潜入，取食叶肉，留下上下表皮，呈空袋状，为害状主要表现为截形、条形、不规则形虫道，其内可见黑色颗粒状虫粪，受害麦叶初始为灰绿色斑块，逐渐变为枯白色或灰褐色。幼虫一般为害到整个叶片的1/3～1/2，个别为害到整个叶片的3/4。小麦受害后，严重影响正常光合作用，造成小麦生长滞后。大多数是一叶一头虫，个别有一叶两头虫或三头虫。

2. 发生规律

麦黑斑潜叶蝇属双翅目潜蝇科，发生代数不详，可能以蛹越冬。4月上中旬，越冬代成虫开始活动，成虫体长2 mm，黄褐色；头部黄色，间额褐色，单眼三角区黑色，复眼黑褐色，具蓝色荧光；触角黄色，触角不具毛；胸部黄色，背面具一"凸"字形黑斑块；小盾片黄色，后盾片黑褐色；翅透明浅黑褐色。腹部5节，背板侧缘、后缘黄色，中部灰褐色生黑色毛；产卵器圆筒形黑色。成虫将卵产于小麦叶片上，幼虫孵化后，随即潜入小麦叶肉内潜叶为害。幼虫体长2.5～3.0 mm，乳白色，蛆状；腹部端节下方具1对肉质突起，腹部各节间散布细密的微刺。幼虫从叶片虫道爬出，落入土中化蛹，少量幼虫也可在叶片内化蛹。蛹长 2 mm，浅褐色，体扁，前后气门可见。在特殊环境下蛹期较长。

3. 防治方法

在防治技术上，以消灭成虫为主，于 4 月上中旬在小麦田间喷施阿维菌素、吡虫啉等药剂，一方面杀灭成虫，另一方面阻止成虫产卵。

四、瓦矛夜蛾

1. 为害特点

瓦矛夜蛾（*Spaelotis yalida*）除为害小麦之外，还可为害菠菜、生菜、甘蓝、韭菜、葱、大蒜等蔬菜，且对蔬菜的为害比小麦严重。2012 年在河北首次发现该虫，在容城、定州、故城等地均有发生。2016 年在山东省多地发生为害。瓦矛夜蛾为杂食性害虫，在蔬菜地为害较重，小麦田间也有为害。在麦田中，瓦矛夜蛾多发现于土表，麦叶被咬断或咬成缺刻状。蔬菜田中，该虫将蔬菜叶片咬成明显缺刻状。为害规律为由下向上咬食。

2. 发生规律

瓦矛夜蛾属鳞翅目夜蛾科。以高龄幼虫在麦田土中越冬。成虫头部和鳞片为棕褐色，胸部和肩片为黑褐色。前翅灰褐色至黑褐色，翅基片黄褐色；内横线与外横线均为双线黑色波浪形；中室内环纹与中室末端肾形纹均为灰色具黑边，环纹略扁圆，前端开放。后翅黄白色，外缘暗褐色，腹部暗褐色。室内饲养观察，其成虫飞行能力弱，喜黑暗避光环境，惊扰后近距离飞行，喜群体聚集不动。幼虫体长 30～50 mm，体为棕黄色，背部每体节有 1 个黑色的倒"八"字纹。该虫有假死性现象，受惊扰呈"C"形。蛹为被蛹，纺锤形，体长 20 mm 左右，蛹期 23～26 d；化蛹初为白色，逐渐加深至黄褐色、红褐色，羽化前变黑。

3. 防治方法

作为新发害虫，关于其生物学和为害特点尚不明确，尚未有监测和预测预报技术，因此还没有制定出适合的防治方案。根据其栖息环境及为害特点，对其防治建议如下。

（1）加强田间监测。利用夜蛾科害虫成虫趋光性，监测越冬代成虫数量，以便预测其种群趋势。

（2）药剂防治。在监测到瓦矛夜蛾为害的地区，可用辛硫磷、甲维盐、高效氯氟氰菊酯或氯虫苯甲酰胺进行喷雾，或用毒死蜱做毒饵或拌毒土撒至田间，进行应急防控，避免损失。

五、东亚飞蝗

1. 为害特点

东亚飞蝗（*Locustami migratoria* manilensis）别名蚂蚱、蝗虫，为迁飞性、杂食性

大害虫。分布在中国北起河北、山西、陕西，南至福建、广东、海南、广西、云南，东达沿海各省，西至四川、甘肃南部，黄淮海地区常发。主要为害小麦、玉米、高粱、粟、水稻、稷等多种禾本科植物，也可为害棉花、大豆、蔬菜等。成、若虫咬食植物的叶片和茎，大发生时成群迁飞，把成片的农作物吃成光秆。中国史籍中的蝗灾，主要是东亚飞蝗，先后发生过800多次。20世纪80年代以来，受全球异常气候变化和某些水利工程失修或兴建不当以及农业生态与环境突变的影响，东亚飞蝗在黄淮海地区和海南岛西南部频繁发生，农业生产受到严重威胁。

2. 发生规律

东亚飞蝗属直翅目飞蝗科。在自然气温条件下生长，一年发生2代，第一代称为夏蝗，第二代为秋蝗。雄成虫体长33～48 mm，雌成虫体长39～52 mm，有群居型、散居型和中间型3种类型，体灰黄褐色（群居型），或头、胸、后足带绿色（散居型）。头顶圆。颜面平直，触角丝状，前胸背板中线发达，沿中线两侧有黑色带纹。前翅淡褐色，有暗色斑点，翅长超过后足股节2倍（群居型）或1倍多（散居型）。胸足的类型为跳跃足，腿节特别发达，胫节细长，适于跳跃。卵囊圆柱形，每块有卵40～80粒，卵粒长筒形、黄色。第五龄蝗蝻体长26～40 mm，翅节长达第四腹节至第五腹节，群居型体色红褐色，散居型体色较浅，在绿色植物多的地方为绿色。

飞蝗密度小时为散居型，密度大了以后，个体间相互接触，可逐渐聚集成群居型。群居型飞蝗有远距离迁飞的习性，迁飞多发生在羽化后5～10 d、性器官成熟之前。迁飞时可在空中持续1～3 d。散居型飞蝗，当每平方米多于10只时，有时也会出现迁飞现象。群居型飞蝗体内含脂肪量多、水分少，活动力强，但卵巢管少，产卵量低，而散居型则相反。飞蝗喜欢栖息在滋生有低矮芦苇、茅草或盐蒿、莎草等蝗虫嗜食植物，地势低洼、易涝易旱或水位不稳定的海滩或湖滩及大面积荒滩或耕作粗放的夹荒地上。遇有干旱年份，这种荒地随天气干旱，水面缩小而增大时，利于蝗虫生育，宜蝗面积增加，容易酿成蝗灾，因此每遇大旱年份，要注意防治蝗虫。天敌有寄生蜂、寄生绳、鸟类、蛙类等。喜食禾本科作物及杂草，饥饿时也取食大豆等阔叶作物。地形低洼、沿海盐碱荒地、泛区、内涝区都易成为飞蝗的繁殖基地。

3. 防治方法

（1）农业防治。兴修水利，稳定湖河水位，大面积垦荒种植，减少蝗虫发生基地。植树造林，改善蝗区小气候，消灭飞蝗产卵繁殖场所。因地制宜种植飞蝗不食的作物，如甘薯、马铃薯、麻类等，断绝飞蝗的食物来源。

（2）药剂防治。要根据发生的面积和密度，做好飞机防治与地面机械防治相结合，全面扫残与重点挑治相结合，夏蝗重治与秋扫残相结合，准确掌握蝗情，歼灭蝗蝻于3龄以前，可用50%马拉硫磷乳油、或40%乐果乳油、或4.5%高效氯氰菊酯进行喷雾防治。飞防飞机最佳飞行高度为10 m，有效喷幅100～150 m。

六、西北麦蝽

1. 为害特点

西北麦蝽（*Aelia sibirica* Reuter），为害麦类、水稻等禾本科植物。分布北起黑龙江、内蒙古、新疆，南至山西、陕西、甘肃、青海。寄生于麦类、水稻等禾本科植物。成、若虫刺吸寄主叶片汁液，受害麦苗出现枯心或叶面上出现白斑或枯心，后扭曲成辫子状。严重受害时，麦叶如被牲畜吃去尖端一般，甚至成片死亡。后期被害，可造成白穗、籽粒不饱满，减产 30% ～ 80%。

2. 发生规律

西北麦蝽属半翅目蝽科。甘肃一年发生 1 代，宁夏 2 ～ 3 代。以成虫和若虫在落叶、土块、墙缝和茂草基部越冬。甘肃地区越冬成虫、若虫于 5 月初迁入麦田。麦蝽活动取食要求较高的温度，每天活动时间一般从日出开始，夜间躲入麦田土壤裂缝、枯草下。在风雨天气不活动。夏季炎热天气，中午往往在植株下部或土壤缝隙中潜伏。成虫体长 9 ～ 11 mm，体黄色至黄褐色，背部密生黑色点刻；头较小，向前方突出，前端向下，尖且分裂，两侧有黑点，中央有 1 条白色纵纹，由前胸背板直达小盾片；前胸背板稍隆起，前缘稍凹入，两端稍向侧方突出，小盾板发达如舌状，长度超过腹背中央。成虫交配后 1 d 即可产卵，卵多产于植株下部枯黄叶片背面，排成单列。每雌虫一生产卵 1 ～ 2 次，每次产卵 11 ～ 12 粒，卵期 8 d；卵圆筒形，初产时白色，逐渐变为土黄色，将要孵化时呈铅黑色。6 月中旬若虫大量孵化取食。若虫共 5 龄，若虫体长 8 ～ 9 mm，全体黑色，复眼红色，腹节之间为黄色。受害麦苗叶片出现白斑，枯萎或卷曲。小麦成熟时，成虫及若虫迁至皮及草等杂草上寄生，9 月上中旬后陆续越冬。一般生长茂盛的麦田虫口密度大，阳坡地、麦茬地为害重。

3. 防治方法

（1）农业防治。越冬虫恢复活动以前，清除麦田附近的杂草，深埋或烧毁，以减少虫源。

（2）药剂防治。可用 2.5% 敌百虫粉 1 kg，拌细沙 20 kg，撒入草丛。成虫为害高峰期，向麦苗或地面草上喷撒 2.5% 敌百虫粉，用 1.5 ～ 2 kg/ 亩，10 d 后再喷 1 次，消灭初孵若虫。

七、十四点负泥甲

1. 为害特点

十四点负泥甲（*Crioceris quatuordecimpunctata*），又称芦笋叶甲、细颈叶甲，为害小麦、石刁柏、文竹等，为麦类次要害虫。国内分布区北起黑龙江、内蒙古，南面到达福建、广西，但在淮河以北较常见。成、幼虫啃食小麦嫩茎或叶肉，影响小麦光合作用。

2. 发生规律

十四点负泥甲属鞘翅目负泥虫科。在山东省以及华北地区一年发生 3 ～ 4 代，天津一年发生 4～5 代,陕西一年发生 5 代,以成虫在麦株四周的土下或残留在地下的麦茬里越冬。成虫长椭圆形,北方的成虫体长 5.5～6.5 mm,南方的成虫体长 6.1～7.1 mm,宽 2.5～3.2 mm,体棕黄色或红褐色,并具黑斑,头前端、眼四周、触角均黑色,其余褐红色;头部带黑点,触角 11 节,短粗;前胸背板长略大于宽,前半部具"1"字形排列的黑斑 4 个、基部中央 1 个,小盾片黑色舌形,每个鞘翅上具黑斑 7 个,其中基部 3 个,肩中部 2 个,后部 2 个;体背光洁,腹部褐色或黑色。翌春 3 月中下旬至 4 月上旬出土活动,4 月中旬产卵。卵初乳白色至浅黄绿色,后变深褐色;卵期 3～9 d。第一代发生于 5 月中旬至 7 月下旬,6 月中旬进入卵孵化盛期,7 月初为幼虫为害期。幼虫寡足型,初孵化时,虫体灰黄色至绿褐色,头、胸、足、气孔黑色;2 龄后乳黄色;老熟幼虫体长 6 mm,腹部肥胖隆起,体暗黄色光亮;3 龄幼虫以后,头胸部变细,腹背隆起膨大,肛门在背面,体外常具泥状粪便,故名十四点负泥甲。幼虫期 7～10 d,共 4 龄。第二代发生于 6 月下旬至 9 月上旬,8 月上旬是卵孵化盛期和幼虫为害高峰期。第三代于 8 月中旬至 10 月中旬发生。秋季气温高、降雨少的年份可发生第四代。离蛹,鲜黄色,可见触角、足、翅等;蛹期 6～8 d。成、幼虫世代重叠,成虫具假死性,能短距离飞行。幼虫行动慢,4 龄进入暴食期,老熟后钻入土中 2 cm 处结茧化蛹。成虫交尾 3～4 d 后可产卵,散产在叶茎交界处或嫩叶上。

3. 防治方法

(1)农业防治。清洁田园,消灭越冬成虫。进行冬灌,以压低越冬虫口基数。

(2)化学防治。越冬成虫出土孵化盛期,可普遍喷施一次药,为减少越冬代虫口密度,可选用喷洒 40% 氧化乐果 800 倍液或 80% 敌敌畏 1 500 倍液。

幼虫孵化盛期和幼虫为害高峰期是防治该虫的关键时期。由于其低龄幼虫抗药性很差,是化学防治的适期,应及时在一代卵孵化盛期进行防治,药剂可选用 90% 敌百虫 1 500 倍液、或 1.8% 阿维菌素 5 000 倍液、或 10% 吡虫啉可湿性粉剂 1 500 倍液,进行喷雾防治。

第三节 蛀茎类害虫

一、麦茎蜂

1. 为害特点

麦茎蜂(*Cephus pygmaeus* linnaeus)分布于全国各地,为害小麦、大麦等麦类。幼虫蛀茎为害,严重的可将整个茎秆食空,麦芒及麦颖变黄,干枯失色,后期全稳变白,茎节变黄或黑色。老熟幼虫钻入根茎部,从根茎部将茎秆咬断或仅留少量表皮连接,断面整齐,受害小麦很易折倒。局部地区为害严重,虫株率一般为 10%～20%,发生严重地块虫株率高达 40%,减产 5%～10%。

2.发生规律

麦茎蜂属膜翅目茎蜂科，一年发生1代，以老熟幼虫在茎基部或根茬中结薄茧越冬。翌年4月化蛹，蛹初黄白色，近羽化时变成黑色。5月中旬羽化，5月下旬进入羽化高峰，羽化期持续20多天。成虫体长8～11 mm，黑色，触角丝状。前翅基部黑褐色，翅痣明显；雌蜂腹部第四节、第六节、第九节镶有黄色横带，腹部较肥大，末端剑形，尾端有锯齿状的产卵器；雄蜂3～9节，具黄带；第一腹节、第三腹节、第五腹节、第六腹节腹侧各具1较大浅绿色斑点，后胸背面具1个浅绿色三角形点，腹部细小、钝圆。成虫以晴天9：00—11：00和15：00—17：00活动最盛，早晚或阴雨大风天潜伏不动。雌蜂把卵单产在茎壁较薄的麦秆里，产卵量50～60粒，最多72粒，卵长椭圆形，白色透明。产卵部位多在小麦穗下1～3节组织幼嫩的茎节附近，产卵时用产卵器把麦茎锯1小孔，把卵散产在茎的内壁上；小麦主茎落卵量高于分蘖，咬穿茎节逐渐向茎基部移动，大部分产卵于穗茎节基部1/5～1/4处；卵期6～7 d。幼虫孵化后取食茎壁内部，3龄后进入暴食期。老熟幼虫体长10～12 mm，体乳白色，光滑；头部浅褐色，胸足退化成小突起，腹部尾端延长成长管状，上有细毛。在小麦蜡熟期，幼虫下移至茎最下部，在茎的内壁上咬一个环状小深沟，然后在沟下用碎屑和排泄物做一个小塞子，在小塞子下结透明薄茧越冬。地势低洼的地块发生严重，靠近河边、沟边、路边耕作粗放的地块发生重。

3.防治方法

（1）农业防治。麦收后进行深翻，收集麦茬沤肥或烧毁，有抑制成虫出土的作用。尽可能实行大面积的轮作。选育秆壁厚或坚硬的抗虫高产品种。

（2）药剂防治。把大量成虫消灭在产卵蛀茎之前是目前麦茎蜂防治的关键。在成虫羽化出土高峰期，选用30%噻虫·高氯氟悬浮剂，或氯氟·毒死蜱等触杀性强的菊酯类农药，在晴天11：30—19：00进行叶面喷雾，喷雾要求均匀周到，连续防治2次，间隔期为5～7 d。如成虫已经产卵，要及时喷洒内吸传导性强的农药，尽可能杀死刚孵化的低龄幼虫。成虫防治时要做好统防统治和群防群治工作。在麦茎蜂产卵蛀茎之前，开展统防统治，压低麦茎蜂虫源，降低为害可能。

二、麦秆蝇

1.为害特点

麦秆蝇（*Meromyza saltatrix* linnaeus）又名黄麦秆蝇，俗称麦钻心虫、麦蛆等。主要为害小麦，也为害大麦和黑麦以及一些禾本科和莎草科的杂草，是中国北部春麦区及华北平原中熟冬麦区的主要害虫之一。麦秆蝇以幼虫钻入小麦等寄主茎内蛀食为害，初孵幼虫从叶鞘或茎节间钻入麦茎，在茎秆内表面逐节向下蛀食营养物质，或在幼嫩心叶及穗节基部1/5～1/4处呈螺旋状向下蛀食，使小麦植株早枯、青干，收获前齐根倒下，造成小麦籽粒秕瘦，千粒重降低，产量下降。由于幼虫蛀茎时被害茎的生育期不同，可造成下列4种被害状。

（1）分蘖拔节期受害，形成枯心苗。如主茎被害，则促使无效分蘖增多而丛生，群众常称之为"下退"或"坐罢"。

（2）孕穗期受害，因嫩穗组织破坏并有寄生菌寄生而腐烂，造成烂穗。

（3）孕穗末期受害，形成坏穗。

（4）抽穗初期受害，形成白穗，其中，除坏穗外，在其他被害情况下被害株完全无收成。

幼虫取食麦茎幼嫩组织，隐蔽性强，防治难度大，气候适宜的年份易呈高发之势。

2.发生规律

麦秆蝇属双翅目秆蝇科。春麦区一年发生2代，冬麦区一年发生3～4代。以幼虫在寄主根茎部或土缝中或杂草上越冬。越冬代成虫在小麦拔节末期着卵，部分老熟幼虫钻入地中茎化蛹。成虫寿命9～15 d，白天活动，早晚栖息于叶背面；雄成虫体长3.0～3.5 mm，雌成虫体长3.7～4.5 mm；体黄绿色；复眼黑色，有青绿色光泽；单眼区褐斑较大，边缘越出单眼之外；下颚须基部黄绿色，腹部2/3部分膨大成棍棒状，黑色；翅透明，有光泽，翅脉黄色；胸部背面有3条黑色或深褐色纵纹，中央的纵线前宽后窄直达梭状部的末端，其末端的宽度大于前端宽度的1/2，两侧纵线各在后端分叉为二。卵产于麦叶基部附近，喜在未抽穗的植株上产卵，抽穗后产卵很少；卵期5～7 d，散产，每头雌虫产卵12～42粒；卵壳白色，表面有10余条纵纹，光泽不显著。幼虫孵化后，蛀入茎内为害。末龄幼虫体长6.0～6.5 mm；体蛆形，细长，呈黄绿或淡黄绿色。如主茎被害枯死，常形成很多分叉，分叉常不能抽穗结实。幼虫在茎内向下蛀食，孕穗前为害麦株形成枯心，孕穗后形成白穗。幼虫期20余天，成熟后在叶鞘与茎秆间化蛹。蛹期3周；围蛹，体色初期较淡，后期黄绿色，通过蛹壳可见复眼、胸部及腹部纵线和下颚须端部的黑色部分。

3.防治方法

（1）农业防治。加强小麦的栽培管理，因地制宜深翻土地、精耕细作、增施肥料、适时早播、适当浅播、合理密植、及时涝排等一系列丰产措施可促进小麦生长发育，避开危险期，造成不利麦秆蝇的生活条件，避免或减轻受害。选用抗虫品种。

（2）药剂防治。在越冬代成虫开始盛发并达到防治指标，尚未产卵或产卵极少时，根据不同地块的品种及生育期，进行第一次喷药，隔6～7 d后视虫情变化，对生育期晚尚未进入抽穗开花期、植株生长差、虫口密度仍高的麦田喷第二次药，及时喷洒50%灭蝇胺可湿性粉剂1 500倍液、或1.8%阿维菌素乳油1 500倍液，或5%速灭威可湿性粉剂600倍液，可减少卵量和孵化量。

三、秀夜蛾

1.为害特点

秀夜蛾（*Amphipoea fucosa*）又名麦秀夜蛾，为害小麦、大麦、黍、糜及玉米等，受害作物一般减产10%～20%，严重发生时减产40%～50%，是春麦区重要的麦类害虫。分布于东北、华北、西北、西藏高原、长江中下游及华东麦区。幼虫3龄前蛀茎为害，4龄后从麦秆的地下部咬烂入土，并吐丝缀成薄茧，栖息在薄茧内继续为害附近麦株，致小麦呈现枯心或全株死亡，造成缺苗断垄。

2. 发生规律

秀夜蛾属鳞翅目夜蛾科。北方春麦区一年发生1代，以卵越冬，翌年5月上中旬孵化，5月下旬至6月上旬进入孵化盛期，5月上中旬幼虫开始为害小麦幼苗，5月下旬至6月下旬，小麦分蘖至拔节期进入幼虫为害盛期。老熟幼虫于6月下旬化蛹，7月上中旬成虫出现，8月上中旬进入成虫羽化高峰，7月中旬麦田可见卵块，7月下旬至8月中旬进入产卵盛期。成虫体长13～16 mm，翅展30～36 mm，头部、胸部黄褐色，腹背灰黄色，腹面黄褐色，前翅锈黄至灰黑色，基线色浅，内线、外线各2条，中线1条，共5条褐色线且较明显；环纹、肾纹白色至锈黄色，上生褐色细纹，边缘暗褐色，亚端线色浅，外缘褐色，缘毛黄褐色；后翅灰褐色，缘毛、翅反面灰黄色。成虫白天隐藏在地边、渠边草丛下、田内作物下或土缝中，傍晚飞出取食，交尾后在20：00—21：00把卵产在小麦茎基叶鞘内侧距土面1～3 cm处，每雌虫产卵3～21块，共产卵90～400粒，卵粒排成2～3行成1块，每块约30粒，产卵历期5～8 d。卵半圆形，初白色，3～4 d变为褐色。幼虫蛀茎并有地下害虫的特点，幼虫期共50多天，一般蜕皮5次，末龄幼虫体长30～35 mm，灰白色，头黄色，四周具黑褐色边，从中间至后缘生黑褐色斑4个，从前胸后缘至腹部第九节的背中线两侧各具红褐色宽带1条。亚背线略细，气门线较粗，均为红褐色。幼虫喜在水浇地、下湿滩地及黏壤土地块为害。老熟后在受害株附近1～3 cm土内化蛹。

3. 防治方法

（1）农业防治。合理轮作，深翻土地，除茬灭卵，可减少虫源。翻地深度超过15 cm，翌年初孵幼虫大部分不能出土。小麦三叶期浇水，这时正值初孵幼虫为害盛期，浇水后可减轻为害。

（2）物理防治。成虫盛发期，在产卵之前大面积设置黑光灯诱杀成虫。

（3）药剂防治。发生严重地区或田块，随播种施5%辛硫磷颗粒剂或5%二嗪磷颗粒剂，每2～3 kg/亩，对初孵幼虫防效在80%以上。幼虫期可用80%敌百虫可溶粉剂1 000倍液或40%辛硫磷乳油1 000倍液进行灌根。

四、粟凹胫跳甲

1. 为害特点

粟凹胫跳甲（*Chaetocncma ingenua*）又称为粟胫跳甲、谷跳甲，俗称土跳蚤、地蹦子、麦跳甲等，分布于东北、华北、西北等地区以及河南、湖北、江苏、福建等地，是谷糜、高粱、小麦、陆稻等粮食作物苗期的重要害虫。幼虫由茎基部咬孔钻入茎秆，造成枯心。表皮组织变硬时，便爬到顶心内部，取食嫩叶。顶心被吃掉，不能正常生长，形成丛生。成虫为害，则取食幼苗叶子的表皮组织，吃成白色纵条，使叶面破裂，甚至干枯死掉。受害严重的地区常常造成缺苗断垄，甚至毁种。

2. 发生规律

粟凹胫跳甲属鞘翅目叶甲科。一年发生 1 ~ 2 代，以成虫在表土层中或杂草根际 1.5 cm 处越冬。翌年 5 月上旬气温高于 15℃时越冬成虫在麦田出现。成虫体长 2.5 ~ 3 mm，宽 1.5 mm，体椭圆形，背面拱凸，古铜色或蓝绿色，有金属光泽，头部漆黑色，密布刻点。5 月下旬至 6 月中旬迁至谷田产卵。卵长椭圆形，米黄色至深黄色。末龄幼虫体长 4 ~ 6 mm，体长筒形，头尾两端渐细。头部黑色，前胸背板及臀板褐色，其余各节污白色，每节侧面及背面散生大小不等、排列不甚整齐的几个暗褐色斑。6 月中旬至 7 月上旬进入第一代幼虫盛发期，一代成虫于 6 月下旬开始羽化，7 月中旬产第二代卵，第二代幼虫为害盛期在 7 月下旬至 8 月上旬，第二代成虫于 8 月下旬出现，10 月入土越冬。成虫能飞善跳，白天活动，中午烈日或阴雨天气多潜伏在叶背或叶鞘及土块下，喜食叶面的叶肉，仅残留表皮，形成白色纵纹，严重的致叶片纵裂或干枯。成虫一生交尾多次，可间断产卵，多把卵产在根际表土中，少数产在茎或叶鞘及土块下，每雌虫一生可产 100 粒卵，卵期 7 ~ 11 d，初孵幼虫喜欢为害 6 ~ 10 cm 高的苗。幼虫共 3 龄，历时 10 ~ 15 d，老熟幼虫从苗近地表处咬孔钻出，在谷株附近钻入地下 2 ~ 5 cm 土中做土室化蛹。裸蛹，椭圆形，乳白色，蛹期 8 ~ 12 d。

3. 防治方法

（1）农业防治。适期晚播，躲过成虫盛发期，可减轻危害。

（2）药剂防治。种前用种子重量 0.2% 的 40% 辛硫磷乳油，或 50% 甲胺磷乳油拌种。苗后 4 ~ 5 叶期喷洒 5% 氯氰菊酯乳油 2 500 倍液、或 52.5% 溴氯菊酯乳油 3 000 倍液。也可用 3% 甲胺磷粉剂每亩 2 kg，拌细土 15 kg 撒在植株附近。

五、麦茎谷蛾

1. 为害特点

麦茎谷蛾（*Ochseenchimerca taurella*）又名麦蛾、钻心虫、蛀茎虫等，分布于山东、河北、江苏、甘肃等冬麦区，是我国小麦、大麦的重要害虫。低龄幼虫在心叶内为害，小麦、大麦拔节后幼虫为害心叶，造成卷心、矮缩、枯心或形成残株。幼虫蛀食第一节茎基造成白穗。每只幼虫为害 2 ~ 3 株。

2. 发生规律

麦茎谷蛾属鳞翅目夜蛾科。一年发生 1 代，以低龄幼虫在小麦心叶内越冬，翌年小麦返青后开始为害，5 月中下旬幼虫老熟后化蛹在小麦旗叶叶鞘内，少数在第二叶鞘内化蛹。蛹期 20 d 左右。一般在 5 月下旬至 6 月上旬，小麦进入成熟期，成虫开始羽化，成虫羽化喜在晴天上午进行，羽化历时约 10 d。成虫体长 5.9～7.0 mm，翅展 11～13.5 mm，雌虫略大于雄虫；全体密布粗鳞片，头顶密布灰黄色长毛，触角丝状。前翅长方形，灰褐色，外缘生有灰褐色细毛；后翅较前翅略宽，沿前缘具白色剑状斑，外缘及后缘生有灰白色缘毛。成虫爱飞，11：00—12：00 最活跃，气温低于 20℃停止活动，成虫羽化后活动一段时间后，在屋檐、墙缝、树皮缝内潜伏越夏，秋季产卵。卵长椭圆形。初孵幼虫白色，2 龄以后变为黄白色；老熟幼虫体长 10.5～15 mm，细长筒形。前胸和腹部 1～8 节的气孔四周具黑色斑，中胸、后胸亦各生黑斑 1 个，第十腹节背面横列 4 个小黑点。幼虫有钻蛀为害习性，抽穗前后为害加重。

3. 防治方法

（1）农业防治。成虫羽化期，屋檐下隔 2～3 m 挂麻袋等有皱褶的物件，诱其钻入后，翌晨集中处理。

（2）药剂防治。4 月上中旬，幼虫爬出活动或转株为害时，可喷洒 90% 晶体敌百虫 1 000 倍液、或 80% 敌敌畏乳油 1 500 倍液、或 40% 辛硫磷乳油 1 000 倍液。

六、黑麦秆蝇

1. 为害特点

黑麦秆蝇（*Oscinella pusilla*），别称瑞典麦秆蝇，分布北起内蒙古、新疆，南限稍过黄河、山东泰安、陕西镇巴，东临渤海，西经甘肃到达新疆喀什。山东淄博、河北坝上、山西、甘肃、宁夏、青海麦区均较普遍。寄生于小麦、大麦、黑麦、燕麦及玉米等作物。幼虫钻入心叶或幼穗中为害，受害部枯萎或造成枯心。在分蘖以前受害较重。通常一代为害春小麦幼苗，二代为害燕麦穗，三代为害冬麦。

2. 发生规律

黑麦秆蝇属双翅目秆蝇科，一年发生 3～4 代，以老熟幼虫在冬作物或野生禾本科植物茎内越冬。翌年冰层融化时化蛹，20 d 后羽化为第一代成虫，成虫体长约 1.8 mm，全体黑色有光，较粗壮；前胸背板黑色；触角黑色，吻端白色，翅透明；股节黑色，胫节棕黄色。经 10～38 d 产卵，每雌蝇产卵 70 粒，多产在两三个叶片的苗茎或叶舌及叶面或叶梢上，偶尔产在土面或穗上。卵白色，长圆柱形，具明显纵沟及纵脊。初孵幼虫像水一样透明，成熟时变为圆柱形，蛆状，黄白色，口钩镰刀状。初孵幼虫蛀入茎内，取食心叶下部或穗芽，使之枯萎，并在这些地方化蛹。蛹棕褐色，圆柱形，前端生小突起 4 个，后端有 2 个。完成一个世代需要 22～79 d。

3. 防治方法

参考麦秆蝇防治方法。

第二部分

花生高产栽培技术

第五章　春播和夏播花生栽培技术

第一节　优质品种的主要特性与选择

花生（Arachis hypogaea）是一种双子叶植物。我国是花生生产、消费大国和外贸出口大国，在国民经济快速发展、人民生活水平和消费水平日益提高的形势下，在花生生产上对品种有了更多、更高的要求。我国人口多，人均耕地少，粮油争地矛盾突出，农民增产、增收要求迫切，在选择花生品种时必须考虑到当地的实际情况以及产业需求。

花生是我国重要的经济作物，不同花生品种在产量、油脂和蛋白质含量、加工特性等方面存在着广泛差异。为了满足人民对食用油的需求，需要选择高油品种；为了解决人民生活所需的蛋白质，就要选择高蛋白品种；为了提升食用油品质，就要选择高油酸品种；为了提升生产效率，就要选择适宜机械化生产的品种；考虑出口创汇，为了提高我国花生在国际花生市场上的竞争力，就要根据国际市场的要求，选择商品性好、口味好、耐贮性好的品种。除此之外，多抗、广适、适宜机械化生产的花生新品种能够有效减少农药、化肥的施用，节省水资源和生产成本，满足花生绿色、高效生产的发展方向。

综上所述，选择高产、优质、专用、多抗、适应性强和适宜机械化生产的花生新品种，是促进花生产业效益提高、促进农民增产增收的基础。

一、高产

高产是花生新品种培育的主要目标和基本要求，一个品种纵然品质再好、抗性再强，如果不能达到一定的产量水平，也很难为生产上所接受。产量受多种因素制约，它是品种本身的特征特性与环境条件共同作用的结果。具备高产潜力的品种，必须与自然条件良好配合，才能获得更高的产量；如果品种不具高产潜力或环境条件制约，均难以高产。高产品种首先应该具有合理的株型和良好的光合性能，能充分利用水、肥、光、温和二氧化碳等。

二、优质

花生的品质视用途不同分为外观品质和营养品质。外观品质包括荚果及籽仁的大小、颜色、形状等；营养品质包括脂肪、蛋白质、氨基酸、糖、维生素等的含量及组成。

（一）外观品质

我国花生品质的项目与标准基本与国际相同，在国际贸易中食用花生分为大粒型、中粒型和小粒型3种类型。我国以大粒型和小粒型为主（俗称大花生、小花生）。大花生：花生果要求大果、双粒、果腰明显、网纹粗浅、果嘴短突、外果皮乳白色；花生仁要求籽仁呈长椭圆形，种皮淡红、无杂色、无裂纹、色泽均匀，美观整齐。小花生：荚果苗形，网纹细浅，籽仁呈圆形，种皮淡红色。

（二）营养品质

主要指花生仁中脂肪酸、蛋白质、氨基酸、糖、维生素等的含量及组成。

1. 高油

花生是我国食用植物油的主要来源。相较于其他油料作物，花生相对产油量最高，对于保障我国油料安全具有重要作用。随着农业产业结构升级以及其他客观因素，很难在现有的基础上进一步扩大花生种植面积，所以选择含油量高的品种，增加植物油总产量来满足市场需求是极其必要的。花生籽仁脂肪酸含量提高，有利于提升榨油效益，更受市场青睐。选择种植高油花生新品种，对于花生生产者增收具有重要意义。高油花生品种的具体指标为：籽仁中粗脂肪含量高于55%。

2. 高蛋白

花生营养价值较高，籽仁中富含蛋白质，蛋白质含量仅次于大豆，其中还含有大量人体必需的氨基酸。花生蛋白质的消化系数高达90%以上，易被人体吸收。花生蛋白质主要由花生球蛋白和伴花生球蛋白组成，其中花生球蛋白占63%，伴花生球蛋白占33%，是一种高营养植物蛋白资源。随着人民生活水平的提高，健康意识的不断增强，重视花生蛋白资源的开发利用，对于改善人们的膳食结构具有重要意义。榨油后剩余的花生粕也是重要的饲用蛋白来源。目前，生产上种植的花生品种，特别是大花生品种，蛋白质含量多在30%以下，而珍珠豆和多粒型资源，蛋白质含量超过30%的并不少见。所以，生产时应选择高蛋白大花生品种蛋白质含量在28%以上，高蛋白小花生品种蛋白质含量不应低于30%的品种种植。

3. 高油酸

影响花生油脂营养和商品品质的重要因素是脂肪酸的组成。花生油脂的主要成分是油酸、亚油酸和棕榈酸，三者之和占总脂肪酸的90%以上。油酸和亚油酸是不饱和脂肪酸，油酸为单不饱和脂肪酸，亚油酸为多不饱和脂肪酸。食用高油酸花生可降低人体血液低密度脂蛋白（LDL）胆固醇，有益心脑血管健康。花生油或其他花生制品的油酸含量越高就越不易变质，其货架期就越长。所以，油酸含量是影响花生油理化性状稳定性和营养价值的重要品质指标之一。

因此，选择高油酸花生对于提高人民生活水平和增进健康具有重要意义。高油酸花生品种的具体标准为：脂肪中油酸含量＞75%，油亚比＞9。

4. 蔗糖含量与口感

随着花生食用量的增大，人们对花生的口味品质将更为重视，研究证明，花生的蔗糖含量与口味品质显著相关。花生籽仁中有10%～20%的碳水化合物，其中，膳食纤维对身体健康有诸多益处，如降低胆固醇、减少肥胖、降低结肠癌发病率、促进心血管健康、改善血糖和血压等。花生籽仁中还有多种可溶性糖类，如肌醇、葡萄糖、果糖、蔗糖、棉子糖、水苏糖等，其中蔗糖大约占90%。花生的甜味主要取决于蔗糖的含量，且甜味是可遗传的性状。油炸及烘烤都会造成花生籽仁中营养成分流失，因此，鲜食花生营养价值最高，而影响鲜食风味的蔗糖含量就非常值得关注。

三、生育期与休眠期

（一）生育期

根据生产和市场发展的要求，选择符合栽培改制、提高复种指数要求的早熟花生品种为主，搭配中熟和超早熟品种。种植早熟种和超早熟种，既便于实施花生和其他作物一年二熟或多熟制，又可避免灾害或减轻受灾程度，如常年易发生秋旱的地区，早熟种或超早熟种，早熟早收，可避免或减轻旱害。早熟种，尤其是超早熟种，可以提早上市，满足消费者需求。

花生生育期与荚果大小、产量和品质等均有一定的相关性。一般早熟、超早熟品种比中熟、晚熟品种荚果小，产量低，但早熟种含油率特别是出油率则较高。中熟品种，首先要着眼于高产，如生育期较长、不比早熟种高产，意义就不大。

（二）休眠期

种子成熟后虽具备萌发能力，但在光、温度、水、氧气等环境因子适宜的条件下仍不能萌发的现象称为种子的休眠。休眠期较短或不明显的品种，成熟或收获季节如遇连阴天或收获不及时，易在荚果中发芽，严重降低花生品质和种子质量，给生产带来损失；休眠期长的品种，播种后会出现出苗不齐的现象，同样会影响产量。不同的播种时间及栽培制度应考虑花生品种休眠期问题。

四、多抗

病虫害及不良气候条件严重威胁着花生的高产、稳产和优质。选育抗性强的品种是防治病虫害及抵御不良环境的经济有效的措施。花生抗性育种主要有抗生物胁迫育种（抗病、抗虫）、抗非生物胁迫（抗旱性、耐涝性、耐阴性等）育种等。

（一）抗虫、抗病

叶斑病、网斑病、锈病、线虫病、青枯病、病毒病是我国花生的主要病害，与由黄曲霉侵染所导致的黄曲霉毒素污染严重危及花生食品安全。在全国范围内分布最广和危害最重的花生虫害有鞘翅目害虫蛴螬和金针虫，鳞翅目害虫棉铃虫、地老虎、花生卷叶虫以及同翅目的蚜虫等。

目前，花生病虫害的主要防治方法是施用化学药剂，但有产生抗药性之虞，且会造成环境污染和农药残留。农药残留不仅影响花生品质和人体健康，而且直接影响到商品在市场上的竞争力。选择抗性品种是防治花生病虫害最为经济有效的途径。利用抗性品种亦是花生绿色食品生产的重要组成部分。

（二）抗非生物胁迫

1. 抗旱性

花生是中等耐旱作物和拓荒作物。在山东，花生种植很多集中于丘陵山坡地块，缺乏水浇条件。近几年，花生在东北地区种植面积逐年增加，东北地区的春季干旱对花生的品质和产量有较大的影响。据统计，全国花生播种面积70%以上常年受不同程度的干旱危害，平均受灾面积在20%，严重时可达88%。在相同栽培条件下，选择抗旱花生品种具有重要的经济价值。

目前，我国在花生抗旱机理分析、抗旱种质筛选、抗旱模型建立、抗旱QTL定位等方面的研究取得了很大进展。山西农业大学经济作物研究所选育的汾花系列花生新品种抗旱性表现较好。

2. 耐涝性

花生抗旱而对涝渍敏感，涝害对花生生长发育、生理特性、品质和产量具有显著影响。随着全球气候变化，洪涝灾害频发，导致我国北方地区花生大面积减产。除直接影响外，涝害还容易引起叶斑病、白绢病等病害高发及黄曲霉侵染等问题，严重影响花生产量。因此，选育耐涝花生新品种具有重要意义。

目前，我国在耐涝形态和生长发育鉴定、产量及相关性状鉴定、生理生化特性研究等方面取得了较大进展。目前周花系列、湛油系列、花育系列均选育出耐涝花生新品种。

3. 耐阴性

为缓解粮油争地矛盾，长期以来花生与其他作物进行间作的种植模式在我国生产上占有很大的比例。不同类型的花生品种对光强的敏感性有一定的差异，选育对光强不敏感的花生新品种可满足间作套种种植方式的需求，进一步扩大花生的播种面积，提高生产效率。

4. 耐低温性

在北方花生产区，尤其是东北地区，播种期和苗期常遇低温，造成春花生烂种、缺苗断垄。选择耐低温品种可满足北方大花生产区和东北早熟花生产区生产需要，对鲜食花生生产具有重要意义。花育44号等花生品种耐低温表现良好。选用耐低温花生品种以及配套覆盖地膜等栽培措施，辅以特定类型拌种剂是目前解决花生低温胁迫的主要方法。

5. 广适性

广适性是花生重要育种目标之一。不同花生产区在积温、光照时间、种植模式上差异很大，品种的适应性决定了其发展推广潜力。目前，通过全国花生区试试验、黄淮海多点联合测试等区试试验，我国新育成的花生品种在适应性上表现良好。

6. 适宜机械化操作

花生生产机械化就是利用机械来完成花生种植过程中的各项作业内容。机械化操作可减轻劳动强度，提高劳动生产率，同时还可降低成本。国内外较发达的国家和地区，花生机械化程度较高，如美国自1950年以来，花生生产中的播种、中耕、收获、干燥、脱壳等农艺过程全部实现了机械化，大大提高了工效，并把选育适于机械化栽培和加工的品种提到相当重要的位置。我国台湾地区尽管花生种植面积不大，但花生生产已经基本实现机械化，选育适于机械化操作的品种也已成为该地区花生育种目标之一。我国北方花生区花生种植面积大，已研发出播种、覆膜、收获、干燥等各种适于花生生产的机械，机械化程度不断得到提高。随着我国农业机械化的发展，不难预料，花生生产的各个环节将逐渐由机械化操作替代以人工劳动力为主的状况，最终发展到完全实现机械化生产。因此，有必要加强适应机械化生产的花生新品种选育。果针强度高、结果集中、落果层一致、适收期长、籽仁不易破碎、种皮不易脱落等性状是主要育种目标。

第二节 春花生高产栽培技术

一、春花生分布

春花生是我国分布最广的花生种植方式，西自新疆喀什，东至黑龙江省密山，南起海南省海南岛，北到黑龙江省瑷珲，均有春花生种植。

1. 北方大花生区

包括山东和天津的全部，北京、河北、河南的大部，山西南部，陕西中部，以及江苏和安徽的北部。本区山区丘陵多为春花生地膜覆盖种植，4月中旬到5月中上旬播种，适宜种植普通型、中间型和珍珠豆型品种。

2. 东南沿海春秋两熟花生区

包括广东、广西、海南、福建和台湾5省（自治区），以及湖南和江西南部。春花生一般 3 月播种，种植品种以珍珠豆型品种为主。

3. 长江流域春夏花生交作区

包括四川、湖北、湖南、江西、安徽、江苏、浙江等 7 省份的全部或大部，以及陕西、河南的南部。本区域春花生种植区大部分位于丘陵和冲积沙土地，3 月下旬到 4 月上旬播种，适宜种植普通型、中间型和珍珠豆型品种。

4. 云贵高原花生区

云贵高原花生区包括贵州的全部、云南的大部、湖南西部、四川南部、西藏的察隅以及广西北部的乐业至全州一线。4 月中上旬播种，种植品种以珍珠豆型品种为主。

5. 东北沿海早熟花生区

包括辽宁、吉林、黑龙江的大部以及河北燕山东段以北地区（简称东北区），花生主要分布在辽东、辽西丘陵以及辽西北等地。5 月上中旬播种，适宜种植多粒型、中间型和珍珠豆型品种。

6. 黄土高原花生区

以黄土高原为主体，包括北京的北部、河北北部、山西中北部、陕北、甘肃东南部以及宁夏的部分地区，5 月上中旬播种，适宜种植多粒型、中间型和珍珠豆型品种。

7. 西北内陆花生区

本区地处我国西北部，北部和西部以国境线为界，包括新疆全部、甘肃北部、宁夏的中北部以及内蒙古的西北部。5 月上中旬播种，普通型、中间型、多粒型和珍珠豆型品种均有种植。

二、春花生高产栽培技术的发展过程

春花生高产栽培研究经历了总结传统增产经验、研究单项关键增产技术、组织高产攻关、系统研究总结高产规律、高产栽培技术不断完善 5 个阶段。第一阶段，20 世纪 50 年代，为迅速恢复和发展花生生产，提高花生单位面积产量，花生高产栽培研究以总结群众增产经验为主。第二阶段，20 世纪 60 年代，山东、河南、广东等地科研单位，重点进行了花生单项关键增产技术的研究，其间地膜覆盖高产栽培技术的引进和推广是花生栽培技术史上的一场革命，成为花生高产栽培的关键措施，为花生实现高产奠定了基础。第三阶段，20 世纪 70 年代，山东、河南、河北、广东等主要花生产区先后组织开展了花生高产攻关，高产田块开始出现，高产栽培技术得到提高和完善。第四阶段，在高产攻关的同时，山东、河南、广东等花生主产省的科研单位，对花生的高产规律进行了系统研究和总结，从而使花生高产栽培形成了完整的理论体系和技术体系。第五阶段，改革开放以来，高产田面积不断扩大，单位面积产量不断提高，高产栽培理论逐步形成，高产栽培技术逐步完善，并开始向超高产、节本降耗高产、无公害高产栽培方向发展。

三、花生产量的构成因素及高产途径

构成花生产量的因素主要有单位面积株数和单株生产力2个方面。而单株生产力的高低则取决于单株结果数和荚果重量（千克果数）。可见单位面积株数、单株果数和果重是构成花生产量的3个基本因素。

单位面积产量 = 单位面积内株数 × 单株果数 ÷ 千克果数

花生产量构成的3个因素间既相互联系，又相互制约，通常情况下单位面积株数起主导作用，随着单位面积株数的增加，单株果数和果重下降，当增加株数而增加的群体生产力超过单株生产力下降的总和时，增株表现为增产，密度比较合理。花生单株结果数，受密度、品种和栽培条件的影响很大，一般高产田要求单株结果数15～20个。果重的高低取决于果针入土的早晚和产量形成期的长短。但两者不可能同时出现，单位面积果数和果重是一对矛盾。单位面积有一定数量的果数是高产的基础，较高的果重是高产的保证，花生从低产变中产或中产变高产，关键是增加果数。

花生高产主要有3个途径：一是选择有高产潜力的、性状优良的品种；二是选择适宜花生高产的土壤；三是实施高产高效的栽培措施。

四、黄淮海春花生高产栽培技术

（一）土壤选择与整地施肥

1. 土壤条件

花生是地上开花、地下结果的作物，耐旱怕涝，种植时应选择土层深厚、耕作层疏松、排灌良好的壤土或沙壤土。土层深厚是高产稳产的基本条件，产量为400～500 kg/亩的花生田，土层厚度应为50 cm以上。耕作层疏松有利于果针入土和荚果发育，有利于根系发育和根瘤菌的固氮活动，尤其是0～10 cm结果层，对通气性要求更高。花生不耐盐碱，适宜土壤pH为6～7，全盐含量在0.3%时即不能出苗，pH超过7.6时，会出现各种营养失调现象；花生较耐酸，在pH 4.5的土壤中仍能生长。

因此，适宜的土壤条件是耕作层疏松、活土层深厚、排灌和肥力特性良好的壤土或沙壤土。对于土质瘠薄、土壤有机质含量低、保水保肥能力差的地块，要结合增施有机肥进行深耕深翻，以便增加活土层，改善土壤通气性，利于植株根系积累养分和荚果的生长。

2. 轮作换茬

花生喜生茬、怕重茬。连作花生病虫害严重、长势弱、叶片黄、早落叶、结果少、荚果小，产量降低明显。花生连作2～3年，荚果减产20%～30%，且连作年限越长，植株发育不良症状趋势越重，减产也越严重。花生与禾本科作物及棉花、烟草、甘薯等轮作,既有利于花生增产,也有利于与其轮作作物增产,但花生不宜与豆科作物轮作。

合理轮作不仅可以改善土壤的理化性状,使土壤疏松、孔隙度增加、透气性改善,而且花生根瘤菌的固氮作用,在收获后,还能将固定的氮素遗留一部分在土壤中,提高土壤肥力。

深耕增肥、防治病虫害、选用耐连作品种等措施,在一定程度上可以减轻连作危害,但仍不能从根本上解决连作的影响。实践证明,轮作换茬是提高花生产量的重要措施之一。

3. 播前整地

花生是深根作物,适当加深耕作层,能促进根群发育,增强根部吸收水肥能力,有利于提高花生的产量和品质。深耕以秋末冬初进行为好,一般耕深以 25～30 cm 为宜。深耕要结合增施肥料,冬深耕后要耙平耙细,以防风蚀。深耕要因地制宜,冬耕宜深,春耕宜浅。由于春季空气干燥,土壤容易丧失水分,要注意早春及时顶凌耙地保墒。

总之,播前整地的总体要求是耕深均匀一致,耙后地表平整,无重耕、漏耕,土壤疏松、细碎、不板结,含水量适中,排灌方便,有利于花生的生长发育。

4. 施肥

花生施肥应遵循以下原则:重基肥,适量追肥,以有机肥为主,化肥为辅,有机无机结合,基肥与追肥并存。

（1）花生需肥规律。花生的需肥量随产量的增加而提高,据统计,每生产 100 kg 荚果,全株吸收的氮（简称需氮量）平均为 4.22～6.13 kg,吸收五氧化二磷为 0.802～1.278 kg,吸收氧化钾为 1.942～3.288 kg,吸收氧化钙为 1.5～3.5 kg（一般为 2.0～2.5 kg）。

（2）施足基肥。花生花芽分化早,营养生长和生殖生长并进时间长,而且前期根瘤菌固氮能力弱,中后期果针下扎,肥料又难深施,因此,施足基肥就显得十分重要。基肥用量应占施肥总量的 80%～90%。基肥主要为有机肥,施用 1 000～1 500 kg/亩优质农家肥或养分总量相当的商品有机肥,既能满足花生对各种矿质元素的需要,又能改良土壤。

（3）增施磷肥。花生所需磷肥比一般作物多,对磷肥吸收利用率也高,目前花生区土壤供磷能力较低,所以施用磷肥能显著提高花生的产量和品质。磷肥促进了根瘤菌的固氮能力,改善了氮素的营养水平。在施用种肥时,应注意肥种隔离,以免伤害种子,影响发芽出苗。

（4）施用钙肥。花生施用钙肥可以调节土壤 pH,促进根瘤菌的固氮能力,改善氮素营养,促进荚果发育,减少空果和烂果。缺钙的花生地,施用钙质肥料增产效果明显。

（5）化肥施用量。根据高产生产实践,中等以上肥力水平的地块,花生单产 500 kg/亩以上产量,每亩需施用纯氮（N）12.5 kg、磷（P_2O_5）10 kg、钾（K_2O）12.5 kg。

（6）肥效后移。高产栽培可考虑以有机肥为主,或施用有机无机复合肥、生物有机肥、包膜缓释肥等缓控释肥料，可防止后期脱肥早衰。缓释肥又称长效肥料，其施入土壤后有效养分释放的速度明显慢于普通氮肥。缓释肥的高级形式为控释肥，其养分释放规律与作物养分吸收基本同步。与普通氮肥相比，缓控释肥的优点有以下3个方面：第一，解决花生"中旺后衰"的问题。普通氮肥由于肥效快，容易造成花生中期徒长倒伏，后期脱肥早衰。而缓控释肥可以按花生不同生育阶段对氮的需求释放，不会出现中期土壤氮肥过剩，后期供应不足的问题。第二，提高化肥利用率，减少化肥用量。由于缓控释肥具有缓释作用，可以减少化肥的气态和淋洗损失，从而提高化肥的利用效率。试验表明，缓控释肥可显著提高肥料利用率，降低流失率，减少氮肥用量。花生缓控释肥的用量可比普通氮肥减少15% ～ 30%。第三，减少施肥次数，节省劳力。目前，市场上销售的肥料基本上为速效高氮型复合肥，分次施肥费时费工。而缓控释肥一次性基施就可以满足花生整个生长季节的需求。

（二）品种选择

应根据当地的自然条件和生产方式选择适宜的品种。

1. 品种选择原则

高产品种具备株型紧凑，叶片较小、叶厚，叶片上冲性好，叶片运动调节性能好，冠层光分布合理，耐密植的特性。株高一般不宜过高，生长稳健，不易倒伏，主茎高一般以40 ～ 45 cm为宜。结果集中、整齐，成熟饱满度高。休眠期长，收获期不发芽、不烂果。抗叶斑病，后期保叶性能好，落叶慢、不早衰。

2. 当前主推品种

黄淮海春花生生产区，选用增产潜力大的大果型、中晚熟的普通型或中间型品种，生育期130 d左右，且经审定推广的优良品种。比如：花育系列的花育22号、花育36号、花育50号等；山花系列的山花7号、山花9号等；潍花系列的潍花8号、潍花25号等；豫花系列的豫花9326、豫花9327等。

（三）播前种子处理

1. 晒果

播前晒果可使种子干燥，促进后熟，从而提高种子的生活力，使种子发芽快，出苗整齐。特别是成熟度差和贮藏期间受过潮的种子晒果效果更加明显。晒果在播前半月进行。选择晴天中午晒4 ～ 5 h，连续晒3 ～ 4 d即可。不能剥壳后直接晒种子，以免种皮变脆脱落，降低发芽率。

2. 剥壳

剥壳时间离播种期愈近愈好。因为剥壳后的种子，失去了果壳的保护，直接与空气的水分和氧气接触，呼吸作用和酶的活动旺盛，消耗了种子内的养分，降低了种子的生活力，致使出苗慢而不整齐。

3. 发芽试验

花生种子在剥壳后进行发芽试验，以测定种子的发芽势和发芽率。胚根露出 3 mm 以上为发芽，3 d 的发芽百分数为发芽势，7 d 的发芽百分数为发芽率。发芽势应在 80% 以上，发芽率在 95% 以上才能作种。发芽试验时，先使种子吸足水分，然后放在温度 25 ~ 30℃环境中，保持种子湿润，每日观察种子的发芽情况，并计算发芽势和发芽率。

4. 分级粒选

花生出苗前后所需要的营养主要由 2 片子叶供给，花生子叶的大小（种子大小）往往差异很大。因此，选用粒大饱满的种子作种对幼苗健壮和产量高低具有很大影响。剥壳后应把杂种、秕粒、小粒、破种粒和有霉变特征的种子拣出，特别要拣出种皮有局部脱落或子叶轻度受损伤的种子。余下饱满的种子按大小、饱满度分为 2 级，饱满大粒的作为一级，其余的作为二级。

（四）适期播种

春花生播种时，大花生要求 5 cm 日平均地温稳定在 15℃以上，小花生月平均地温稳定在 12℃以上，高油酸花生稳定在 18℃以上，即可播种。而地温稳定在 16 ~ 18℃时，出苗快且整齐。一般北方大花生区春播适期为 4 月中旬至 5 月上中旬。河南、河北及鲁中以西地区以 4 月 20 日—5 月 5 日为宜，山东半岛地区适宜播种时间为 5 月上中旬，没有水浇条件的地区，可以根据降雨情况适当调整播期。地膜覆盖栽培可比露地栽培早播 5 ~ 7 d。

春花生播期推迟至 5 月 1—15 日，并适当延迟收获期至 9 月上中旬。可使花生苗期躲避低温冷害，盛花、下针、结荚期与雨季吻合，饱果期处于雨季之后，昼夜温差大，阳光充足利于形成产量，同时也可减轻病虫害。所以可以适度推迟播种期，使生育进程与气候相吻合。

（五）播种方式

1. 种植方式

花生种植过程中常见的 2 种不同种植方法；一种是平地种植，另一种是起垄种植。

（1）平地种植。即平地开沟（或开穴）播种。适合土壤肥力高，无水浇条件的旱薄地和排水良好的沙土地。平地种植比较方便，简单省工，可随意调节行穴距，适合密植，易于保墒。缺点是遇到多雨的天气时，排水困难，容易发生涝灾，而且收获的时候花生荚果容易脱落，不利于收获。

（2）起垄种植。起垄种植是在花生播种前先行起垄，或边起垄边播种，将花生播种在垄上。起垄种植便于排灌，结果层疏松，通气好，有助于合理密植花生，有利于通风透光，有助于花生发芽和花生荚果的生长发育。缺点是种植时比较麻烦，不利于保湿，如果不及时灌溉，花生容易干旱死苗。

起垄种植又分为单行垄作和双行垄作。单行垄作适于露地栽培花生高产田。垄距40～45 cm，垄高10～12 cm，垄面宽20～25 cm，垄上种植1行花生。双行垄作适于地膜覆盖高产田。垄距80～90 cm，垄面宽50～60 cm，垄高10～12 cm，垄上种植2行花生，垄上小行距30～40 cm，垄间大行距40～50 cm。

2. 播种方式

（1）人工播种。人工播种时，可在垄面平行开2条相距35～40 cm的沟，深3～5 cm，两沟距垄边10～14 cm。沟内先施种肥，再以每穴2粒等距点种，必须做到种、肥隔离。播种后覆土深度要一致，一般为3～5 cm，覆土后适时镇压，使种子与土壤紧密接触，有利于吸水萌动，避免播种层透气跑墒，造成种子落干缺苗。然后喷施除草剂，每亩用乙草胺100～150 mL，兑水50～60 kg，均匀喷洒于垄面及垄两侧，覆膜后，再喷洒垄沟，以防杂草生长。最后，无论是机械覆膜还是人工覆膜，都要做到膜与畦面贴实无折皱，垄两边覆土压实地膜，在垄顶每3～4 m处，横压1条小土埂，以防大风刮掉地膜。

（2）机械播种。选用先进的花生播种机，将花生扶垄、播种，均匀喷药，集中施肥，合理密植，覆膜和压土等播种技术用机械一次性完成。

3. 播种深度

露地栽培开沟深度以5 cm左右为宜，覆膜栽培开沟、开穴深度以3 cm为宜。土质、墒情不同应略有变化，一般土质较黏、湿度较大时，可适当浅一些，但露地栽培不能浅于3 cm，土壤沙性较大、墒情较差时，应适当深一些，但露地栽培不能深于7 cm。

4. 合理密植

根据品种特性、栽培条件和气候条件，合理增加种植密度。确定合理种植密度的原则：气温高、雨量大的地区宜稀，气温低、雨量少的地区宜密。肥沃地、肥水大的地块宜稀，肥力低、少肥水的地块宜密。半匍匐、密枝、中熟大果品种宜稀，直立、疏枝、早中熟中果品种宜密。

一般生产条件下，普通型大花生为0.9万～1万穴/亩，穴距16～18 cm，每穴2粒；珍珠豆型小花生种植密度为1万～1.2万穴/亩，穴距14～15 cm，每穴2粒。

（六）水分管理

1. 花生各时期需水规律

花生是比较耐旱的作物，但整个生育期的各个阶段都需要有适量的水分，才能满足其生长发育的要求。总的需水趋势是幼苗期少，开花下针和结荚期较多，生育后期荚果成熟阶段又少，形成"两头少、中间多"的需水规律。花生需水临界期为盛花期，需水最多的时期为结荚期。即盛花期是花生一生对水分最敏感时期，一旦缺水，对花生产量造成的损失最大，而结荚期为花生一生需水最多的时期，缺水干旱造成的产量损失很大。故这2个生育期要保证水分供应，不能缺水。花生的水分管理应该是既要保证有充足的水分供应，尤其是花针期和结荚期，又要防止干旱和水分过多对花生的危害，一般以保持土壤最大持水量的 50%～70% 为宜。当持水量在 40% 以下时，应注意灌水，灌水方法要采取顺垄沟灌，不能漫灌，灌后适当时间要对垄沟进行一次深中耕保墒防旱。当持水量大于 80% 时，应注意排水。不同生育期水分管理的要求有所不同。苗期宜少水，土壤适当干燥，促进根系深扎和幼苗矮壮；花针期宜多水，土壤宜较湿，促进开花下针；结荚期土壤湿润，既能满足荚果发育需要，又能防止水分过多引起茎叶徒长和烂果烂根。据此，苗期土壤水分控制在田间最大持水量的 50% 左右，花针期土壤水分控制在田间最大持水量的 70% 左右，结荚期土壤水分控制在田间最大持水量的 60% 左右，饱果期土壤水分控制在田间最大持水量的 50% 左右较为适宜。

2. 常用灌溉方式

（1）地面灌溉。地面灌溉即大水漫灌，它是一种最古老的灌溉方式，因其操作简单，目前仍被广泛应用。其缺点是用水量大、水利用率低、灌水不均匀等。

（2）喷灌。喷灌是利用水泵和管道系统，在一定压力下，水通过喷头喷到空中，散为细小水滴，像下雨一样灌溉作物。喷灌可以控制喷水量、喷洒强度和喷洒均匀度，从而避免地面径流和深层渗漏，防止水、肥、土的流失。喷灌与地面灌溉相比，具有显著的省水、省工、少占耕地、不受地形限制、灌水均匀和增产等优点，能适时适量地满足花生对水分的要求。但喷灌也有一定的局限性，如作业时受风影响，高温、大风天气不易喷洒均匀，喷灌过程中的蒸发损失较大，而且喷灌投资一般比地面灌水投资高等。因此，要因地制宜、稳步发展，推广喷灌技术。

（3）滴灌。滴灌是一种新型高效用水灌溉技术，根据植物的需水要求，通过低压管道系统，将水加压、过滤后，把灌溉水（或化肥溶液）均匀而又缓慢地滴入作物根部附近的土层中，使作物主要根区的土壤经常保持在适宜于作物生长的最佳含水量。滴灌最为突出的优点是节省水，它比地面灌溉节水 50%～60%，比喷灌节水 15%～20%，但投入较大。

（七）田间管理

1. 苗期管理

当花生出苗后，要及时进行查苗，发现缺苗严重，要及时补种。

覆膜播种花生在出苗阶段，要及时检查。花生幼苗不能自动穿破地膜的，要人工及时破膜开孔放苗，以免造成膜内高温发生烤苗，放苗应在上午 10：00 前或下午 4：00 后进行。

2. 清棵蹲苗

露地花生栽培，在花生出苗后要及时破膜、清棵，即把花生幼苗基部周围的土扒开，使两片子叶露出地表。其作用：一可促进幼苗第一、第二对侧枝健壮生长，节间短壮，二次分枝早生快发；二可促使有效花芽及早分化，为花多针齐和果多果饱打下基础；三可促进根系生长，增强抗旱耐涝能力；四可减少幼苗周围的护根草，并可减轻蚜虫危害。

清棵时间以花生基本齐苗为宜。清棵深度以子叶出土为度，不宜过深。清棵时不能碰掉子叶。清棵后不能接着中耕，待 15 ～ 20 d 第一对侧枝充分发育后，再进行第二次中耕，完成清棵蹲苗过程。

地膜覆盖花生栽培，应在幼苗顶土刚露绿叶时开膜孔，并随即在膜孔上盖上厚 3 ～ 4 cm 的土堆，使幼苗避光出土，引升子叶节出膜面，然后将膜上土堆撤掉，并将个别苗株伸入膜下的侧枝提出膜面，即可起到清棵蹲苗的作用。

3. 中耕除草

露地花生栽培应适时进行中耕除草，一般中耕 2 次，第一次在花生基本齐苗后清棵蹲苗前进行。要做到深锄破除土壤板结层。第二次中耕在清棵后 15 ～ 20 d 进行，要浅锄，刮净杂草，花生基部尽量少掩土。除草时注意防止苗期壅土压苗，花期防止损伤果针。

由于覆膜花生垄面不能中耕，花生覆膜播种前必须喷除草剂。膜外垄沟要及时划锄，防止杂草滋生，膜内发现杂草时，用土压在杂草顶端地膜上面，3 ～ 5 d 杂草便会死亡。

4. 控制徒长

花生进入花针期，生长开始加快，在花生下针后期至结荚前期，主茎高度达到 35 ～ 40 cm 时，要及时进行化肥控制，防止植株徒长。每亩用 15% 多效唑 30 ～ 50 g 或壮饱安 20 ～ 30 g，兑水 40 ～ 50 kg，叶面喷施，施药后 10 ～ 15 d，如果主茎高度超过 40 cm，可再喷施 1 次，将株高控制在 45 cm 左右。多效唑可能加重叶斑病，后期应加强叶斑病的防治。

5. 病虫害防治

花生主要病虫害有苗期的蚜虫，中后期的叶斑病、蛴螬，要及时使用药剂防治，防治方法如下。

（1）蚜虫。花生蚜虫是一种常发性害虫。防治蚜虫选用 30% 蚜克灵可湿性粉剂、2.5% 扑蚜虱可湿性粉剂、10% 吡虫啉可湿性粉剂等，进行叶面喷雾防治，药效可维持 10 ～ 20 d。

（2）蛴螬。蛴螬是金龟甲幼虫的总称，蛴螬的成虫称金龟甲。可在播种时每亩用 30% 辛硫磷微囊悬浮剂、30% 毒死蜱微囊悬浮剂拌种，或用 5% 辛硫磷颗粒剂 2.5 ～ 3.0 kg/ 亩处理土壤进行防治。

（3）叶斑病。包括褐斑病和黑斑病，在花生生长中后期形成发病高峰。叶面喷施广谱杀菌剂 75% 百菌清可湿性粉剂、50% 多菌灵可湿性粉剂、70% 代森锰锌可湿性粉剂等，间隔 10 ～ 15 d，连续使用 2 ～ 3 次，有较好的防控效果。

（八）收获

花生成熟后，一般植株茎枝变黄，下部叶片脱落，群体大部分荚果果壳硬化，网纹清晰，果皮外表呈现铁青色，果壳内壁发生青褐色斑片。荚果的成熟度：中熟大果品种，单株荚果以 50% ～ 70% 的饱果为准；早熟中果品种以 75% ～ 85% 饱果为准，即为收获适期。收获过早，荚果不饱满、秕果多，影响花生产量；收获过晚，出现芽果和伏果，影响质量。

种子收获后，应及时晾晒，使其含水量低于 10%，然后去杂、拣净，装入种子袋内，放在通风干燥的地方保存。

第三节　夏播花生栽培技术

我国黄淮海地区北起长城，南至桐柏山、大别山北麓，西倚太行山和豫西伏牛山，东濒渤海和黄海，其主体为由黄河、淮河与海河及其支流冲积而成的黄淮海平原，以及与其相毗连的鲁中南丘陵和山东半岛。黄淮海地区夏花生主要分布在北京、天津、山东三省（市）的全部，河北及河南两省的大部分，以及江苏、安徽两省的淮北地区。本节根据种植模式不同，主要描述麦套花生栽培技术、麦后夏直播花生栽培技术、蒜套花生栽培技术和蒜后夏直播花生栽培技术等。

一、麦套花生栽培技术

麦套花生是黄淮海地区花生主要的种植方式，是小麦收获前将花生播种在麦垄里，这种间作套种花生的种植模式，实现了一年两熟制，保证花生、小麦双丰收。麦套花生播种后与小麦有一段共生期，能形成一种复合的生物群体，使得花生有较长的生长期，有效花期、产量形成期和饱果期均长于夏直播花生。不利因素主要是遮光，由于光照不足，近地表层气温比露地气温低 2 ～ 5℃；其次是在花生和小麦共生期间争水争肥现象突出，致使花生播种后出苗慢，主茎基部节间细长，侧枝不够发达，根系弱，基部花芽分化少，始花期晚，叶色黄，植株生长瘦弱，田间呈现"高脚苗"的长相，干物质积累少，影响花生的产量和品质。因此，麦套花生在栽培措施上应促中期生长，并延长这一生长高峰的持续时间，协调发展，更好地发挥其增产作用，争取麦套花生高产。

（一）科学选种，提高种子质量

1.科学选择品种
小麦要选用早熟、矮秆、抗逆性强、株型紧凑的高产、稳产品种，花生应选用生育期在 125 d 以内的中早熟高产品种。

2.注重种子质量
花生播种前要做好选种、晒种、精选、包衣等种子加工工作，提高种子质量，确保花生种子饱满、均匀、活力强。

（1）选种。选种应从收获开始。在长势好、纯度高的丰产田中，选择具有品种特征的植株，剔除杂株和受病害侵染的劣株，单收、单晒、单独脱果，选择成熟饱满的荚果留种，数量要比下年计划用种量多些，每亩留种荚果不少于 30 kg，以便剥壳后分级粒选。

2）晒种。晒种可使种子干燥，增强种皮透性，提高种子的渗透压，以增强吸水能力，促进种子的萌动发芽，特别是对成熟度差和贮藏期间受过潮的种子效果更为明显。晒种对被病菌侵染的种子可以起到杀菌作用，提高种子生活力，促进种子萌发。晒种选在晴天上午 10：00 左右，把种子放在土场上晒，铺厚约 6 cm，一般晒 2 ~ 3 d 即可。晒种时不要放在水泥场或石板上晒，以免温度过高，灼伤种子，损害种子发芽力。花生晒种实际上是晒果，因为花生种子直接暴晒极易使种皮变脆爆裂，使种子失去保护，引起烂种，所以一定要带壳晒果，及时翻动，力求晒得均匀一致。

（3）剥壳。花生剥壳不宜太早，因剥壳后的种子容易吸收水分，增强呼吸作用，加快酶的活动，促进物质的转化，消耗大量的养分，降低发芽能力。因此，留种花生的剥壳时间离播种期越近越好。但在花生集中产区，播种面积较大，用种数量多，随剥随种确有困难，多趁春季农闲时剥壳。如果剥壳较早，须将剥出的籽仁同果壳混在一起，贮藏在干燥通风的地方，到播种时再把籽仁和果壳分开，以减少因籽仁受潮对发芽率的影响。

（4）包衣。根据当地病虫害发生流行规律，播种前，用符合绿色生产标准的杀虫剂与杀菌剂混合拌种或包衣可防治花生叶斑病、根茎腐病、白绢病、苗期蚜虫、蓟马以及蛴螬、蝼蛄、金针虫等病虫害。

蛴螬发生严重地块，可用 18% 氟腈·毒死蜱悬浮种衣剂药种比 1 :（50 ~ 100）进行种子包衣，或每亩用 1 000 mL 30% 辛硫磷微囊悬浮剂拌种，或用 50% 辛硫磷乳油或 40% 毒死蜱乳油 0.2 ~ 0.25 kg 拌毒土撒施。

花生根茎腐病、白绢病危害严重的地块，可采用可湿性多菌灵粉剂；或 6% 咯菌腈·精甲霜·噻呋悬浮种衣剂（每 100 kg 种子使用 750 ~ 1 000 mL）进行种子包衣。

花生蚜虫、蛴螬等混合发生严重田块，可用 25% 噻虫·咯霜灵悬浮种衣剂（每 100 kg 种子使用 300 ~ 700 mL）进行种子包衣，或 30% 吡·萎·福美双种子处理悬浮剂（每 100 kg 种子使用 667 ~ 1 000 mL）进行拌种。

（二）适期足墒播种

麦套花生要做到适期播种、足墒播种、合理密植等，较高的出苗质量和适宜的群体密度才能打好丰产基础。麦套花生由于是在小麦行间进行播种，此时小麦处于生长后期，行间较密闭，不便于行间操作，特别在高产小麦田块纯人工播种效率很低，目前在生产上广泛推广应用的是半械化播种耧进行播种。

1. 播种时间

播种太早，花生小麦共生期长，花生易形成高脚弱苗，影响花生的生长发育及花芽分化；播种过晚，影响花生的全程发育，不能最大限度地满足花生对积温的要求，荚果不能充实饱满，达不到延长生育日数、增产增收的目的，同时也会加大在麦收过程中对花生幼苗的损伤程度。黄淮海产区适宜套种期，小麦与花生共生期以 15～20 d 为宜，高水肥地适当晚播，旱薄地适当早播。

2. 足墒播种

花生播种适宜的土壤水分含量为田间最大持水量的 70% 左右，墒情不足的地块要造墒播种。

3. 播种密度

麦套花生播种有半机械化播种耧种植和人工点播两种方式。播种时，尽可能地保护小麦植株。大果型花生每亩种植密度 10 000 穴左右，小果型花生每亩种植密度 11 000 穴左右，每穴 2 粒。播种深度控制在 3～5 cm。

（三）精准调控水肥，优化花生群体结构

麦套花生生育期较短，在田间管理上要以促为主，促控结合，不断优化群体结构和植株质量，培育健壮植株，提高免疫力，增强植株抗病、抗逆性。

1. 施足底肥，中耕追肥，叶面补肥

（1）施足底肥。麦套花生主要依靠麦茬地力，因此麦套花生的施肥要一肥两用。在秋收后、种麦前，要一次性施足小麦、花生两茬所需要的肥料。小麦整地时，结合深耕每亩施优质农家肥 4 000～6 000 kg，施总养分含量 45% 以上、氮磷钾配方 20-15-10 高浓度复混肥 40～50 kg；3 月下旬至 4 月初有机无机肥结合，追施小麦返青拔节肥，既促进小麦增产，又为花生预施底肥；连作田建议增施有机土壤调理剂或生物改良剂；根据土壤丰缺状况，辅施适量的硫、锌、铁、硼等中微量元素。

（2）中耕追肥。麦套花生一般是结合中耕灭茬、浇水，施提苗肥，追肥种类以氮肥为主，一般每亩施尿素 8～10 kg，过磷酸钙 20 kg，或花生专用肥 15～20 kg；开花下针期追肥以氮、磷肥为主，结合中耕，每亩追施尿素 10～15 kg 或三元复合肥 25～30 kg，有条件的每亩可增施生石灰（碱性土壤）或石膏粉（酸性土壤）20～30 kg。

（3）叶面补肥。花生结荚后期，花生根部老化，吸水吸肥能力降低，不能满足花生对养分的需求，应及时叶面追施 1% 的尿素和 2%～3% 的过磷酸钙水溶液或 0.2%～0.3% 磷酸二氢钾水溶液，或其他叶面肥 1～2 次，进行叶面补肥，以满足花生对养分的需求。每次每亩喷施 40～50 kg 溶液，防早衰，以延长顶叶功能期，提高光合产物转换速率，增加荚果饱满度，提高花生产量。

2. 灭茬培土，合理灌溉

（1）灭茬培土。花生与小麦共生期，由于花生在下层缺少阳光和水肥，易造成幼

苗脚高脆弱，叶色发黄，麦收后缓苗 5～7 d 后，即始花前要及时灭茬灭草，消灭杂草，破除土壤板结，以调节土壤中水、气、热状况，增加土壤通透性，促进根系根瘤发育及侧枝生长，以培育壮苗。

（2）合理灌溉。根据花生不同生育时期需水规律做到合理浇灌。苗期视土壤墒情及时灌溉，促苗早发，不太干旱的情况下一般不宜浇水；花针期和结荚期是花生生长发育需水的敏感期，干旱时应及时灌溉，保证水分充足，促进开花下针结果，以提高荚果饱满度。同时，应保持田间"三沟"相通，注意排水防涝。

3. 化学除草，因苗促控

小麦收获后，在杂草 2～4 叶期，每亩用 11.8% 精喹·乳氟禾乳油 30～40 mL 或 15% 精喹·氟磺胺乳油 100～140 mL，对茎叶进行均匀喷雾，可防除禾本科杂草及阔叶杂草。

4. 适时控旺

在花生株高 35 cm 左右时，花生叶片浓绿有旺长趋势的田块应及时喷施植物生长调节剂控旺防倒。使用调节剂时应严格按照使用说明进行，切忌浓度过小或过大：浓度过小时，起不到应有的控制效果；浓度过大时，严重抑制植株正常生长，且花生荚果易畸形、变小，导致减产。喷施时间一般于上午 10：00 前或下午 4：00 后进行，每亩用 5% 烯效唑可湿性粉剂 20～30 g，兑水 20～25 kg；或 10% 的调环酸钙悬浮液 30～40 mL，兑水 20～25 kg，对叶面进行均匀喷雾，控制旺长，可连喷 1～2 次，间隔 7～10 d。烯效唑与多效唑相比，相同药量，烯效唑在植物体内和土壤中降解较快，建议使用烯效唑。

（四）绿色综合防控

1. 合理深耕

麦套花生建议每 3 a 进行深耕 1 次，既可改善土壤生长环境，减轻连作障碍，又可减轻花生土传病害及部分叶部病害的发生。

2. 选用抗病品种，进行种子处理

花生青枯病发生严重的地区，应选择高抗青枯病的品种。播种前对种子进行包衣或拌种，预防花生根腐病、茎腐病、冠腐病等土传病害，以及蛴螬等地下害虫。

3. 理化诱控

提倡全程采用生物、物理防治相结合的方式进行诱杀害虫。例如，使用杀虫频振灯、色板、性诱剂、食诱剂等诱控技术灭杀棉铃虫、甜菜夜蛾、蛴螬、地老虎等害虫，降低虫源基数。

4. 健康栽培与抗逆调控

通过合理排灌、科学施肥、及时清洁田园、麦套花生苗期施提苗肥、喷施植物生长调节剂或免疫诱抗剂等健康栽培措施，提高植株抗逆性，降低病虫害发生风险。

5. 做好应急防控

田间病虫发生初期，及时喷施适宜的杀虫剂、杀菌剂等进行防治。

防治花生褐斑病、黑斑病、网斑病等叶部病害，宜于发病初期，均匀喷施吡唑醚菌酯、戊唑醇单剂或苯甲，嘧菌酯·唑醚·代森联等复配制剂进行防控，隔 7～10 d 喷 1 次，连喷 2～3 次。

防治花生白绢病、根茎腐病、果腐病，宜于花生结荚初期，采用 20% 噻呋·戊唑醇悬浮剂兑水稀释，每亩 100～150 kg，喷淋浇灌花生根部 1 次，或采用 70% 甲基托布津可湿性粉剂 800～1 000 倍液喷雾或施用菌核净、异菌脲、苯并咪唑类药剂进行灌根或茎部喷施等。

防治蚜虫、蓟马和粉虱，可喷施噻虫嗪等新烟碱类农药或阿维菌素。虫螨脲等杀虫剂可防治棉铃虫、斜纹夜蛾、甜菜夜蛾，应在害虫 3 龄之前，喷施 10% 吡虫啉可湿性粉剂 2 000～2 500 倍液、10% 氯氰菊酯乳油 1 000～1 500 倍液、氯虫苯甲酰胺、甲维盐、茚虫威、虫螨腈或其复配制剂等。

（五）收获与储藏

1. 收获

适时收获是保证花生丰产丰收的重要环节。收获过早，荚果尚未完全成熟，饱满度差；收获过晚，荚果容易发芽、落果和沤果。收获过早过晚均影响花生产量和品质。如果作为种子，还会影响花生发芽率和田间长势。收获时间应该根据花生成熟期早晚确定，如何掌握成熟期是确定花生收获时间的关键。

花生成熟的标志：一般花生品种，成熟的花生地上部表现为，茎叶变黄、中下部叶片脱落；地下部表现，有 80% 以上荚果已经成熟饱满；抗病性强的花生品种，后期茎叶功能好，花生成熟时地上部茎叶不完全变黄，要根据这些品种的生育期，再结合地下部荚果的饱满程度来判定该品种是否成熟；生茬地种植的花生，生长后期茎叶功能比较好，也要根据品种生育期来判定该品种是否成熟。

2. 储藏

适时收获后，应抓住有利的天气条件，及时晾晒、脱果，并进行种子挑选，待充分晾晒或烘干干燥，当荚果含水量降到 10% 以下时，及时入库储藏。

在花生收获和摘果过程中，为提高花生品质、品相，应避免发生机械混杂，尽量做到分品种专收专储，注意防杂保纯。不同花生品种的良种繁育田要单收、单晒，单独摘果、单独运送、单独储藏。

二、麦后夏直播花生栽培技术

麦后夏直播花生是花生与小麦接茬轮作，在小麦收获后的田块上播种花生，形成了与当地生态条件相适应的小麦与花生一年两熟制种植模式。夏直播花生由于播种时间相对较晚，且花生生育期间雨热同季，生育特点主要是生长发育迅速，各生育阶段相应缩短，全生育期一般只有105～115 d，具有苗期短、有效花期短、饱果成熟期短、生长进程快等特点。由于夏直播花生便于机械化操作，省时、省力，近年来，随着种植业结构的调整和机械化播种技术的普及，两熟制条件下花生高产栽培技术引起高度重视，因此，夏直播花生种植面积逐年提高，目前已成为黄淮海地区花生栽培的主要方式。

（一）品种选择

麦后夏直播花生主要是与小麦接茬轮作，生育期限定在小麦收获后至下季小麦秋播前，这就要求小麦宜选用既适合晚播又早熟的品种，为夏直播花生留有足够的生长期。花生宜选用生育期在115 d以内的高产、优质、多抗的早熟花生品种。

（二）施肥整地

夏直播花生生育期短，缺肥极易影响花生植株生长发育，因此，播前应施足基肥，增施有机肥，补充速效肥，巧施微肥。一般每亩施有机肥3 000～5 000 kg、纯氮10～15 kg、五氧化二磷5～10 kg、硫酸钾8～10 kg、硫酸钙（碱性土壤）25～30 kg、氧化钙（酸性土壤）8～10 kg，硫酸锌1 kg。同时，生产中应注意配施硒、铜、铁等微量元素。

精细整地对于提高夏直播花生播种质量极为重要，特别是对于机械化播种，有利于实现夏花生的苗全苗壮，促进花生植株生长发育，提高荚果产量。保证整地质量的关键是机械化收获小麦时，确保所留的麦茬要低，田间小麦秸秆要清除，耕地时土壤墒情要适宜，真正做到精耕细耙，地面平整，确保无大块土疙瘩及其他杂物。在麦秸粉碎（＜5 cm）深翻后旋耕15～20 cm，耙平耙匀。连作地块深耕深翻30～33 cm，平衡调节养分，灭杀病虫卵，降低病虫害发生基数。

（三）抢时播种、适当增加种植密度

前茬小麦收获后，应及时播种，越早越好。夏直播花生产量与播种早晚高度正相关，播种越早，产量越高。麦后直播力争6月15日前播种完毕。播种时土壤相对含水量60%～70%为宜，如来不及造墒，则可先播种后浇蒙头水。抢墒播种要做到"有墒不等时，时到不等墒"。

夏花生生育期较短，个体发育差，单株生产力低，因此，应适当加大种植密度，依靠群体提高花生产量。双粒播种时，大果型花生种植密度为11 000～12 000穴/亩，小果型花生种植密度为12 000～13 000穴/亩；单粒播种时，大果型花生种植密度为16 000～17 000穴/亩，中小果型花生种植密度为17 000～18 000穴/亩。

麦后夏直播花生一般情况是机械化起垄播种，规格 80～90 cm 一带，垄面宽 55～60 cm，沟宽 20～30 cm，垄深 12～15 cm，一垄双行，种植行与垄边保持 10～15 cm 距离。也有个别花生产区采用花生播种机进行铁茬播种。

（四）加强田间管理

1. 放苗补苗

因种子质量、土壤墒情不适、病虫危害等原因，花生播种后往往会出现缺苗断垄的现象，因此，花生出苗后，应及时查苗、补苗。采用覆膜种植的，花生播种后 10 d 左右出现 2 片真叶时，应及时破膜，防止出现高温烧苗现象。

2. 水肥管理

足墒播种的花生田，苗期一般不需浇水，特别干旱时可适当小水润浇。花针期和结荚期，花生叶片中午前后出现萎蔫时，应及时浇水。结荚后，若雨水较多，应及时排水防涝。

肥力低或基肥用量不足的地块，幼苗生长不良时，应早追苗肥，每亩应追施尿素 10～15 kg，追肥期宜早不宜晚。花生下针前后，前期有效花大量开放，大批果针陆续入土结实，对养分的需求量会急剧增加，此时应依据花生植株长势长相，及时追氮磷钾复合肥，每亩应追施氮磷钾复合肥 15～20 kg。

3. 中耕除草

苗期中耕的主要作用是壮苗早发。旱时中耕能切断土壤毛细管，防止土壤水分蒸发，保墒抗旱，有利于茎枝分枝发展。涝时中耕能打破土壤板结层，增强土壤通透性，散墒增温，有利于根系下扎，壮苗促长。夏直播花生出苗后应及时中耕松土，给花生早发创造良好的环境条件。

麦后夏直播应采用芽前除草剂，结合播种一次完成。每亩用乙草胺 52～78 mL+丙炔氟草胺 1.5～2.0 mL，兑水 30～40 kg，进行土壤封闭处理。在杂草 2～4 叶期，每亩用 11.8% 精喹·乳氟禾乳油 30～40 mL，或 15% 精喹·氟磺胺乳油 100～140 mL，对杂草茎叶进行均匀喷雾，防除禾本科杂草及阔叶杂草。

麦后夏直播花生种子处理、化学调控、病虫害防治、叶面施肥、收获储藏等管理措施见麦套花生栽培技术。

三、蒜套花生栽培技术

大蒜套种花生是大蒜行间套种花生的一种套种模式，一方面可以充分利用土地、光温条件，实现大蒜稳产、花生高产高效生产；另一方面可以更好地推动大蒜产业健康快速发展，是促进花生和大蒜协同发展、农民增收、农业增效的有效途径。大蒜套种花生，生产花生的同时保障大蒜收益，为市场提供优质的花生原材料，满足加工企业对优质花生的需求，实现大蒜稳产，保障农民持续增收，对保持农产品质量安全、提高农民收入、推动花生产业发展及完善大蒜产业链发展具有重要意义。

（一）套种方式和品种选择

1. 套种方式

大蒜行间套种花生，大蒜和花生行数比为 2 ：1。

2. 品种选择

花生品种宜选择综合性状优良、生育期在 115 d 以内的早熟优质花生品种；大蒜品种宜选用适宜本地种植的大蒜或引进的优质、丰产、抗病虫性和适应性强的中早熟大蒜品种。

3. 播种时间及方式

大蒜于 9 月 25 日—10 月 5 日播种，花生适宜播种期为 5 月中上旬。

大蒜播种多采取人工点播方式，播种密度为 2.3 万～2.8 万株 / 亩；花生播种可采取人工点播或机械播种两种方式进行，其中机械播种宜采用小型花生播种机播种，播深 3～5 cm。双粒播种时，大果型花生品种播种密度为 10 000～11 000 穴 / 亩，中小果型花生品种播种密度为 11 000～12 000 穴 / 亩；单粒播种时，大果型花生品种播种密度为 16 000～17 000 穴 / 亩，中小果型花生品种播种密度为 17 000～18 000 穴 / 亩。

（二）施肥整地

大蒜覆膜栽培，在大蒜播种前结合耕地施足底肥，每亩施用尿素 30～40 kg、过磷酸钙 60～80 kg、硫酸钾 20～25 kg、石膏粉（碱性土壤）或生石灰（酸性土壤）30～50 kg，有条件的地方每亩可增施腐熟农家肥 3 000～4 000 kg，也可每亩施用三元复合肥（15–15–15）50～75 kg。

蒜套花生种子处理、化学调控、病虫害防治、叶面施肥、收获储藏等管理措施见麦套花生栽培技术。

四、蒜后夏直播花生栽培技术

蒜后夏直播花生是我国黄淮海大蒜产区夏花生种植的主要方式之一。在广大蒜茬花生产区进行蒜后直播花生符合当地花生种植习惯，蒜后夏直播花生栽培技术对发展和指导蒜茬直播花生生产、提高花生产量、确保油脂供应安全和推动我国花生产业化高质量发展具有重大的现实意义。

（一）品种选择

花生品种宜选用综合性状优良、生育期在 115 d 以内的早熟花生品种；大蒜品种宜选用早熟、高产、优质、抗病的大蒜品种。

（二）整地施肥

花生播种后，植株生长发育迅速，需要的养分相对多而集中，因此底肥一定要施足。整地前每亩施优质腐熟有机肥 2 000 ～ 3 000 kg、尿素 15 ～ 20 kg、过磷酸钙30 ～ 50 kg、硫酸钾 10 ～ 15 kg。缺钙地块施入石膏粉或生石灰 25 ～ 30 kg，在犁地前撒于地表，随犁地翻入耕层，以满足花生植株后期对肥力的需求，增加荚果的饱满度。也可每亩施用三元复合肥（15-15-15） 40 ～ 50 kg。

（三）播种及播种密度

1.播种期

在适宜播种期内，提早播种可以延长花生生育期，最大限度发挥品种的产量潜力，提高花生产量。适宜播种期为 5 月中下旬。宜采用机械起垄覆膜种植，规格 80 ～ 90 cm一带，垄面宽 55 ～ 60 cm，沟宽 20 ～ 30 cm，垄深 12 ～ 15 cm，一垄双行，种植行与垄边保持 10 ～ 15 cm 距离，播深 3 ～ 5 cm，做到"干不种浅，湿不种深"。墒情不足时，应在播种前浇水造墒。

2.播种密度

根据播种时期、肥力水平等因素确定花生合理种植密度。双粒播种时，大果型花生品种播种密度为 10 000 ～ 11 000 穴 / 亩，中小果型品种播种密度为 11 000 ～ 12 000 穴 / 亩。单粒播种时，大果型花生品种播种密度为 16 000 ～ 17 000 穴 / 亩，中小果型品种播种密度为 17 000 ～ 18 000 穴 / 亩。中上等肥力地块，花生能得到充足的养分供应，种植密度可适当小些。中等肥力及以下地块，花生生长发育受到一定限制，密度应大一些。

（四）减少地膜污染

地膜覆盖栽培要选用诱导期适宜、展铺性良好、降解物无公害的可降解地膜或厚度（0.01+0.002） mm 的聚乙烯地膜。收获期捡拾残膜，减少秸秆与环境污染

蒜后夏直播花生种子处理、化学调控、病虫害防治、叶面施肥、收获储藏等管理措施见麦套花生栽培技术。

第六章　花生单粒精播和绿色栽培技术

第一节　花生单粒精播栽培技术

一、技术概述

（一）技术基本情况

花生常规种植方式一般每穴播种 2 粒或多粒，以确保收获密度。但群体与个体矛盾突出，同穴植株间存在株间竞争，易出现大小苗、早衰，单株结果数及饱果率难以提升，限制了花生产量进一步提高。单粒精播能够保障花生苗齐、苗壮，提高幼苗素质；再配套合理密度、优化肥水等措施，能够延长花生生育期，显著提高群体质量和经济系数，充分发挥高产潜力。与传统播种方式相比，单粒精播技术可使花生增产 5% ～ 7%。此外，花生穴播 2 粒或多粒用种量很大，用种量占花生总产量的 8% ～ 10%，单粒精播技术节约用种显著，可节约用种 6 ～ 7 kg/ 亩。推广应用单粒精播技术对花生提质增效具有十分重要的意义。

（二）技术示范推广情况

单粒精播技术先后作为省级地方标准和农业行业标准发布实施。连续多年被列为山东省和农业农村部主推技术。连续多年实收产量超过 750 kg/ 亩，其中 2017 年在河南省睢县实收产量达到 732.7 kg/ 亩；2019 年在河南省民权县实收产量达到 764.2 kg/ 亩，挖掘了花生单粒精播高产潜力，为我国花生实收高产典型。目前，该技术在全国推广应用，获得良好效果，在河南省累计推广 2700 余亩。

二、提质增效情况

较常规双粒或多粒播种，单粒精播技术亩节种约 20%，平均增产 8%，花生饱满度及品质显著提升，节本增效 150 元 / 亩以上。

（一）精选种子

花生单粒精播高产栽培取得高产高效的基础，就是要保证每一颗种子都能充分发挥生产潜力。因此，要选用增产潜力大、综合抗性好、品质优良的品种。为确保种子发芽率高且均匀一致，就要精选种子，确保发芽率在95%以上。

1. 带壳晒果

在播种前选择晴朗的天气，将花生果摊开晾晒，连晒2～3 d。晒果能打破种子休眠，杀死果壳上的病菌，对预防枯萎病有明显的效果，同时能促进种子入土后吸水，促进种子萌发，提高出苗整齐度。

2. 种子挑选分级

按照大小和饱满程度对种子进行粒选分级，以确保种子纯度和质量。播种时首选一级种子，在种子不充足的情况下再选用2级种子并分别播种，不能混播。

3. 药剂拌种（包衣）

种子选好后要进行药剂拌种，以防止苗期病虫危害，确保一播全苗。

（二）平衡施肥

根据花生需肥规律和地力情况，配方施用化肥，增施有机肥和钙肥，提倡施用花生专用缓控释肥，确保养分全面平衡供应。施肥方法：将有机肥和无机肥组成基肥的2/3结合耕翻施入犁底，1/3的基肥结合春季浅耕或起垄施入浅层，以满足生育前期和结果层的需要。

（三）深耕整地

花生是地上开花、地下结果的作物，对土壤的要求与其他作物不同，根系的生长发育需要有一个良好的土壤环境，深耕可以加深活土层，提高土壤通透性和蓄水保肥能力，促进土壤养分转化和根系的生长。深耕要结合施肥进行。深耕施肥，不仅可提供花生生长所需要的养分，同时有利于土壤的进一步熟化和改善土壤肥力状况。

（四）适期足墒播种

适期播种是花生苗齐苗壮，夺取高产的基础。花生播种一般在5 cm土壤日平均地温稳定在15℃以上，土壤含水量确保65%～70%。春花生适播期为4月下旬至5月上旬，夏直播花生应抢时早播。足墒播种，确保一播全苗。

（五）单粒精播

可选用2BFD-2花生单粒播种机，可将起垄、播种、施肥、喷药、覆膜、膜上压土等作业一次完成，每亩播12 000～15 000粒（穴），并确保播种质量。播深3～5 cm，覆膜压土播深约3 cm。播种密度要根据地力、品种、耕作方式和幼苗素质等情况来确定。肥力高、晚熟品种、春播、覆膜、苗壮，或分枝多、半匍匐型品种，宜降低播种密度，反之应增加播种密度。生育期较短的夏播花生应根据情况适当增加播种密度。

（六）肥水调控

花生生长关键时期，遇旱适时适量浇水，遇涝及时排水，确保适宜的土壤墒情。花生生长中后期，酌情化控和叶面喷肥，雨水多、肥力好的地块，宜在主茎高 28～30 cm 开始化控，提倡"提早、减量、增次"化控，确保植株不旺长、不脱肥。

（七）防治病虫害

采用综合防治措施，严控病虫危害，确保不缺株、叶片不受危害。

三、注意事项

要注意精选种子，确保种子发芽率在 95% 以上。密度要重点考虑幼苗素质，苗壮、单株生产力高的，降低播种密度，反之则增加播种密度；肥水条件好的高产地块宜减小密度，旱（薄）地、盐碱地等肥力较差的地块适当增加密度。

第二节　花生绿色栽培技术

一、生产环境

生产基地应选择在空气清新、水质洁净、无污染和生态条件良好的地区，远离工矿区和铁路干线。地块应选择肥力中等以上、排灌方便、土传病害轻的中性或微酸、微碱性土壤，以土层深厚、富含有机质、地力较肥沃、易于排涝、土质疏松、通透性良好的轻壤土或沙壤土为宜。较黏重的土壤压含磷风化石或河沙 20 m^3/亩，沙性较大的地块压 10 m^3/亩左右的黏土进行改良，对易出现涝害的地块提前挖好排水沟。

二、品种选择

（一）选择原则

选用通过国家或省级部门审（鉴、认）定或登记的花生品种，种子质量应达到纯度＞96%、净度＞99%、发芽率＞80%、含水量＜10% 等标准。

品种应选择适应当地气候条件、种植模式、优质、专用、抗逆性强的花生品种，生产用种要 3 a 更新 1 次。一般应具备以下 4 个条件：一是内在品质优良，果型、粒型好，结果集中；二是抗性强，耐病虫侵袭；三是产量相对较高；四是生活力旺盛，本身不带病菌和虫源。

（二）春播

1.播期

春播花生一般在 5 日内 5 cm 平均地温稳定在 15℃时播种；对于高油酸品种，宜选择 5 日内 5 cm 平均地温稳定在 18℃时时播种；珍珠豆型小花生宜选择 5 日内 5 cm 平均地温稳定在 12℃时播种。春花生在墒情有保障的地方不早播，确保生长发育和季节进程同步，避免倒春寒影响花生出苗和饱果期遇雨季而导致烂果。黄淮海地区春播大花生，一般播期为 4 月下旬到 5 月上旬，地膜覆盖栽培可提前至 4 月中下旬，小花生可提前到 4 月中旬。

2.品种选择

黄淮海地区一年一熟制春播宜选用中晚熟大果型花生品种，生育期一般为 125 ～ 130 d，适宜品种为丰花 1 号、花育 22 号、花育 25 号、山花 10 号、花育 33 号和高油酸花生品种冀花 13 号、花育 917、开农 1715 等。

（三）夏直播

1.播期

麦后夏直播花生，一般在 5 月下旬到 6 月上中旬夏收后及时抢墒播种。

2.品种选择

麦后夏直播宜选用中早熟品种，生育期一般为 100 ～ 110 d，适宜品种为山花 10 号、潍花 14 号、花育 33 号、花育 52 号、徐花 14 号、豫花 22 号、远杂 9847 等。

三、整地、播种

（一）整地

前茬作物收获后及时清运秸秆或者粉碎灭茬，及时耕翻，精细整地，耕地前应施足底肥。做到深耕细耙，地面平整，确保无坷块、秸秆、杂草等杂物，结合增施有机肥等措施进行深耕翻，加厚活土层，培肥熟化土壤，是花生增产的有效措施，丘陵中低产田尤为重要。一般每隔 3 ～ 4 a 宜深耕 1 次，耕深 25 cm，深耕 30 ～ 35 cm，时间以秋末冬初进行为最好，冬耕宜深，春耕宜浅。轮作头茬深耕，后茬浅耕。冬耕后要耙平耙细，早春要及时顶凌耙地保墒。

（二）播种

1.种子处理

播种前 10 ～ 15 d 内剥壳，剥壳前可选择晴天带壳晒种 2 ～ 3 d,结合剥壳剔除病果、烂果、秕果，选择籽粒饱满、皮色鲜亮、无病斑、无破损的种子。将剥壳后的花生米按米粒的大小分成 3 级，选米粒较大的一级、二级作种子。

播种前用咯菌清＋吡虫啉＋精甲霜灵、多菌灵可湿性粉剂等拌种，拌种后阴干，切勿太阳暴晒。化学种衣剂拌种后，可用 150 mL 液体根瘤菌拌 15 ～ 20 kg 种子，根瘤菌拌种后要阴干并及时播种。注意拌种用的菌液不能兑水，菌剂保存在阴凉干燥处（4 ～ 25℃），开袋后一次性用完。

2. 种植密度

春播一般每亩种植 8 000 ～ 10 000 穴，每穴播种 2 粒，播种深度 3 ～ 5 cm。机械化单粒播种时，种植密度为 15 000 穴 / 亩。麦后夏直播一般种植密度为 12 000 ～ 13 000 穴 / 亩，双粒播种；机械化单粒播种时，种植密度为 16 000 ～ 18 000 穴 / 亩。

3. 足墒播种

花生播种时底墒要足，墒情不足时，应造墒播种。适宜墒情为土壤最大持水量的 70% 左右（土壤手握成团，松开落地即散）。

4. 种植方式

种植方式一般采用起垄覆膜种植。起垄种植一般采用一垄双行，垄高为 10 ～ 15 cm，垄距为 80 ～ 90 cm，垄面宽 50 ～ 60 cm，垄上播 2 行，垄上小行距为 30 ～ 40 cm，花生种植行与垄边有 10 cm 以上的距离，播深 3 cm 左右。穴距要匀，播深要一致。地膜覆盖，宜选用厚度 0.01 mm、符合 GB 13735—2017 标准规定的地膜或全生物可降解地膜。

5. 机械播种应注意的问题

（1）提高整地质量。机播前用旋耕机结合施肥将土壤旋打 2 ～ 3 遍，做到地平、土细、肥料匀。

（2）适墒播种。不仅有利于提高播种质量，而且有利于苗全苗壮。控制机器施肥数量：肥料最好撒施，通过机器施肥的数量不能超过全部化肥用量的 1/4 ～ 1/3。

（3）控制好垄距。春播垄距控制在 80 ～ 90 cm，最好为 85 cm 左右。避免垄间太宽、垄面太窄的现象。

（4）选好种子。以二级米粒为主，剔除三级米粒和过大的米粒，种子大小越匀越好。

四、施肥

花生绿色生产肥料使用原则：一是有机无机养分相结合、提高土壤有机质含量和肥力原则，通过增施有机肥改善土壤物理、化学与生物性质，构建高产、抗逆的健康土壤；二是合理增施有机肥原则，根据土壤性质、花生需肥规律、肥料特征，合理使用有机肥，改善土壤理化性质，提高花生产量与品质；三是补充中微量养分原则，根据土壤养分丰缺和花生需肥规律，适当补充钙、镁、硫、锌、硼等养分；四是安全优质原则，使用的肥料产品安全、优质，有机肥腐熟好，肥料中重金属、有害微生物、抗生素等有毒有害物质限量符合 GB/T 38400—2019 的要求。

花生播种前结合耕翻、整地和起垄一次施足基肥，春花生一般每亩可施高温腐熟的优质农家肥 2 000 ～ 4 000 kg 或优质商品有机肥 80 ～ 100 kg，氮 10 ～ 12 kg、五氧化二磷 6 ～ 8 kg、氧化钾 10 ～ 12 kg、氧化钙 10 ～ 12 kg。适当施用硼、钳、锌等微量元素肥料。夏直播花生注重前茬增肥，小麦播种前结合耕地重施前茬肥，每亩施优质腐熟农家肥 3 500 ～ 4 500 kg。播种前每亩施用优质商品有机肥 80 ～ 100 kg，氮 10 ～ 12 kg、五氧化二磷 6 ～ 8 kg、氧化钾 10 ～ 12 kg、氧化钙 10 ～ 12 kg。根据土壤养分丰欠情况，施用硼、锌等微肥，每亩施用硼肥 0.5 ～ 1.0 kg，锌肥 0.5 ～ 1.0 kg。酸性较强的地块，每亩施 30 ～ 50 kg 石灰或 20 ～ 30 kg 石灰氮。

花生进入结荚期后，如出现脱肥情况，可叶面喷施 1% 的尿素和 2% ～ 3% 的过磷酸钙澄清液，或 0.1% ～ 0.2% 磷酸二氢钾水溶液 2 ～ 3 次（间隔 7 ～ 10 d），每次喷洒 50 ～ 75 kg/ 亩，也可选用其他符合绿色生产要求的叶面肥。

五、田间管理

（一）排灌

农田灌溉水质应符合国家农田灌溉水质标准的要求。足墒播种的花生，苗期一般不需浇水也能正常生长，开花下针期及结荚期对水分敏感，应及时旱浇涝排。当花生叶片发生萎蔫并且到傍晚时仍不能恢复，则需及时浇水，灌溉以沟灌、喷灌、滴灌形式最好，尽量避免大水漫灌，并避开中午阳光强照时的高温时间。7—8 月，降雨常常集中，雨后应及时清理沟畦，排除田间积水，避免造成花生涝灾渍害。

（二）病虫草鼠害防治

1. 防治原则

花生有害生物防治应以防为主、以治为辅，防治兼顾，协调运用。合理地采用农业、生物防治，辅以化学防治。

2. 常见病虫草鼠害

花生主要病害：叶斑病和网斑病、根腐病和茎腐病等。主要虫害：蛴螬、蚜虫、地老虎等。主要草害：马齿苋、马唐、莎草、牛筋草、狗尾草、田旋花、龙葵等。

3. 防治措施

（1）农业防治

①选用抗病品种。在花生生产中针对当地病虫害发病规律、主要病害的类型，宜用适合当地栽培的、具有较强综合抗性的花生品种。

②轮作换茬。花生宜与玉米、小麦等禾本科作物进行轮作，轮作年限一般为 2 ～ 4 a。

③适度深耕、起垄种植。深耕可破坏病菌、草籽、地下害虫的生存环境，一般要求深耕 30 ～ 35 cm。起垄种植易于旱浇涝排，便于田间管理，增加群体通风透光性，以减少病害的发生。

④清洁田园。生长后期加强病害防治,直接减少病虫基数,并在花生收获后,彻底清除田间残株、败叶,对易感根系病害的还要清除残根。

⑤调整播期。根据当地病虫草害发生规律,在保证生育期的前提下,合理调整播期,避开高温、高湿季节,可有效地减少病虫草害发生。

（2）生物防治。

①微生物防治。应用以菌治虫、以菌治菌等生物防治关键措施,加大赤眼蜂、捕食螨、绿僵菌、白僵菌、木霉菌、微孢子虫、苏云金杆菌（Bt）、蜡质芽孢杆菌、枯草芽孢杆菌、核型多角体病毒（NPV）产品和技术的示范推广力度,积极开发植物源农药、农用抗生素、植物诱抗剂等生物生化制剂应用技术。

使用方法:花生播种时期,每亩用150亿个/g绿僵菌或白僵菌可湿性粉剂250～300 g与30 kg细土混拌成菌土撒施。花生生长期,白僵菌和苏云金杆菌混合兑水灌根,可有效防治蛴螬、蚜虫、飞虱以及多种鳞翅目害虫。

注意事项:避免与杀菌剂混用。避开高温、强光等不利条件。养蚕区不宜使用。杀虫速度缓慢,害虫取食4～6 d死亡。

②保护利用天敌昆虫。应用以虫治虫、以螨治螨等自然控制措施,田间释放七星瓢虫、捕食螨、蜂类等害虫天敌,可有效控制蚜虫、蓟马等害虫虫口数量。

注意事项:合理使用农药,保证农药使用间隔次数,最大限度保护和利用天敌。

（3）物理防治。物理防治主要包括色诱、性诱、食诱、杀虫灯等诱捕;无色地膜、有色膜、防虫网等驱避阻隔;糖醋液、杨树枝、蓖麻等诱杀害虫。发生鼠害的地块用捕鼠夹、笼压板等捕杀。同时,注意铲除杂草、拔出病株和摘除受害荚果等。

①色板诱杀（色诱）。根据害虫的生活习性及害虫种类不同,选用高科技材料合成的黏虫胶及色谱一体制成的绿色植保产品,每亩挂15～20块,用于防治多种重要的害虫,减少施用农药次数,有效降低农药残留量。花生田中,选择黄色板、蓝色板、绿色板等不同颜色,可有效防治蚜虫、蓟马、绿叶蝉等害虫。

②杀虫灯诱杀（光诱）。太阳能杀虫灯是一种新式植保防治工具,利用害虫较强的趋光、趋波、趋色的特性,将光的波长、波段以及波的频率设定在特定范围内,近距离用光、远距离用波,引诱成虫扑灯,灯外配以频振式高压电网触杀,使害虫落入灯下的接虫袋内,达到杀灭害虫的目的。在花生田每亩安装1台,对金龟子、绿叶蝉、鳞翅目夜蛾类害虫有明显防治效果,年用药次数可减少2～3次。

③食诱剂诱杀。采用食诱剂+昆虫病原微生物防控花生鳞翅目害虫,效果较好。药剂可用奥朗特+棉核·苏云菌悬浮剂,防控效果在91.0%～95.3%。

剂量:食诱剂100 g/亩,棉核·苏云菌150 mL/亩。

方法:采用人工茎叶滴洒方法,将食诱剂沿花生垄方向撒一条带,条带之间间隔20 m;棉核·苏云菌采用低空智能植保无人机叶面喷施,药液量0.8 L/亩。

时间:田间监测到鳞翅目成虫时施用食诱剂,间隔5～7 d滴洒1次,每一高峰期连续滴洒 2 次。当棉铃虫等鳞翅目幼虫达到防治指标时（棉铃虫为 5 ～ 7 头 /100 株）喷施棉核·苏云菌进行防治，间隔 10 d 防治 1 次，连续防治 3 次。

注意事项；棉核·苏云菌避免 40℃以上高温储存；不可与呈碱性的农药等物质混合使用；强紫外线下不可施用，应在上午 10：00 时以前和下午 4：00 以后喷施。

④性诱剂诱杀。暗黑鳃金龟性诱剂诱杀。

方法：每 60 m 设置 1 个诱捕器，诱捕器悬挂高度为 1.8 ～ 2.0 m，采用花生田间外疏内密形状排列，诱芯每月更换 1 次，及时清理。

棉铃虫、甜菜夜蛾性等夜蛾类性诱剂诱杀。

方法：每亩放置 10 个诱捕器，间隔距离 30 m，采用棋盘式悬挂，诱捕器底部高出花生 0.5 m，诱芯每月更换 1 次，及时清理。

（4）化学防治。严格按照农药安全使用间隔用药。

（三）合理化控

高肥水田块或有旺长趋势的田块，当株高达到 35 cm 时，用烯效唑等生长调节剂进行叶面喷施 1 ～ 2 次，间隔 7 ～ 10 d，最终将植株高度控制在 45 ～ 50 cm。

六、采收

花生成熟（植株中、下部叶片脱落，上部 1/3 叶片变黄，荚果饱果率超过 80%）时或昼夜平均温度低于 15℃时，应及时收获。可采用联合收获方式收获，一次性完成花生挖掘、摘果、果秧膜分离；也可采用分段收获方式，先选用花生挖掘机进行花生挖掘，条铺晾晒 3 ～ 5 d，再经收集后机械摘果。

七、包装、运输及储藏

花生收获摘果后，应及时晾晒或机器烘干，当花生荚果水分降至 10% 以下时，入库贮藏。储藏环境应有良好的通风环境，温度不超过 20℃，相对湿度不得超过 75%，储藏地点做好防虫防鼠，每隔 3 个月或半年将花生翻晒一次，保持干燥。室内储藏如发现种子堆内水分、温度超过界限，应在晴天及时开窗通风，必要时进行倒仓晾晒。

八、生产废弃物处理

生产过程中，农药、化肥投入品等包装袋、地膜应分类收集，进行无害化处理或回收循环利用。未进行地膜覆盖栽培的花生秧可以作为养殖业饲草；采用地膜覆盖栽培的花生，可在秧膜一起离田后，再揉丝去膜，加工成饲料或在清除大块地膜后进行秸秆粉碎还田。

第三部分

马铃薯高产种植与病虫害防治技术

第七章　马铃薯的种植技术

第一节　不同地区马铃薯种植的特点

一、一季作区马铃薯种植的技术特点

在一季作区,春季干旱是主要的气候特点,农谚有"十年九春旱"的说法。春天风大,气温低,积温少,≥10℃有效积温仅1 900～2 300℃,春霜(晚霜)结束晚,秋霜(初霜)来得早,无霜期短,7月份雨水较集中。因此,春天播种前后,保墒,提高地温,争取早出苗、出全苗,就显得非常重要。一般多采用秋季深翻蓄墒、及时细耙保墒、冻前拖轧提墒、早春灌水增墒等有效办法,防旱抗旱保播种。播种时要厚盖土,防冻害。苗前拖耢,早中耕培土,分次中耕培土,以提高地温。近年这一区域农民也采用盖地膜、小拱棚等保护地栽培的方法,提温、保墒,争取时间,为马铃薯丰产丰收创造条件。由于这里七八月份雨水集中,又是晚疫病流行的良好条件,所以要及时打药防治晚疫病,厚培土保护块茎,减少病菌侵害和防止冻害的发生。

二、二季作区马铃薯种植的技术特点

马铃薯二季作区,虽然无霜期较长,有足够的生长时间,但春薯种植仍要既考虑到本茬增产早上市,又不耽误下一茬。所以,要早播种、早收获,并选择结薯早、长得快、成熟早的品种。广大农民在生产实践中不断总结经验,改进、提高、创新,采取地膜覆盖、双膜种植、二膜一苫、三膜种植等保护地栽培方法,不仅提早了播种时间和收获时间,为下茬留下足够时间,还为提高产量和品质创造了优越条件。

秋薯播种正是7月下旬或8月上中旬,此时气温高、雨水多,播种后容易出现烂芽块和死苗现象。为了使秋薯出苗正常,达到苗全、苗壮,必须采取一些有效的技术措施。

(一)要做好种薯选择、处理和催芽等工作

可以选择20～50 g健康小种薯作播种材料,以减少感染真菌、细菌病害出现烂芽块问题。切芽块时必须认真拌种消毒。播前搞好催芽,使芽块播到地里尽早出苗,减少土壤中病菌的侵害及虫害的发生。

（二）播种时间尽量往后推

在 8 月中旬进行，同时要选择好天气，不要在阴雨或高温天播种。播种后采取秸秆覆盖等降温措施。

（三）播种方法

要采取浅开沟、浅覆土的办法。沙壤土覆土厚 8 ～ 10 cm，壤土覆土厚 6 ～ 8 cm，使其尽快出苗，待出苗后再增加培土厚度，达到覆土厚度要求。

（四）加大密度

秋薯出苗后日照渐短，植株较春薯生长得矮，匍匐茎也短，所以播种密度要比春薯密，可比春薯密度加大 20% 左右。特别是作为秋播留种的，增加密度，能生产出较好的小个种薯。

（五）注意保温

秋薯在接近成熟阶段，气温开始下降，应注意保温，许多地方采取扣小拱棚的办法延长其生长时间，可提高产量、质量，增加效益。

三、南方冬作区马铃薯种植的技术特点

种薯来源是这个区域的特殊问题。冬种后翌年 2—3 月份收获，但收获的块茎不能作种。一是因为收获的块茎是在高温下形成和生长的，种性极差；二是因为天气炎热，块茎无法贮藏至 11 月份再用于播种。所以，每年必须从北方的种薯生产基地调入合格种薯，才能保证质量，达到丰产的目的。

南方冬作马铃薯，大部分选用的土地都是冬闲的水稻田，而稻田湿度较大，有机质较高，都采取深沟高畦（沟深 20 cm、沟宽 30 cm、畦宽 90 cm）种植法。将马铃薯种在畦面上，这样旱能灌、涝能排，能保证马铃薯生长条件要求。有的可以深耕细耙，有的也可以实行免耕法，只做高畦，挖好排灌沟，不用耕耙。

播种时间不宜过早，防止高温烂种，最理想时间是 10 月下旬至 11 月上旬。播种深度 5 cm 左右，不宜过深，或不开沟进行"摆种"，然后浅覆一些土，用稻草覆盖。南方冬季易下暴雨，下过雨后及时排干沟中积水，干旱时浇水，采取沟中灌水，渗透畦面，水不可上到畦面，只到沟深一半即可。1 月份低温，注意防止低温冷害。

（四）西南混作区马铃薯种植的技术特点

我国西南马铃薯混作区，低纬度，高海拔，有的地方四季如春，有的地方四季分明，

是复杂多样的立体气候区。马铃薯种植有冬作，在 10 月份左右播种，2 月份左右收获；有小春作，12 月末至翌年 1 月初播种，4 月末左右收获；有早春作，2 月份播种，6 月份收获；有秋作 7—8 月份播种，11 月份收获；有春作，3—4 月份播种，8—9 月份收获。四季都可播种，四季都可生长，四季都可收获，周年都有鲜薯供应。这里具备了各种植区的特点。马铃薯品种是自成体系，基本不用从北方大调大运。这里的马铃薯品种大都具有较好的抗病性，特别是抗青枯病、抗晚疫病、抗癌肿病等。另外，西南地区地理复杂，山高坡陡，大部分耕地在山上，脱毒种薯由于运输困难，有推广难度，所以杂交实生种子由于用种量少，便于运输、贮藏，自然不带病毒，抗病高产，农民易于接受，所以马铃薯杂交实生种在这里很有推广前景。

第二节　北方一季作区马铃薯常规丰产种植

一、选地与整地

土地是马铃薯生长的基础，也是马铃薯丰产的关键前提。土地选择得当，就能为马铃薯生长提供良好的环境条件和物质基础，确保达到丰产目标。如选地不当，就会因土地不利于马铃薯生长而难以实现丰产目标。

种植马铃薯的地块，以地势平坦，土壤疏松肥沃、土层深厚，涝能排水、旱能灌溉，土壤沙质、中性或微酸性的平地与缓坡地块最为适宜。pH 最好在 5～7.5，旱地最高不能超过 7.8，有大型喷灌条件的不能超过 8.2。因为这样的地块土壤质地疏松，保水保肥、通气排水性能好，土壤本身能提供较多的营养元素；另外，春季地温上升快，秋季保温好，不仅有利于马铃薯发芽和出苗，而且对地上部生长和地下部生长都极为有利。

选地切忌重茬，也不要在茄果类（番茄、茄子、辣椒）或十字花科的白菜、甘蓝等为前茬的地块上种植，以防止共患病害的发生。种马铃薯的地块不宜选在低洼地、涝湿地和黏重土壤地块。这样的地块，在多雨和潮湿的情况下，马铃薯晚疫病发生严重，同时地下透气不好，水分过大，不仅影响块茎生长，还常造成块茎皮孔外翻，起白泡，使病菌易于侵入造成腐烂，或不耐贮藏。

另外，前茬用过除草剂的地块要了解清楚用的什么除草剂，如果用过对马铃薯生长有妨碍的除草剂，则应慎重。

地块选好后，整地也不能马虎。马铃薯结薯是在地下，只要土壤中的水分、养分、空气和温度等条件有良好保障，马铃薯的根系就会发达，植株就能健壮地生长，就能多结薯、结大薯。整地是改善土壤条件最有效的措施。整地的过程主要是深翻（深耕）和耙压（耙耱、镇压）。深翻最好是在秋天进行，如果时间来不及，春翻也可以，但以秋翻较好。因为地翻得越早，越有利于土壤熟化和晒垡，使之可接纳冬春雨雪，有利于保墒，并能冻死害虫。深翻要达到28～30 cm。在春旱严重的地方，无论是春翻还是秋翻，都应当随翻随耙压，做到地平、土细、土暄、上实下虚，以起到保墒的作用。在春雨多、土壤湿度大的地方，除深翻和耙压外，播种前还要起垄，以便散墒和提高地温。起垄时要按预定的行距，不要太大或太小，否则播种时不好改过来。许多地方深翻是靠畜力，往往达不到要求的深度。因此，最好采用机翻，这样深度有保证，耙压质量好。

如果因条件所限，需使用pH在8.0以上的偏碱性土壤的地块时，整地过程中一定要采取相应措施，以便起到适当缓解作用。一是施用石膏改良碱土，在翻地后耙地前，每亩撒施石膏粉100～200 kg，然后用耙耙入土中，如果用含磷石膏，用量可适当增加。因石膏溶解度较小，后效时间长，一般只施1次，不用重施。石膏除中和土壤溶液中的钠外，还能增加土壤中的钙、硫等营养元素。二是播种前先起垄，芽块播在垄上，减少地下水把碱带到垄上的机会。三是通过灌溉措施，把碱淋洗下去，以降低土壤溶液中碱的浓度。

二、种薯准备

（一）种薯的选用

进行马铃薯的丰产种植，必须选用脱毒种薯，而且要用早代脱毒种薯，最好选用原种或一级脱毒种薯。这个级别的脱毒种薯种性强，退化株率低，增产潜力大。

（二）种薯的挑选

选用某一脱毒优良品种就是选用了内在质量优良的种薯，但这还不够，还要进行外观质量的挑选，种薯外在质量好才能把优良品种的特点表现出来。如果种薯质劣，那么这一优良品种的特点就表现不出来。因此，种薯出窖后第一件事就是挑选优质种薯。要除去冻、烂、病、伤、萎蔫块茎，并将已长出纤细、丛生幼芽的种薯也予以剔除。要选取那些薯块整齐、符合本品种性状、薯皮光滑细腻柔嫩、皮色新鲜的幼龄薯或壮龄薯。同时，还要汰除畸形、尖头、裂口、薯皮粗糙老化、皮色暗淡、芽眼突出的老龄薯。外在质量高的种薯是全苗、苗壮、苗齐的基础。

（三）种薯处理

种薯如不经过处理，出窖后马上切芽、播种，那么播种后不仅会出现出苗不齐、不全、不健壮的现象，而且出苗较晚，有时芽块要在土里埋40多天才出苗。其原因是窖温比较低（一般为3～4℃），种薯体温也在4℃左右，虽已贮藏几个月，过了休眠期，但仍处于被迫休眠之中。春季把它播种到地里后，地温上升很慢，芽块在地里体温上升也很慢，而且各芽块的小环境又不一致。因此，发芽慢、出苗慢，出苗先后差别大，甚至有的芽块还会烂掉，造成缺苗。为避免这些问题的出现，就要对种薯进行处理，其处理方法主要是困种、晒种和催芽。

（1）困种、晒种。把出窖后经过严格挑选的种薯，装在麻袋、塑网袋里，或用席帘等围起来，还可以堆放于空房子、日光温室和仓库等处，使温度保持在 10～15℃，有散射光线即可。经过 15 d 左右，当芽眼刚刚萌动见到小白芽锥时，就可以切芽播种了。以上称为困种。如果种薯数量少，又有方便地方，可把种薯摊开为 2～3 层，摆放在光线充足的房间或日光温室内，使温度保持在 10～15℃，让阳光晒着，并经常翻动，当薯皮发绿，芽眼睁眼（萌动）时，就可以切芽播种了。这称为晒种。

困种和晒种的主要作用，是提高种薯体温，供给足够氧气，促使解除休眠，促进发芽，以统一发芽进度，进一步汰除病劣薯块，使出苗整齐一致，不缺苗，出壮苗。

（2）催芽。催芽是在播种前 40 d 以前，采取措施促进种薯生芽，使其生长期提前的一种做法。

一般可采用湿沙层积法：在温床或火炕等地方，把已切好的芽块与湿沙分层堆积（即一层湿细沙上边摆一层芽块，共摆 5～6 层，高度在 0.5 m 以下），堆温保持 15℃左右。当幼芽生长至 1～2 cm，并出现幼根时，就可以播种了。另一种方法和晒种方法差不多：把未切的种薯铺在有充足阳光的室内、温室、塑料大棚的地上，铺 2～3 层，经常翻动，让每个块茎都能充分见光，经过 40 d 左右，当芽长至 1～1.5 cm，芽短而粗，节间短缩，色深发紫，基部有根点时，再切芽播种，切芽时要小心，别损伤幼芽。

因催芽时间较长，种薯内潜伏的环腐病、黑胫病和晚疫病等，都会发生不同的症状，所以催芽汰除病块更彻底，混入的杂薯也容易被清除。通过催芽处理后所长成的植株可以提早成熟，其块茎能提前上市，可以躲过春旱、春寒等自然灾害。但是如果种植面积大，种薯数量多，此法便难以实施。

经过催芽的种薯，在播种时地温必须稳定在 10℃以上，而且土壤墒情要好。不然，芽苗遇到冷凉或干旱后，很容易出现缺苗的现象。

（四）切芽块

切芽，要把薯肉都切到芽块上，不要留"薯楔子"，不能只把芽眼附近的薯肉带上，而把其余薯肉留下，更不能把芽块挖成小薄片或小锥体等。具体说，50 g 左右的薯块不用切，可以用整薯作种；60～100 g 的种薯，可以从顶芽顺劈一刀，切成两块；110～150 g 的种薯，先将尾部切下 1/3，然后再从顶芽劈开，这样就切成 3 块；160～200 g 的种薯，先顺顶芽劈开后，再从中间横切一刀，共切成 4 块；更大的种薯，可先从尾部切下 1/4，然后将余下部分从顶芽顺切一刀，再在中间横切一刀，共切成 5 块。这种切法，芽块都能达到标准，而且省工，切得快，但易出现没有芽眼的盲块。

另一种切法是看芽眼切块（也称挖芽块）。拿一个种薯先把顶部劈开，因顶部集中有几个芽眼，且有顶芽优势，根据薯块大小，劈开切成 2～4 个带有顶芽的芽块，然后看准芽眼，把中部和尾部切成芽块，同样不留楔子，芽块大小与前一方法要求相同。这种切芽法能保证每个芽块上都有芽眼，不出或少出盲块，但稍慢一点。

无论哪种切芽块方法，所切的芽块都要均匀一致，切忌切块大小不一、薄片或细长条。通过切芽块，还可对种薯做进一步的挑选，发现老龄薯、畸形薯、不同肉色薯（杂薯），可随切随挑出去，病薯更应坚决去除。

（五）切刀消毒

一些种传病害，如环腐病、黑胫病、病毒病等是通过切刀把病菌、病毒传到健薯上的。据资料介绍，切着一个环腐病后，继续用这个刀切芽块，可传染 24～28 个芽块。为了减少切刀传病机会，所以要严格执行切刀消毒这一操作环节。具体做法是：每个切芽人员都准备两把切芽刀、一个装消毒液的罐子，罐内装 75% 酒精或 0.5%～1% 的高锰酸钾溶液（也有用 4% 来苏儿，3% 石炭酸，5% 福尔马林），把切刀放在溶液中浸泡，切芽时拿出一把刀，另一把仍泡在消毒液中，每切完一个种薯换一次切刀。如果切着病薯要将病薯扔进专装病薯的袋或筐中淘汰掉，并把用过的刀浸泡在消毒罐中，同时换上浸泡着的切刀，继续切。

（六）整薯作种的准备

整薯播种可以避免用芽块播种容易出现的一系列问题，更突出的是整薯播种可比芽块播种显著增产。前人的实践证明，整薯播种比芽块播种一般可增产 20% 左右，最高的可增产 2 倍。

整薯播种为什么能增产呢？这是因为整薯播种大部分都选用小块整薯，而小块种薯大部分是幼龄或壮龄薯，生命力旺盛，而且由于整薯没有切口，体内的水分养分能较好地保持，又没有病害传染，病株少，顶芽优势明显，所以出苗整齐一致，苗全苗壮，株株长势强，能较好地发挥它的增产潜力。

另外，整薯播种还减少了分切芽块的工序，节省人工，并且适合机械化播种。

整薯播种用多大块的马铃薯最好呢？根据研究结果和实践经验，认为以 50 g 左右的小种薯为最好。这样，用种量不是太大，产量也比较高。播种用的小种薯的来源，应采取密植、晚播和早收等办法，专门生产，不应从普通种薯中选小个整薯使用，因为里边常混有小老薯和感染病毒的薯块，很难挑选出去。整薯播种一定要提前进行催芽，以促进早熟。

（七）药剂拌种（芽块包衣）

为了防治地下害虫为害、芽块腐烂、细菌病害的发展及丝核菌溃疡病等土传病害的发生，切完芽块马上要做药剂拌种（包衣）。具体做法及使用的农药：每 1 000 kg 芽块用滑石粉 12 ～ 15 kg，兑甲基硫菌灵 550 ～ 600 g，防腐杀菌促进切口愈合；兑 47% 苗盛拌种剂（福美双 + 戊菌隆）500 ～ 600 g、或用金纳海（福美双）500 g 或用扑海因（异菌脲）50% 可湿性粉剂 400 g，防治丝核菌溃疡病；72% 农用链霉素 900 g，防细菌病害；再兑入杀虫剂锐胜（噻虫嗪）70% 可分散性种子处理剂 75 ～ 100 g。事先把选用的农药称量准确与滑石粉均匀混合成药粉，再趁芽块刀口未干之前均匀拌在芽块上形成包衣。也可选用适乐时（咯菌腈）2.5% 悬浮剂，每 1 000 kg 芽块用 1 L 药液，适当兑水用喷雾器均匀喷在芽块上后，再拌上兑好其他农药的滑石粉。

将拌好药粉的芽块装袋，垛在保温且通风的地方，最好随切随拌随播种，不要堆积时间太长。如果切后堆放几天再播，往往造成芽块垛内发热，使幼芽伤热。伤热的芽块播后有的会烂掉影响全苗，有的出苗不旺、细弱发黄，像感染病毒病一样。因春季北方气温低还要注意防冻。

三、基肥的施用

首先应按预计产量目标和土地肥力情况计算出足够的总施肥量，选择氮、磷、钾配比合理的化肥品种。按"基肥为主"的原则施足基肥，把总施肥量的 65% ～ 70% 在播前或播种时施入土壤中。按氮、磷、钾的分别要求，基肥中纯氮素总量的 70%、磷素总量的 90%、钾素总量的 60% 都要施入土壤中，以保证苗期马铃薯对各元素的需求，使其根系发达，幼苗健壮，叶色纯正。

近年来马铃薯单位面积化肥用量在增加，所以在基肥施用上应注意合理施用，防止施用不当造成烧芽块等不应有的损失。提倡播前地面撒肥，而后耙入土中，再行播种，尽量少用沟施的办法，如需要沟施，化肥千万不能与芽块直接接触，要离开 3 cm 以上，防止化肥烧坏芽块，造成芽块腐烂而缺苗减产。

四、播种

"一犁定乾坤"，这是农民对马铃薯播种重要性的概括。许多保证丰产的农艺措施都是在播种时落实的，比如播种深度、垄（行）距、株（棵）距等，如把握不好，一错就是 1 年。播种搞不好，苗出不全，管理得再好也难以得到丰产。

（一）播种条件

播种期的安排根据各地气候有一定差异，农时季节也不一样，土地状况更不相同，所以马铃薯的播种时间也不能强求划一，而需要根据具体情况来决定。总的要求应该是：把握条件，不违农时。

首先要考虑的条件是地温。地温直接制约着种薯发芽和出苗。在北方一季作区和中原二季作区春播时，一般 10 cm 地温应稳定通过 5℃，以 6 ～ 7℃较为适宜。因为种薯经过处理，体温已达到 6℃左右，幼芽已经萌动或开始伸长。如果地温低于芽块体温，不仅限制了种薯继续发芽，有时还会出现"梦生薯"，即幼芽开始伸长，但遇低温使它停止了生长，而芽块中的营养还继续供给，于是营养便被贮存起来，使幼芽膨大长成小薯块，这种薯块不能再出苗了，因而降低了出苗率。为避免这种现象的出现，一般在当地正常春霜（晚霜）结束前 25 ～ 30 d 播种比较适宜。一季作区播种时间大致在 4 月中下旬或 5 月上旬；二季作区播种时间大致在 2 月下旬和 3 月上旬。

其次，要考虑的条件是墒情。虽然马铃薯发芽对水分要求不高，但发芽后很快进入苗期，则需要一定的水分。在高寒干旱区域，春旱经常发生，要特别注意墒情，可采取措施抢墒播种。土壤湿度过大也不利，在阴湿地区和潮湿地块，湿度大，地温低，这就要采取措施晾墒，如翻耕或打垄等，不要急于播种。土壤湿度以"合墒"最好，即田间持水量在 60% 左右。

再次，要考虑采用的品种和种植目的。如果用的是早熟品种，计划提早收获上市，则要适当早播。如果用的是中晚熟品种，则可以进行催芽，也可适当晚播。

（二）扩垄种植（播种密度）

扩垄种植，可以合理利用地力和空间，是"两大两深"丰产种植技术的主要内容之一。总结农民种植马铃薯的经验，木犁种植，以垄（行）距 60 ～ 70 cm，棵（株）距 24 ～ 26 cm 较好。每亩株数 3 960 ～ 4 270 株，但必须根据品种特性、生育期、地力、施肥水平和气温高低等情况决定。一般说，早熟品种秧矮、分枝少、单株产量低，需要的生活范围小，可以适当加密，即缩小棵距，垄距不变，每亩株数 4 500 ～ 5 000 株；而中晚熟品种秧高、分枝多、叶大叶多、单株产量高，需要的生活范围大一些，所以应适当放稀，加大棵距，每亩株数在 3 100 ～ 3 500 株，在肥地壮地，水肥充足，并且气温较高的地区和通风不好的地块上，植株相对也应稀植。如果地力较差、水肥不能保证，或是山坡薄地，种植可相对密一些。

（三）深开沟深播种

深种，也是"两大两深"丰产种植技术的主要内容之一。为了落实深种的技术，农民曾创造出很多办法，如套二犁深种、埯田种植等，但都很费工，而且不是越深越好。根据实践，只要是经过深翻 25 cm 以上的土地，用畜力犁或小拖拉普通犁，就可以达到开沟深度要求。一般开沟深应在 13 cm 左右，下部施上化肥及杀虫农药，用耥圈轻拖覆土，这样垄中坐土 3 cm 左右，在坐土上播芽块，再用犁在原垄两侧分别垄土向垄沟覆盖，叫挤垄播种。这样从芽块到垄顶 15 cm 左右，从芽块到地平面 10 cm 左右，就达到了播种要求的深度了。过 10 ～ 15 d 用耢轻拖，把垄背拖下 3 ～ 4 cm，起到压实、保墒和提温的作用。如果墒情好、地温低，怕覆土厚地温上升慢，也可采取平垄的方式覆土。即按上述深度开好沟，点上芽块后，顺垄沟覆土 6～7 cm 厚，然后用石磙子镇压保墒。阳光直接照射，地温上升块。待苗拱土时，用犁垄垄背向垄沟苗眼覆土，称为串垄。再覆土 6～7 cm，起出垄台，覆上的土是热土，不仅可以提高地温，还能增加土壤中的空气，也能起到灭草作用，有利于幼苗快速生长。

（四）播种沟喷施农药（杀虫防病）

如果拌种时没拌杀虫剂和杀菌剂，可在开沟播种的同时，每亩往垄沟中芽块上喷施杀虫剂噻虫嗪 20 g 或吡虫啉 40～60 mL。每亩用杀菌剂 25% 嘧菌酯悬浮剂 40 mL，或 2.5% 咯菌腈悬浮剂 150 mL，或 50% 福美双可湿性粉剂 80 mL，可防治丝核菌溃疡病。

五、田间管理

马铃薯田间管理的内容较多，其主要任务是：为幼苗、植株、根系和块茎等创造优越的生长发育和保护条件。管理的重点应随当年情况的不同而有所不同，比如天旱年份要抓好保墒浇水，天涝年份需抓好排水防涝和晚疫病防治等。但不管什么情况，中耕培土都必须抓好。因此，可以说田间管理是以中耕培土为中心的。马铃薯生长前期的各阶段，时间都很短促，各项管理都应提早，要"以早促早"，最好在结薯期之前，把改善生长条件的管理都搞完。后期的管理是以"保"为主，排、灌和病虫防治，都是为了保证生长条件和保护叶片健康、延长生存时间，多制造营养，促进地下块茎的快速增重。

田间管理具体要抓好"五早"。

（一）早拖耢

采取挤垄种植方法的在苗前要进行拖耢，一般要在播种后 10～15 d 进行，用木拖子或柴拖子把播种时的垄背拖下 3～4 cm，起到压实、提温、保墒、灭草等作用，能促进根系发达，增加吸收能力，达到促地下、带地上、早出苗、蹲住苗的目的，为马铃薯根深叶茂打好基础。

（二）早中耕培土

培土是"两大两深"丰产栽培主要内容之一。两种播种方法，中耕方法也有所区别。

平垄种植的，在有 20%～30% 薯苗拱土时，进行第一次中耕，称为"串垄"，使原来的垄沟变成垄背，从芽块上边到垄背顶部达到 15 cm 左右，把已拱土的幼苗埋上，之后幼苗自然拱出土。第二次中耕在苗高 10～15 cm 时进行，向苗根壅土，上土 5 cm 左右，最后使地下茎深度达到 18～20 cm。

挤垄种植的，在拖耢后的垄台上，薯苗有 20%～30% 拱土，进行第一次中耕，上土 3～5 cm，将幼苗埋住，并形成垄背，使芽块到垄背恢复至 15 cm 左右。当薯苗生长至 10～15 cm 时，也就是在现蕾前进行第二次中耕，上土 5 cm 左右，土要培到苗根基部，两次培土后，使地下茎达到 18～20 cm 长。

早中耕培土可使土暄、地热和透气，增强微生物活动，加速肥料分解，满足植株生长的营养需要。同时，还可少伤或不伤根系和匍匐茎，创造结薯多且块大的条件，还起到灭草的作用。培土如达到要求的深度，使土培得又宽又厚，可避免后期薯块外露、减少青头、防止病菌感染、保证质量。

（三）早追肥

根据马铃薯的生育进程和对营养的需求量，即幼苗期吸肥量占总吸肥量的 16%，而发棵期吸肥量将达到总吸肥量的 30%，所以应及早补充营养，不能在营养透支后再补充。因此，必须早补，事先备好，用时就有，不误生长。应在出苗后 20～25 d，结合中耕或浇水进行第一次追肥。可以撒施，也可以用装有施肥器的中耕机顺垄施入，但注意肥不要离根太近，要在 8～10 cm 以上，防止烧苗。中后期追肥，最好采用叶面喷施，见效快、利用率高、节省肥、效果好。据资料介绍，用同等数量的氮肥，分别在苗期、蕾期和花期追施，增产效果分别是：苗期 17%、蕾期 12.4%、花期 9.4%。从中可以看出，早追肥的增产效果为最好。

（四）早浇水

马铃薯发芽时靠芽块的水分，没出苗时根系便形成了，开始吸收水分和营养，苗期吸水量虽然只占总需水量的 10%，但因苗期根弱吸水力不强，土壤中必须保持一定的含水量，才利于根系吸收水分和营养，以建造强大的根系群和健壮的植株。要求苗期在 40 cm 深的土层内，土壤持水量要保持在 65% 左右，所以在出苗时就应及早补充水分，以后各生长阶段都应保持有充足的水分才能使植株生长旺盛、薯块早日形成和膨大。

（五）早防病虫害

马铃薯的重点病害是晚疫病，近年来早疫病也常造成危害，其他病害也有上升的趋势。对这些病害必须早动手进行药剂防治，做到防病不见病。对地下害虫、种传和土传病害更应早做处理，在切芽时、播种时就施药，提前防控。

六、收获

当马铃薯植株茎叶由绿变黄、下部叶片开始脱落，上部茎叶开始枯萎，称为"回秧"，地下部分停止了生长，薯皮老化，块茎很容易与薯分离时，正是收获的好时机。如果收得太早，薯皮太嫩易破，易感染病害，影响品质，还不耐贮藏；收得太晚，则因气温下降、薯温过低，薯块也易损伤。用木犁收获，应在人工拔秧或割秧后进行，在翻、捡、装、卸、运各个环节中，尽量避免块茎损伤，减少块茎上的泥土、残枝杂物，防止日光长时间暴晒，防止雨淋和受冻。

第三节　农户小型机械化马铃薯种植

一、机械准备

小型机械化马铃薯种植必备的机械，要事先做好准备。

（一）单行马铃薯播种机

播种行数为 1 行、播种深度可调范围 10 ～ 15 cm，株距可调范围 17 ～ 27 cm，行距可选定为 80 cm，工作效率正常情况下每小时可播 3 ～ 4.05 亩，双株率小于 5%，空株率小于 2%，靴式开沟器，带有施肥箱，开沟、施肥、下种、覆土、做垄一次完成。配套动力 10.5 ～ 13.5 kW。在一个作业季节里可完成 202.5 ～ 285 亩。或单体双行马铃薯播种机：播种行数为 2 行，小行距 30 cm，最后形成 1.3 cm 双行大垄，平均单行距 65 cm，播种深度为 10 ～ 15 cm，株距 20 ～ 24 cm，配有施肥箱，开沟、施肥、下种、覆土、做垄一次成形。工作效率：每小时可播 4.5 亩左右，一个作业季节，可完成 360 亩左右的播种。动力配套 10.5 ～ 13.5 kW 小拖拉机。

（二）中耕培土机

采用 10.5 ～ 13.5 kW 小拖拉机带动，完成松土、培土、除草等田间作业，作业行数为 2 行，行距可调范围 50 ～ 90 cm，中耕深度可调范围 10 ～ 15 cm。工作效率：每小时完成 3 ～ 4.5 亩，每天可完成 24 ～ 36 亩，每个作业季节可完成 20 ～ 40 公顷的中耕培土工作。

（三）单行马铃薯挖掘收获机

用 18.75 千瓦小拖拉机带动，靠动力输出轴传动，带动振动筛。单行，挖掘幅宽 55 cm，深度 20 cm，每小时收 2.25 亩，每天可收获 18 亩。需配备 10 人完成捡拾、装袋等作业。起净率可达 98% 以上。另外，还需配备小拖拉机带动整地时使用的翻地犁和旋耕机，以及小型喷药机。种植户可根据所经营的土地面积酌情配齐动力和机具。

二、选地与整地

选择机械化种植马铃薯的地块，主要应注意地势平坦，最好是平地、梯田地、缓坡地也可以，但坡度要在8°以下。垄向要与坡地的等高线相垂直，也就是垄向应顺坡。切忌高低不平和斜坡。垄头要长一些。选定的地块要进行认真整地，首选是深翻，深度要达到28 cm以上，然后用旋耕机旋一遍，使土地松软平整，这样才能保证机播的质量。

三、施好基肥和农药

农户种植马铃薯，农家肥较多，应根据计划用肥数量，把用作基肥的农家肥、化肥和农药，用人工，也可以用撒肥机，均匀地撒在地面上，然后结合耙地或用旋耕机旋地，把肥料和农药混入土中。如果使用装有化肥施肥器的马铃薯播种机，农家肥、化肥和农药则可在播种时随播种机同时施入垄沟。但必须注意，输肥管必须紧靠开沟器，化肥撒到沟底后，回土必须将化肥盖严，回土应达到2 cm以上，然后芽块落在回土上面，这样就避免了芽块和化肥直接接触的问题，杜绝因化肥接触芽块而造成的烂芽块缺苗的现象。

四、种薯准备

种薯准备按常规丰产种植的方法执行，除选用早代脱毒种薯和做好挑选、困种外，最关键的是切好芽块。每个芽块重量应达到35～50 g，同时要均匀一致，不要长形或扁片状的芽块，这样可减少空株率和双株率，确保播种质量达到农艺要求。农药包衣（拌种）更要认真落实。

五、播种

用马铃薯播种机播种能做到标准化、规格化，较好地落实"两大两深"马铃薯丰产栽培技术要求。其播种条件要求与常规种植完全一致。因马铃薯播种机是开沟、点芽块、覆土、做垄一次完成，所以在开播之前，必须同时把播种机的相关部件准确地调整好。播种深度、芽块密度、覆土厚度和做垄正度是机播马铃薯的四大关键。

（一）播种深度

马铃薯播种深度，不同土质有所区别，一般从芽块顶部到地平面要达到8 cm。开沟深度又直接影响着播种深度，所以调整好开沟器深浅是关键。调整开沟器深浅，主要调两个部位。一是拖拉机三点升降悬挂臂，将悬挂臂的中心拉杆调短则开沟器入土深，反之则开沟器入土浅；另一部位是开沟器的犁柱，犁柱向上调开沟器入土浅，犁柱往下调则开沟器入土深。开沟器开沟后马上有回土回落在沟底，芽块落下时，沟中已有回土，所以开沟深 11～12 cm，芽块落入垄沟后芽块顶部距地面是 8 cm 左右。播种前要在空地上且不加芽块，抬起覆土器只用开沟器开沟，多次调试开沟深度，达到要求后，固定下来，方可进入密度调试。

（二）芽块密度

小型马铃薯播种机，行距一般是 80～90 cm，小双行播种机，一带（一大行）130 cm，其中小行距 30 cm，单行平均行距 65 cm。不同品种播种密度不同，也就是株距有所差别。一般晚熟品种、植株高大的密度应小些，80～90 cm 行距。株距为 20～22 cm，每亩株数为 3 360～4 160 株，小双行播种机的株距应在 24～25 cm，每亩种植 4 100～4 200 株。而早熟品种植株矮或薯块要求小的密度应大些，行距 80～90 cm，株距应是 15～26 cm，每亩种植 5 200 株左右，小双行播种机的株距应在 20 cm 左右，每亩株数达到 5 100 株。

马铃薯播种机排种动力，主要靠播种机地轮轴上的主动齿轮，带动排种被动链轮，再带动种杯链（或皮带）转动，使种杯上升，带上芽块，完成播种。一般排种被动链轮都备有几个不同齿数的齿轮，更换连接排种被动链轮，就可改变株距。比如，14 齿的被动链轮，株距是 8 cm，19 齿的被动链轮，株距是 24 cm（使用时要详细阅读使用说明书）。调换齿轮后，仍需要在播种机种薯斗内加上一定数量芽块，抬起覆土器，在空地入地行走 10 米以上的距离，实测芽块密度大小、空株率和双株率。如果密度大、双株率高则应加大振动器的振动，密度小、空株率高则应减小振动器振动，直到达到计划密度为止。

（三）覆土厚度

一般播上芽块之后，覆土器随之覆上土做成垄。要求从芽块顶部到垄背顶部覆土 15 cm 以上，而且芽块应在垄背正中间，不能偏垄，如出现偏垄会造成减产。

覆土器（合墒器）由支架、压缩弹簧和仿形圆盘耙片组成，阻力较小，完成覆土靠它起垄作业。通过调整压缩弹簧螺母改变弹簧压力，可改变覆土深浅。通过松开圆盘耙片在支架上的固定螺丝，移动圆盘耙片角度，可改变起垄的高低和做垄的偏正度。也有铧式覆土器，通过调整犁柱上下高度来调整覆土深浅。铧式覆土器阻力相对大些。

（四）做垄正度

单行播种机，个个都是交接垄，行距全靠机手技术，只有交接垄得当，行距才能一致，最好播种机有划印器，按印行走，使行距相同。入地前在地头上将机组要摆正，对准要播的位置，入地后及时落下播种机，地头不能漏播。作业到头后，也应播到位再提升播种机，保证种满种严。播种过程中随时扒开垄检查深度、密度、覆土和偏正，发现问题及时调整。完成一个行程要及时清理开沟器、覆土器上的杂物及泥土，并检查排种、排肥系统装置有无故障，如有要及时处理。

六、田间管理

机械化种植马铃薯的田间管理与常规种植相同。播后 10～15 d 用轻木耢进行 1 次苗前拖耢，可使土碎地实，起到提温、保墒、灭草的作用。中耕培土要进行 2 次，第一次在薯苗露头 20%～30% 时进行，先追肥后中耕培土，或用带施肥箱的中耕机，随追肥随中耕。中耕时培土 5 cm 左右，把刚露头的幼苗埋上。第二次在苗高 15～20 cm 时进行，结合第二次追肥再培土 5 cm 左右，土一定要壅到苗根，把苗眼杂草盖死，中耕机的犁铲、犁铧要调好入土角度、深度和宽窄，做到既不伤苗又培土严实，培够厚度。小型机械种植马铃薯大部分是旱作，有浇水条件的要及时浇水，保持土壤湿度，为马铃薯丰收创造条件。防治早疫病、晚疫病和其他病虫害更应认真落实，杀菌剂喷洒不少于 6 次，杀虫剂也要在 2 次以上（详见马铃薯病、虫、草害防治部分）。

七、收获

为了便于机械收获和促使薯皮老化，避免在机械收获时破皮，最好在收获前 7～10 d，用轧秧机、打秧机或人工割等办法处理薯秧。

挖掘收获机靠拖拉机带动，挖掘铲入土把垄台上的土和薯块一起挖出，堆在铲后和履带式振动筛前部，振动筛靠拖拉机动力输出轴和减速箱把动力传到振动筛的主动轮上，带动振动筛作循环转动，把土、薯向后传动。筛片下边有突轮式振动轮，振动轮上下运动使振动筛出现振动，把土筛下去，薯块在筛片上向后移动落在收获机后边地上，再由人工捡拾装袋。

收获机入地前首先要调整好挖掘铲入土深度，入土浅会切伤薯块，下层薯块起不出来，造成丢薯；入土太深则浪费动力，同时薯土分离不好，薯块往往被落土埋上而捡拾不出来。再者是调整好振动大小，振动如果太小，土筛不下去，薯土分离不好，会出现埋薯问题；振动如果太大，会使土很快筛净，光剩薯块没土垫着，出现薯块被筛片链条碰破皮的问题。应该把振动调到薯块正好落下振动筛，土正好筛完，既使薯块受到保护，又不被土所埋为最好。机手应随时检查挖掘质量，到地头后及时清理收获机上的薯秧、杂物、泥土等。注意安全，检查、清理必须在停车和停止转动后进行。组织好捡薯人员，及时捡净，以发挥收获机的效率。

第四节 马铃薯的特殊种植

一、盖膜种植

生产实践证明，马铃薯覆盖地膜种植具有明显的增温、保墒、提墒作用，有促进土壤中微生物活动和肥料分解、改善土壤结构的效果，有利于根系的生长，还能增加田间光照强度，增强光合作用，从而促进植株的生长发育和提早成熟，增加产量。据报道，盖膜种植马铃薯一般比露地栽培增产20%～70%，大薯率提高25%左右。

盖膜种植在马铃薯旱作较多的一季作区和二季作区争取提早成熟、上市的地方已经推广了很大面积。但马铃薯盖膜种植比较费工、费事，对种植技术要求也高，适合在地少劳动力多、有精耕细作习惯的地方推广。可是，近年随着农业技术的进步，不仅有"人工铺膜"种植方法，还研制成功了铺膜机械，推广了"机械铺膜"种植方法。

（一）人工铺膜

（1）选地整地。盖膜种植马铃薯，其选地要求是：地势平坦，缓坡在5°～10°；土层深厚，达50 cm以上；土质疏松，最好是壤土或轻沙壤土，保肥保水性能强；有水源，并且排灌方便；肥力在中等以上的地块。不可选陡坡地、石砾地、沙窝地、瘠薄地和涝洼地。

盖膜种植马铃薯，整地要求比较严格，应当在深翻28～30 cm且深浅一致的基础上，细整细耙，使土壤达到深、松、平、净的要求，具体应做到平整无墒沟，土碎无坷垃，干净无石块，无茬子，无杂物，墒情好。必要时，可以先灌水增墒，然后再整地。

（2）施肥施农药。盖膜种植的马铃薯，在生长期追肥太费事，因此必须在盖膜前一次施足基肥。肥料以农家肥为主，每亩要施用农家肥4 000 kg以上。再按配方施肥的要求，用化肥补充氮、磷、钾和微量元素。按目前农民的施肥水平，每亩要施入磷酸二铵20～30 kg，尿素10～15 kg，硫酸钾或氯化钾30 kg，硫酸锌2 kg，硫酸锰1 kg；或施用氮、磷、钾各为15%的三元复合肥50～60 kg，或马铃薯专用化肥80 kg。为防治地下害虫，每亩施辛硫磷颗粒剂2 kg或乐斯本颗粒剂1～3 kg。

施肥方法有两种：一是在做床前把农家肥、化肥和农药均匀地撒于地表，再耙入土中，使肥、药、土充分混合；二是在做床时，把农家肥和农药撒于播种沟内，化肥撒入施肥沟内，做床时再覆于土中。

（3）做床。整好地后做床，床面底宽80 cm，上宽70～75 cm，床高10～15 cm，两床之间距离40 cm。一床加一沟为一带，一带宽1.2 m。具体操作时采用"五犁一耙子"的做床法，即第一犁从距地边40 cm处开第一沟，沟深15 cm左右；在距第一沟中心

40 cm 处开第二沟，第一沟、第二沟为播种沟。事先没撒农家肥的，即把农家肥和杀虫剂撒进沟底，使沟深保持在 12 cm 左右。先播种后覆膜的，先把芽块播入沟中，株距为 22～25 cm；再在第一沟另一边的 35 cm 处开第三犁，在第二沟另一边同样开第四犁，并使这两犁向第一、第二沟封土；最后再在第一、第二犁（播种沟）之间，开一浅犁（深 6 cm）为第五沟，专作化肥沟，把化肥足量施入沟内，形成床坯子。之后用耙子耙细，将第一、二、五沟覆平，耧好床面，做好床肩，使床面平、细、净，中间稍高，呈平脊形。床肩要平，高矮要一致，以便喷洒除草剂和盖膜。下一个床的第一沟距前一个床的第二沟中心 80 cm，第二沟仍距第一沟 40 cm。以此类推，就形成了一个个 1.2 m 宽为一带的覆膜床。苗子长出来以后，就成为大行距为 80 cm，小行距为 40 cm 的大小垄形式。

（4）喷施除草剂。床做好后，要立即喷洒杀灭杂草幼芽的除草剂。经试验，杀草效果较好的除草剂有乙草胺、氟乐灵、杜尔等。一般用量为：每亩用 90% 乙草胺药液 100～130 mL、或用 50% 乙草胺药液 130～200 mL、或用氟乐灵 48% 的药液 100～150 mL、或用杜尔 72% 的药液 120～130 mL。上述药量分别兑水 30～40 L，喷于床上和床沟。如果只喷床上，不喷床沟，用药量可减少 1/4。

（5）铺膜播种。所铺塑料薄膜应选用 90～100 cm 宽，厚度为 0.005～0.008 mm 的超薄膜，每亩用膜 4～5 kg。铺膜时要将膜拉紧，贴紧地面，床头和床边的薄膜要埋入土里 10 cm 左右，并用土埋住压严，再用脚踩实。盖膜要掌握"严、紧、平、宽"的要领，即边要压严，膜要盖紧，膜面要平，见光面要宽。为防止薄膜被风揭起，可在床面上每隔几米做一小土埂。先盖膜后播种的，可在铺膜后几天床内温度上升后开始播种。播种时在膜床上按中线两边各 20 cm 的线上（即小行 40 cm），用小植苗铲或特制的打孔工具破膜挖穴，穴不要太大，穴距 24～26 cm，深度为 8 cm，深浅要一致。播下的芽块或小整薯要用湿土盖严，并加以轻拍，封好膜孔，使孔不露风。

综合上述情况，盖膜种植马铃薯的连贯作业程序有两种：

第一种是：深翻→耙耢整地→开沟→施入肥料、杀虫剂→播种→封沟耧平床面→喷除草剂→铺膜压严。

第二种是：深翻→耙耢整地→开沟→施入肥料、杀虫剂→封沟耧平床面→喷除草剂→铺膜压严→破膜挖坑→播种→湿土封严膜孔。

上述两种程序各有利弊。第一种的优点是可以加大播种深度，且深浅一致，后期虽不能培土，但因播种深仍有利于结薯和生长，缺点是出苗慢一点。第二种因铺膜后地温上升快，出苗比第一种快，如遇天旱还可以坐水播种，但不易达到标准深度，而且深度也不一致。

（6）田间管理

①引苗。引苗是田间管理的关键环节，不论是先播种后覆膜的还是先覆膜后播种，都必须进行引苗。引苗有两种做法。一是压土引苗，即薯芽在土中长至 5～6 cm 还没

出土时，从床沟中取土，覆在播种沟上 5 ～ 6 cm 厚，轻拍形成顺垄土埂，靠薯苗顶力破膜出苗。这可减少膜面烧苗造成的缺苗现象。二是破膜引苗。当幼苗拱土时，及时用小铲或利器，在对准幼苗的地方，将膜割一个"T"字形口子，把苗引出膜外后，用湿土封住膜孔。而先覆膜后播种的，播种时封的土易形成硬盖，如不破开土壳，苗不易顶出，因此要破土引苗。如果幼苗没有对准膜孔，在幼苗出土时也必须破膜引苗。

②检查覆膜。在生长过程中，要经常检查覆膜。如果覆膜被风揭开，磨出裂口或被牲畜践踏等，则要及时用土压住。

③喷药。在生长后期，与传统种植一样，要及时施药防治晚疫病。

④后期上土。在薯块膨大时，如果因播种浅，块茎顶破土露在膜内，会造成青头，影响质量。对此，可再从床沟中深挖取土培在根部，拍严，防止阳光射入，消除块茎青头现象。

（7）注意事项

①掌握好播种期。覆膜种植比传统种植出苗快，一般可提早 7 d 左右。所以，播种时间要尽量使出苗赶到晚霜之后。在北方尤应注意不能播得太早。

②覆膜种植时，种薯最好要经过催芽或困种，使种薯幼芽萌动后再播种。这更有利于发挥地膜的作用，使增产幅度更大一些。

③覆膜种植的种薯芽块要大，以每块达到 40 ～ 50 g 为最好，也可用小整薯播种。这样做可以使单株生长旺盛，更好地发挥增产潜力。

（二）机械铺膜

马铃薯盖膜种植确实增产、增效，是马铃薯种植技术中一项突破性改革，但是人工铺膜作业费工、费事、费时间、费地膜，而且铺膜质量还难以保证。河北省围场满族蒙古族自治县农业机械化研究所针对上述问题，在玉米铺膜机的基础上，通过实践反复修改，研制出了马铃薯铺膜机，有人工种植和机械铺膜相结合的单体马铃薯铺膜机；还有小双行马铃薯播种机与铺膜机联体的马铃薯播种铺膜机。

（1）机械铺膜的优点。作业质量好、地膜均匀受力，紧贴地面，压土严实；地膜拉得紧，比人工铺膜每亩可省 0.5 kg 地膜；作业效率高，正常情况下，每天可铺 25 ～ 30 亩，是人工铺膜作业效率的 6 ～ 7 倍。

（2）机械铺膜的使用要点。根据所用的地膜宽度，调整好机梁的宽度。

根据土地松软程度，确定开沟器深度，要求两个铧深浅一致。按地膜宽度确定两铧之间宽度，如果膜宽 90 cm，两铧尖之间应距 70 cm；膜宽 110 cm，两铧尖之间应距 80 cm。

调节刮土板弹簧压力，使刮土板正好把地刮平，不能壅土太多，也不能悬起来不起作用，同时要将刮土板摆正。

上地膜，把成卷的地膜面朝下穿进放膜架的轴上，并锁在正中间，调整高度，使地膜紧贴地面；当地膜用少了，地膜卷小了时，应往下降放膜架，保持地膜紧贴地面。

调整压膜轮，使左轮右轮和开沟器左铧右铧分别在一条线上，压力弹簧的压力适中，应正好把地膜压进埋膜沟内，如果压力小，膜压不实，易被风揭开。

两个圆盘覆土器应比两个压膜轮宽度再稍宽些，以便把岔出去的土收回并覆平埋膜沟埋严地膜。覆土器角度要调好，角度小覆不上土，角度大可能会把地膜刮出来，或上土太多减小床面宽度。

铺膜机后边左右各跟一个人，随时查看，地膜边上若有没埋严的地方，要用锹埋好。同时，在膜床面上每隔 1.5 m 横着压一溜土，防止风揭膜。

入地时先由人拉紧地膜在地头埋好，然后铺膜机再向前走进入正常作业；到地头后停车，由人工把膜剪断并埋好，再进入下一趟作业。

（3）机械铺膜的注意事项。整地要求与人工铺膜一样，必须深翻、细耙、细旋，做到土暄、土细、无坷垃、无茬及杂物等。

除草剂可用人工喷，但必须掌握好时机，应喷在刮土板后，地膜架前。最好使用除草膜，可省去喷除草剂的操作程序。

膜床必须做正做直，地头长短要一致。行间距离掌握准，不能宽窄不一。

田间管理中压土放苗和中后期培土与人工铺膜要求一样，及时上土，可以人工上土，也可以用犁上土。

二、二季作区马铃薯双膜一苫种植和三膜覆盖种植

在我国马铃薯二季作区，都把春作作为主要种植季节，但早春气温低，不能种得太早，也不能种的太晚。如果种得晚，马铃薯生长往后推迟，到块茎膨大期又会赶上气温上升，这就限制了薯块的生长，不但产量上不去，还会影响下茬，抢不上行情最高时的市场。为此，广大农民和科技工作者，特别是在早春马铃薯种植面积较大的山东省，他们认真研究当地的环境、气候、季节变化等，实践并总结出了许多改变小环境、争抢季节及配套的技术措施，取得了很好的效果，使山东省近年马铃薯单产水平一直保持在全国第一位。

（一）马铃薯双膜一苫种植

所谓"双膜一苫"就是地膜覆盖加棚膜（大拱棚）加草苫。

（1）种薯准备。首先是选用脱毒的优良品种，近年都用费乌瑞它（也叫荷兰15号、鲁引1号、津引薯8号、荷兰7号等）的脱毒早代薯块（原种或原种一级）做种薯。这个品种本身属早熟品种，结薯早、膨大快、高产、优质、增产潜力大。其次是催芽，保护地栽培的马铃薯，催芽是关键技术措施。这一措施不仅可以争取时间，还可以保证苗齐、苗全、苗壮。催芽有两种方法：一是直接堆积催芽，把经浸种处理的薯块晾

干后，在空屋或大棚内堆在一起，或在网袋内摞 2～3 层，上面盖上 2～3 cm 的湿细沙或草苫保湿、遮光，将温度保持在 15～20℃，过 7～10 d 进行检查，当芽长到 0.8～1 cm 时，打开见光锻炼后，进行切芽。二是先切芽，后层积催芽（也称沙培法）在空屋或大棚内、温室内，铺一层清洁细沙，放一层经拌种或喷药消毒的芽块，上边盖 2～3 cm 厚湿细沙，再放一层芽块，上边再盖湿细沙，共放 3～4 层，上边用草苫盖好，保温、保湿，将室温保持在 15～20℃，随时检查。当芽长到 0.5 cm 左右时，揭开草苫，让其见光锻炼后，就可以播种了。如果是从北方调入的种薯可在播种前 20 d 开始催芽；当地秋播留种的，因收获晚、打破休眠晚，须在播前 35～40 d 开始催芽。再次是切芽块，切芽块方法与前边所述一致，要强调切刀消毒。最后是芽块消毒，可采取滑石粉掺甲基硫菌灵、苗盛或扑海因粉剂、农用链霉素拌芽块，防真菌、细菌性病害，用锐胜等防虫害。也可用适乐时、戴挫霉、扑海因悬浮剂、高巧等兑水给芽块喷雾消毒，晾干后播种。

（2）土地准备和施基肥。要选择地势平坦、土层较厚、土壤肥力中等以上、土质疏松、通透性好的沙壤土，同时水源方便、易灌易排的地块；前茬是马铃薯或其他茄科作物的忌用，前茬用过妨碍马铃薯生长的除草剂的忌用。

上茬收获后，及时灭茬，清理地面。在上冻之前（11 月上旬立冬前）深翻 30 cm 左右，耕层化冻（1 月末 2 月初立春之前）及时耙糖或旋耕，做到土碎无坷垃，干净无碴子，使土壤达到细、松、平、净的要求。做畦（床）前灌水增墒。

打垄做畦（床），按大行距 90 cm，也就是畦距（床距）90 cm，畦（床）面 70 cm 打垄做畦（床），畦（床）面上种 2 垄马铃薯，小行距 25～30 cm，畦（床）高 20 cm 左右。做好畦（床）等待铺地膜（先覆膜后播种的）和扣大拱棚。

应在秋收后翻地时取土样送土壤肥料部门或化肥厂家进行测土，根据目标产量提出施肥配方，按配方进行施肥。一般施肥量每亩应达到农家肥 3 500～4 000 kg，并施用 15—10—20 的马铃薯专用复合肥 150～200 kg，硫酸锌 2 kg，硫酸锰 1 kg，硼酸 1 kg。农家肥在耙、旋地前撒于地面，化肥在做畦（床）时均匀混入土中，这样可使化肥充分溶于土壤中，避免播种时施用造成的化肥烧芽块、烂芽问题的出现。

防治地下害虫的农药，如辛硫磷颗粒剂每亩 2～3 kg，或乐斯本颗粒剂每亩 1～3 kg。也可和化肥一起在打垄做床时均匀撒于畦（床）面，然后混入土中。

（3）扣膜提温。做好畦（床）马上扣膜，因当时正是 1 月末 2 月初（立春左右），虽已开始解冻（日化夜冻），但气温、地温都是最低的时候，为争取时间提早播种，必须提前扣膜，快速提高棚内气温和地温。

一般是先扣大拱棚，大拱棚骨架要选用钢体架或竹木结构架。拱棚的走向以南北方向为好，受光时间长，且受光均匀。棚宽 8～10 m、高 1.8～2.2 m，长度可视地块长短决定。采用 0.01～0.012 mm 厚的棚膜。每个大拱棚覆盖 9 个 0.9 m 的畦面。扣膜时先扣底膜，即在棚架两侧分别把 1～1.5 m 高的棚膜固定在棚架的中部，下边接地，把膜埋进沟中压严。然后扣棚架上面的顶膜，顶膜两侧垂下来，压上底膜约 0.5 m，用压膜线固定，这样就完成了扣膜。通风时往上推顶膜，往下拉底膜，根据情况掌握空缝大小来调节通风大小。铺地膜，如果是先铺膜后播种的，在扣好大拱棚的同时把地膜铺好；如果是先播种后铺膜的，要等地温提高后，播完种再铺地膜。大拱棚上边，夜晚覆盖草苫，白天揭开接受阳光。

（4）播种。扣棚后地温很快上升，经 4～5 d，地温上升 5～7℃时就可播种了。此时，正值 2 月上旬，比正常播种提早 30 d 左右。

播种方法有两种，一种是先铺膜后播种，要先按株行距要求，顺垄打 10～12 cm 深的坑（两垄坑要错开，成拐子形），把芽块芽眼朝上按到坑底，上边用湿土封好。一种是先播种后铺地膜的，要先用镢头按株、行距要求在畦面上开相距 20～30 cm 的两条播种沟，深 10 cm 左右，把芽块芽眼朝上播到沟中，打垄时没洒农药的可把农药洒上，进行覆土起垄，覆土从芽块到垄面 15 cm 左右。垄面耧平喷除草剂后铺地膜。

播种密度，要据品种、地力、施肥量、用途来考虑。一般极早熟品种，每亩 5 000～5 500 株（90 cm 双行、株距 27～30 cm）；早熟品种 4 000～4 500 株（90 cm 双行、株距 33～35 cm）；中熟品种 3 500～4 000 株（90 cm 双行、株距 35～37 cm）。

（5）田间管理

①破膜引苗。播种后 15～20 d 出苗，这时要及时破开地膜引苗，防止由于晴天膜温高把苗烫坏，影响生长或造成烂叶，苗引出后用细土把膜孔堵住。如遇寒流，要在寒流过后再引苗，此时如晴天要用草苫遮住阳光，防止地膜温度过高，烫坏薯苗。

②棚内温度调控。播种后一个阶段内以增温、保温为重点，需要在晴天的白天揭开草苫，夜晚覆盖草苫，阴天白天不揭草苫，尽早将棚内温度白天控制在 18～20℃，上午 10：00 左右，当棚内温度超过 18℃时及时通风；夜间要控制在 12～14℃；15：00 左右，棚内温度降至 15℃左右时，关闭通风口。此阶段天气渐热，阳光更足，白天注意适当通风，具体做法是：在拱棚背风一侧把顶膜向上推，使其与底膜之间放开一道缝隙，实现通风。如果大气最低气温稳定在 8～10℃时，夜间可不盖草苫。

发棵期（薯块形成期）以后（大约 3 月中旬以后），要注意地温，此阶段地温应控制在 21℃以下，以利于薯块形成、膨大、干物质积累。要放宽通风口，夜间大气温度稳定在 10℃以上时，夜间可不关闭通风口。后期大气温度上升快，要采用双面通风，使棚内形成对流，降温效果好。4 月份以后气温回升更快，棚内要加大通风量，可把棚膜全部卷起来，昼夜通风，但暂不撤膜，准备一旦再有寒流，便于覆盖防冻。正式撤棚膜要在最后一次寒流过后的 4 月中旬以后。

③水肥管理。播种时墒情如果很好，出苗前一般不用浇水，如果干旱需要浇水，要通过畦（床）沟小水渗灌。幼苗期、发棵期要适量浇水，保持土壤湿润，促进肥料吸收。膨大期需水量最大，但不能大水漫灌，要小水勤浇，水不要漫过畦面，既使土壤湿润，又保持畦内土壤的通透性，利于薯块生长。在收获前 5～7 d 应停止浇水。如遇大雨天，

要进行排水，绝不能让棚内积水。如发现基肥不足，要适当补施氮、磷、钾配比的复合肥料，不能施用单质氮肥。必要时可通过叶面喷施磷酸二氢钾或硝酸钾进行施肥。

④病虫害防治。由于有拱棚保护，棚内小环境与外界不相同，既有利于马铃薯生长的优良环境，又有利于病菌生长流行的条件，特别是当棚内湿度较大时非常利于晚疫病的发生，所以要将晚疫病防治列为重点。为控制种薯带病形成中心病株，要在现蕾期开始每亩用克露100 g喷雾第一次，以杀死薯苗上的病菌。隔7～10 d后可用保护剂（代森锰锌类如大生、新万生、安泰生等），每亩用100～150 g兑水适量施2次。最后要用玛贺、金雷多米尔（甲霜灵加代森锰锌）、银法利等隔7～10 d施一次。

防虫主要应使用菊酯类杀虫剂，这类杀虫剂具有高效低残留、环保的优点。如敌杀死、虫赛死等。

⑤预防低温及补救。早春气温变化大，棚内1～5℃时生长受抑制，-1～-2℃时则会受到冻害，所以有降温预报后，可采取浇水或加盖草苦等措施预防。如果受了冻害，要保持棚内湿度，促进茎叶恢复生长，将温度保持在15～20℃，不宜过高。补充含有氨基酸之类营养，增强植株免疫力，如菲范等，还可喷植物生长调节剂类农药，如赤霉素等。加强防病，配合施杀菌剂和微量元素。

⑥收获。正常情况下，叶片发黄、薯皮老化，就到了成熟期，应及早收获上市。但遇到好行情，不等茎叶枯黄、薯块达到商品标准也可收获。收获时要细心，避免镐伤，轻拿轻放，不摔不碰，保持薯皮光滑完整，分级包装，上市或入库。

收获时间是4月下旬至5月上旬，比正常收获早1个月，此时正是马铃薯上市淡季，可明显提高种植效益。

（二）三膜覆盖种植

马铃薯三膜覆盖种植，就是在两膜的基础上，于大拱棚下面，再加上一层小拱棚把地膜畦（床）扣上，形成上、中、下三层保护，即地膜上扣小拱棚，小拱棚上套大拱棚，这样保温、保湿效果更好。

这种种植模式，各技术环节与"两膜一苦"完全一样，只是扣膜多了一个程序，现重点予以介绍。

打垄做畦，仍按0.9 m一畦，小拱棚为竹木结构棚架，高0.8～1.2 m，棚宽2.7～3.0 m，覆盖3个地膜畦（床），用0.008 mm厚的地膜。大拱棚，用钢架或竹木结构架，棚高1.8～2.2 m，棚宽8.1 m，刚好覆盖3个小拱棚，用0.01～0.012 mm厚的棚膜。

建拱棚要在打垄做畦（床）后，先建大拱棚，在棚两侧装好底膜，再盖棚上顶膜，用压膜线封好，也可同时把下边小拱棚建好，迅速提高地温，当地温稳定在5～7℃时，在大拱棚里，扒开小拱棚播种，铺地膜后再把小拱棚扣好。或建好大拱棚，暂不建小拱棚，待地温合适后，播种铺地膜后，再建小拱棚，这样比较省事，但地温上升稍慢一点。

随着节气的过渡，气温不断上升，至 3 月上旬（惊蛰以后），防止棚内温度过高，影响块茎形成和生长，可以撤掉小拱棚，变成两膜覆盖，大拱棚逐步加大通风，到昼夜通风和全部卷起，待最晚寒流过去再撤掉。

三、马铃薯稻草覆盖免耕种植

马铃薯稻草覆盖免耕种植，改"翻耕"为"免耕"，改"种薯"为"摆薯"，改"挖薯"为"捡薯"，既省工、省时，每亩可省工 6 ～ 8 个，节省投资 150 元以上。还能改善马铃薯生长的环境条件，起到保水、抗旱、保土、保肥、保温和防寒的作用。据广西大学 2008 年测试，在地表温度 7℃以下时，盖稻草的地表温度是 7.8℃，露地种植的马铃薯为 5.2℃；而在超过 25℃时，盖稻草的地表温度为 21.2℃，露地种植的地表温度是 31.2℃。稻草覆盖，利用了过去需焚烧的稻草，起到了秸秆还田、改善土壤肥力、保护生态环境的作用。既增产增收，保证薯块质量，由于生长环境条件得到改善，有利于薯块形成和膨大，又没有机械创伤，收获不用机具，只用手扒开稻草一捡就行，薯皮光滑无泥土、商品率高、卖价高，比露地种植每亩增产 10% ～ 30%，增收 200 元以上。抢农时、早播、早收、早上市，水稻收获后，不需整地，随收获随播种，争取了时间。稻草覆盖选地可不受土质限制，黏性土壤、板结土壤都可以种植马铃薯，因为只有根系扎进土壤，结薯是在稻草下边，所以对产量、质量均没影响。稻草覆盖对杂草有一定的抑制作用，播前、苗前、苗后均可不用除草剂，同时病虫害也轻，可减少施药次数，从而减少了农药残留及对环境的污染，可谓环境友好型栽培技术。

现将马铃薯稻草覆盖免耕种植技术要点总结归纳如下。

（一）选地

要选用上茬水稻，旱能浇、涝能排、不积水、肥力中等的冬闲地。土质要求不严，沙壤土、黏土、板结土都可以。准备种植马铃薯的地块，在收获水稻时，稻茬不能太高，5 cm 以下为最好。不然覆盖稻草时会被稻茬顶住盖不严，影响保温、降温、保湿、防冻、抑制杂草的效果，同时透光，影响薯块形成，薯块易青头。

不能选用上茬种植茄子、辣椒、番茄、烟草等茄科作物和甘薯、胡萝卜等块根和根茎等作物的地块，以防止共患病害的传播。

（二）开排水、灌水沟

在稻田里种植马铃薯，应该种上垄，也就是种在床上，所以上茬水稻收获后，要马上在田里顺垄拉线，划出床印，用拖拉机或畜力拉犁，开出床沟。根据各地习惯，床面宽 1.2 ～ 1.5 m，有的地方床面宽 4 m，沟深 0.15 ～ 0.30 m，沟宽 0.25 ～ 0.40 m，还可以每 3 ～ 4 个床开一条主沟，沟深 0.3 m，开好边沟，做到沟沟相通。床要正、边要直，便于覆盖稻草。

（三）种薯准备

（1）选用中早熟脱毒优良品种。无论是秋作、冬作、早春作都要选择抗病、高产、优质、抗逆性强、结薯早、成熟早的中早熟品种，秋冬作的还要注意选用休眠期短的品种。经各地筛选认为：费乌瑞它、东农303、尤金、早大白、克新1号、克新4号、克新18号、中薯1号、中薯2号、中薯3号、中薯4号、大西洋等，还有川芋56、川芋早、会–2、渝马铃薯1号等品种都可以依据市场需求选用。每亩备种薯150～200 kg。

（2）切芽块和药剂浸种、拌种。切芽块前要认真进行挑选，剔除病、烂、畸形等不正常的薯块及杂薯。单薯重50 g左右及以下的薯可整薯作种。60 g以上薯块要据薯块大小切成2～4块。切芽时一定要从顶芽劈开，发挥顶芽优势，芽块重量30～50 g。切芽块时必须实行切刀消毒，以防止病害扩大传播，特别是防止细菌性病害传播。

药剂浸种和拌芽块。据广西壮族自治区农技推广总站李如平等报道，他们采取"两步消毒法"效果很好，具体做法：第一步，整薯表面消毒（浸种）。在播前10～15 d，经挑选后，用72%克露可湿性粉剂100 g、37.5%泉程（氢氧化铜）悬浮剂100 mL、72%农用硫酸链霉素可溶性粉剂2 000万单位（相当于20 g）兑水50 L，浸薯块15～20 min，之后放在通风见光处晾干后进行催芽或切块。也可以在晾晒种薯时，选以上药剂用喷雾器均匀喷在薯块表面。第二步，药剂拌芽块（拌种），芽块切好后立即用克露（约为种薯重量的0.1%）、甲基硫菌灵（约为种薯重量的0.3%）、多菌灵（约为种薯重量的0.3%）、新植霉素（约为种薯重量的0.01%）与中性石膏粉混合拌芽块。以上农药可以单用也可选2～3种混合用。

（3）催芽。通过催芽，可以尽早打破休眠期、淘汰病薯、达到早出苗、出苗齐、出全苗的目的。催芽的方法很多，最实用最便于种植者使用而且效果最好的是沙床催芽法(有的地方叫层积催芽法)，即用清洁干净的湿细河沙或硅砂，在通风阴凉的室（棚）内做催芽床，然后把已拌过药剂的芽块或50 g以下的小整薯块，密密地平铺于催芽床面，之后上面盖上一层2～3 cm厚的湿细河沙或湿硅砂，在沙层上面再铺一层拌过药的芽块，上面再盖上一层湿沙或湿硅砂，这样一层层地盖到3～4层，厚度15 cm左右就可以了。然后在上边盖上稻草遮光和保温，将床内湿度保持在20℃左右，当薯芽长出0.5 cm左右，就可揭开稻草，让薯芽受光，变为紫色短壮芽，就可以播种了。上述方法也可以用稻草或苇子做成草床进行催芽，但应注意保持湿度。也有使用赤霉素（920）浸种催芽的，用0.5 mg/kg溶液浸芽块15 min后，将层堆放在温暖的空屋之内。此法发芽快、出苗早，但浓度不好掌握，使用时必须谨慎。

（四）施肥

（1）施肥品种和施肥量。要根据种植的品种，土地的肥力，计划产量目标等来确定施肥量。为适应一次性基肥的需要，化肥品种应当选用氮、磷、钾各 15% 的复合肥每亩 75 ～ 100 kg，再加硫酸钾 20 ～ 30 kg（纯氮素 11.25 ～ 15.00 kg，纯磷素 11.25 ～ 15.00 kg，纯钾素 25.00 ～ 26.25 kg）；或施用氮、磷、钾为 13—8—24 的复合肥，每亩 110 kg，（含纯氮素 14.3 kg、纯磷素 8.8 kg、纯钾素 26.4 kg）。另外，还可以考虑使用其他马铃薯专用化肥。不论施用哪种化肥，每亩都要配合施用腐熟的农家肥 1 500 ～ 2 000 kg。

（2）基肥施肥方法。在播种（摆种）前或播种（摆种）后，一次性把计划施用的基肥全部施入田间。施肥按预计行距拉线条施，施在摆种行的侧面，要离开摆种行 3 cm 以上。可以 1 行肥料 1 行种薯，也可以 1 行肥料 2 行种薯，不管怎样，肥料不能接触种薯。

（五）摆种（播种）和覆盖稻草

（1）摆种（播种）时间安排。应根据秋作、冬作、早春作不同情况合理安排摆种（播种）时间。本着不影响产量和效益，不影响下茬种植的原则安排，不宜太早，也不宜太晚。秋作一般在 8 月上旬至 9 月上旬；冬作在 10 月中旬至 12 月上旬；春作要在 1 月下旬至 2 月上旬。具体到某一地方应根据本地区实际情况进行科学安排。

（2）摆种（播种）密度、方法。根据床（畦、厢）宽度安排每床（畦、厢）摆种行数，一般一床（畦、厢）摆 4 ～ 5 行，床（畦）边留 20 cm，行距 25 ～ 30 cm，株距 20 ～ 25 cm。要按中熟、早熟等不同品种植株生长特点合理安排密度（株行距），一般春作每亩在 4 500 ～ 5 500 株，而秋冬作，每亩要种到 5 700 ～ 6 700 株。

摆种方法是按计划行距，在施肥行两侧，芽眼朝下，按计划株距串空（品字形）摆开，再用力把芽块摁在土中（或按北方的方法用脚踩一下把芽块踩入土中），使芽眼和土紧密结合。勿使芽块直接与化肥接触。如果是先摆种后施化肥的，把化肥施在两行种薯之间，更应注意别把化肥撒到芽块上。土壤湿度如果不大，也可以用床沟中的土盖上芽块和化肥，盖土厚 2 cm 左右即可。

（3）覆盖稻草。摆好芽块（或摆好芽块盖好土）后覆盖稻草，大多采取稻草横着铺在薯垄上，稻草尖对尖或根压尖都可以，也有的地方稻草顺垄向铺，草根压草尖一节一节的。铺草厚度 8 ～ 10 cm，要铺均匀，不能有露缝的地方，稻草上边和接茬的地方还可以用土压上，防止风刮。据生产实践，每亩用干稻草 1 000 kg 左右，按面积计算每亩马铃薯田，需 1334 m² 水稻田的稻草来覆盖。

在没有稻草或稻草不足的地方，也可以用玉米秸、麦秸、甘蔗叶、茅草等作覆盖物，只要盖够厚度、盖严、压好，也可以达到理想的效果。

（六）田间管理

（1）清沟压土。播种（摆种）盖草后要及时清理床（畦、厢）沟（排灌沟），将清理出的土打碎，均匀地压在稻草上，并压紧稻草，这样不仅可保湿遮光，还可防止风揭草移。

（2）引苗。在出苗时（播后 30 d 左右）要进行人工引苗，因为覆盖在苗上面的稻草纵横交错、拉拉扯扯，有的可能把苗卡住，出现"卡苗"现象，苗要长出来很困难，要人工扒一下把苗引出，让其正常生长。

（3）追肥。因稻草覆盖的马铃薯都是一次性施入基肥，一般根据苗情，如不会出现脱肥问题，可不追化肥。有脱肥可能的，可在生长中后期，每亩用磷酸二氢钾 150 g 加 250 g 尿素兑 50 L 清水进行叶面喷施，视情况喷 2 ~ 3 次。

（4）水分的控制。稻草覆盖种植马铃薯的方法大都在南方雨水较多的地方使用，而且都种在冬闲的湿度较大的水稻田，所以，既需注意防旱，又得重视排涝，必须种上垄（床、畦、厢）并做好排灌沟。土壤水分不足时要通过床沟渗灌，水层要浅，水面不要超过床（畦、厢）面，让水渗透到土壤中去，保持马铃薯各个生长时期所需的水分，不能忽干忽湿。雨水较多的时候，要及时排水，绝不能让田里积水，也不能让稻草湿度过大，防止烂薯。收获前 7 ~ 10 d 停止灌水，保持田里干松，便于收获。

（5）防治病虫害。当地湿度较大，有利于真菌、细菌性病害发生。主要以防晚疫病、早疫病等真菌病害和青枯病、环腐病等细菌性病害为主。以防为主，所以苗期就应开始用药剂防治，防晚疫病每亩可选用 72% 克露（霜脲氰加代森锰锌）100 g，甲霜灵加代森锰锌（金雷多米尔、玛贺）用 100 ~ 150 g 或 60 ~ 80 mL；防治早疫病可用氢氧化铜（37.5% 泉程、可杀得等），每亩用 100 g 或 500 ~ 1 000 倍液，封垄后可用金力士（丙环唑）每亩用 6 ~ 9 g 兑水喷雾；防治细菌性病害，用 72% 农用链霉素可湿性粉剂，每亩用 15 ~ 20 g。以上药剂可单独使用，也可复配使用，每隔 7 d 喷洒 1 次，每生育期施 6 次以上。

防治地下害虫主要用毒土或颗粒剂，如辛硫磷颗粒剂每亩 3 kg，或毒死蜱颗粒剂每亩用 3 ~ 4 kg。防治蚜虫主要用吡虫啉可湿性粉剂，每亩用 10 ~ 20 g；还可选用菊酯类杀虫剂消灭一些鳞翅目、鞘翅目害虫。

（6）收获。收获时间应依据生长情况和市场需求来决定，一般应在正常成熟时收获，但市场价好时，只要薯块达到商品成熟也可收获，产量虽差点，但产值可以提高。收获前 7 ~ 10 d 要割掉薯秧。收获时只需扒开稻草人工捡拾、分级装包就行了。但应注意轻拿轻放，不要人为造成创伤，影响品质。收获的块茎要防雨淋、防暴晒、防冻。装车运送过程中，人不要到薯块上蹬踩。

四、脱毒马铃薯循环切芽快繁种植技术

有的农户引进了市场上很抢手的马铃薯新品种的原种或一级种，很想尽快繁殖，早日用于生产，发挥效益。但是，马铃薯繁殖倍数太低，一般只有 10 倍，而要大量购买原种或一级种投资又太大。解决这个矛盾的办法，是应用循环切芽快繁技术。这样，

可以把马铃薯繁殖倍数提高到 60 ～ 70 倍。

（一）晒种催芽

在晚霜结束前 60 d 开始，方法同前。把种薯上的幼芽晒到由黄绿色变成紫绿色即可。

（二）建造阳畦

在种薯催芽的同时，选择背风向阳、管理方便的地方建造阳畦，按每 75 kg 种薯，建长 5 m、宽 1.3 m、深 0.7 m 的育苗阳畦 1 个。另建同样大小的假植冷床 1 个，深度为 0.3 m。育苗阳畦底下铺 20 ～ 30 cm 厚的生马粪或羊粪，浇水使其含水量达到 60%，上部再铺过筛细土 10 cm 厚并整平。冷床不放马粪。

（三）育苗

在晚霜结束前 40 d 开始，把经过催芽的种薯，按照薯块大小，顶端朝上挨个摆一层于育苗阳畦畦面上。摆完后，给种薯灌水，至不渗水为止。然后，在种薯上面再覆一层 5 ～ 6 cm 厚的风沙土，在畦上搭好拱形塑膜棚，并压好封严，使畦内 7 cm 深处地温保持在 17 ～ 18℃。要注意不能使温度过高。在夜间，要用草帘覆盖保温。经 20 d 左右，种薯就能出苗。

（四）切芽与假植

出苗后 4 ～ 5 d，芽高 4 cm 左右时，取出母薯，在芽子带一节不定根处，用快刀将芽切下，把它假植在冷床营养土上。然后把母薯放回原处，并立即浇水，覆上棚膜，让其继续生长。当苗高又达 4 cm 时，再切第二次，这样可连续切 3 ～ 5 次。晚霜结束后切下的芽子，可以直接定植到田间。

（五）移栽定植

晚霜结束后，可把假植的苗子定植到大田。定植田要有隔离条件，即周围 200 m 内没有未脱毒的马铃薯。另外，要有浇水条件，地也要整细。栽时要随栽随浇水，第二天还要浇水封埯。栽苗密度为：每亩头茬 2 500 株，二茬 3 300 株，三茬 4 500 株。最后，可将母薯切成芽块种于地里，每亩约种 5 000 株。

（六）苗田管理

幼苗移栽后，在 1 个月内生长很慢。因此，要及时浇水、追肥和中耕，以促其生长。现蕾期要培土。苗期要注意防治地下害虫，7 月份开始防治蚜虫，并注意去杂、去劣和去病。还要及时收获，单贮留种。

五、马铃薯埯田种植

在劳力充足、土地较少、马铃薯种植面积不太大的地方，常采取埯田种植的方式，有的地方叫坑种。这种方法由于要挖种植埯，所挖局部土壤疏松，保墒蓄水；播种较深，培土较厚；施肥集中，营养面大；空间合理，改善了小环境，因而非常有利于马铃薯地上部和地下部的生长。同时，由于用小整薯播种和顶芽大芽块播种，因而不仅能抗旱保苗，而且其顶端优势可使苗子长势强，植株繁茂，每埯可长出 3～4 个茎，各埯组合，形成丰产的群体。单埯产量可达 1.5～2 kg。同时大薯率高，商品性好。具体种植方法如下。

（一）选种催芽，健薯下地

确定品种之后，除挑选无病薯块外，还要按小种薯规格（30～100 g）选薯块，然后进行整个薯催芽，培育短壮芽。在室内或大棚、温室内的散射光条件下，地上垫木板或铺上草，上面平摆 2～3 层薯块，温度保持在 20～25℃，等芽眼萌动，也就是露小白锥时，每天把薯块翻动一次，让种薯均匀受光，同时发现病块随时淘汰。幼芽受光后变成紫色，又短又粗壮，节数多，节间短，芽基部长很多突起的小点，是早期分化的根点，当芽子长到 1.5 cm 左右，就可以进行播种了。播种前再做一次处理，60 g 以下的一律整薯播种，60 g 以上的用消毒的切芽刀，把尾部切掉，只留顶部，重量在 50 g 左右，这样就成为顶芽大芽块。这样催出的芽无病又健壮，播到地里遇到湿润温暖的土壤，会很快长出根子，吸收水分养分，加上母薯水分、营养充足，就会长出健壮的薯苗。

（二）深翻整地，拖耢保墒

最好进行秋季深翻，深度要达到 30 cm，随翻随拖耢，使土层上实下虚，接纳雨水，保存底墒。

（三）把握实际，确定埯数

根据土地肥力情况和所使用品种的丰产性、成熟期等，合理确定挖埯密度。应掌握："壮地晚熟种稀点，薄地早熟种密点"的原则。一般行距 60 cm 左右，埯距 50～55 cm，每亩挖 2 000～2 200 埯。按每埯长出 3 个有效茎计算，每亩有效茎数量可达 6 000～6 600 个。

（四）挖埯施肥，精细播种

按预计的行距和埯距挖埯，相邻垄的埯要插空错开，形成锅撑腿状，有利于通风透光，空间面积合理，同时还便于取土。埯的直径 30 cm 左右，埯深 30 cm，表土挖出单放一边，下部土挖出放在一边，然后把表土回填并把事先备好的化肥、农家肥施入，与土混合均匀，埯中土面距地面 10 cm，然后把种薯芽子朝上慢慢按入埯中，覆土厚 15 cm 左右，使地面形成小土堆，用锹轻轻拍实。

（五）分次培土，加强管理

苗高 10 cm 左右，结合灭草浅培土一次，培土 3 cm 左右；苗高 20 cm 以后再进行两次培土，两次厚度 7 ～ 10 cm，最后使芽块距地上茎基部 25 cm 左右，土堆要宽大。有浇水条件的应适时浇水，也要按常规要求施药防虫防疫病。中后期要进行叶面喷施硝酸钾、磷酸二氢钾等肥料。

六、马铃薯的间套种植

由于马铃薯有棵矮、早熟、喜冷凉、在地下生长和根系为须根系等特点，因而成为较广泛的间套种作物。它可与高棵作物搭配，用光互补；也可与晚熟作物搭配，错开播期，减少共生期；还可与地上结实作物搭配，不同它争营养面积和空间等。我国农民在生产实践中利用这一规律，创造出多种多样的马铃薯与其他作物的间、套种形式，在充分利用土地、增加复种面积、提高产量和产值。提高经济效益方面起了很大作用。

（一）薯粮间套种形式

（1）2：2 间套种。许多地方的实践经验表明，马铃薯和玉米以 2：2 间套种最合理，也最成功。

在北方地区，大多数的做法是将马铃薯、玉米同时在 4 月下旬播种，属于间种。马铃薯选择早熟品种。在前期，玉米和马铃薯生长高度差不多，接受光线互不影响。后期玉米长高了，而马铃薯正需要温差大的生长条件。当马铃薯收获后，又为玉米提供了通风透光的良好空间。一般是 1.8 m 宽一带。两行玉米之间的距离为 50 cm，两行马铃薯之间的距离为 60 cm，马铃薯和玉米之间的距离为 35 cm。玉米的株距为 24 cm，每亩种植 3 000 棵，马铃薯的株距为 22 cm，每亩种植 3 370 棵。

在中原地区及东部沿海地区，用两垄马铃薯与两垄玉米套种，即 2：2 套种，1.6 m 宽一带。两行马铃薯之间相距 60 cm，两行玉米之间相距 40 cm，马铃薯与玉米之间相距 30 cm。3 月上旬播种经过催芽的马铃薯，选用费乌瑞它、早大白、东农 303 等品种，株距为 25 cm，每亩种 3 330 棵。播马铃薯时，第二垄和第三垄间隔 1 m，以给玉米留垄。4 月上旬播种玉米，选用中单 2 号、丹玉 13 号等品种，株距也是 25 cm，单位面积棵数与马铃薯的相同。

（2）大带距间种。以马铃薯为主的大带距间种，在北方一季作区应用较多。马铃薯 4 垄、玉米 2 垄，行比是 4：2，一带总宽 3 m。马铃薯、玉米所有行距均为 50 cm，4 行马铃薯占 2 m，2 行玉米占 1 m。马铃薯株距 24 cm，每亩种 3700 棵；玉米株距 20 cm，每亩种 2 200 棵。马铃薯与玉米同时播种。

（3）秋播马铃薯与冬小麦、春玉米间套种。在中原地区和西南山区，有用秋播马铃薯与冬小麦、春玉米间套种的做法。实施时，冬小麦为 4～5 行，马铃薯为 2 行，2 m 宽一带，两行马铃薯间距离为 55 cm，马铃薯与小麦垄间距 35 cm，小麦垄间距 25 cm。为了减少马铃薯与小麦用水的矛盾，马铃薯行要做成高垄（床），将小麦种在下边。所种马铃薯应选用早熟品种，株距 20 cm，每亩 3 300 棵。马铃薯在 8 月初播种，冬小麦在 10 月上旬播种。马铃薯收获后冬闲，待翌年小麦扬花时再在原马铃薯垄上播 2 行玉米。

（二）薯棉间套种形式

薯棉间套种在黄淮地区发展很快，因为这种种法既保证了棉花的种植面积，又增加了农民的收入。这一种植方式非常受农民欢迎，他们称赞薯棉间套种"棉花不少收，土豆有赚头"。

（1）一垄棉花与两垄马铃薯套种。即马铃薯棉花 2：1 间套种，1.2 m 一带。马铃薯选择早熟品种费乌瑞它、早大白等，于 3 月初催芽播种。两垄马铃薯间距 50 cm，与棉花垄间距 35 cm，使马铃薯形成行距 50 cm 和 70 cm 的两种规格。其株距为 22 cm，每亩种 5 000 株。棉花采取育苗移栽的办法，在 4 月初育苗，5 月初移栽定植，栽在马铃薯大垄中间，使棉花行距为 1.2 m。其株距为 30 cm 左右，每亩栽 1 800 株。6 月中下旬收获马铃薯后，棉花的生长空间和营养面积增大，非常有利于生长。另外，也可按带宽 1.3 m 的规格进行薯棉的间套种。

（2）两垄棉花与两垄马铃薯间套种。即马铃薯棉花 2：2 间套种。马铃薯两垄间距 60 cm，与棉花垄间距离 40 cm，棉花两垄间距 40 cm，形成 1.8 m 宽的一带。马铃薯和棉花的株距都是 20 cm，每亩都种 3 700 棵。一般播种马铃薯要比播种棉花早 30 d 左右，待马铃薯出齐苗后再播棉花。行株距可根据马铃薯及棉花品种进行适当调整。

还有一种做法是 1.6 m 宽为一带，同样按 2：2 间套种。马铃薯催大芽后在 3 月初播种，先播成大、小两种垄距，小垄距为 50 cm，大垄距为 110 cm（也可以盖上地膜），其株距为 17 cm 左右，每亩种 4 800 株。4 月中旬播种棉花，播在马铃薯大距垄间，距马铃薯垄 30 cm，两行棉花间垄距 50 cm，株距 24～30 cm，每亩种 2 700～3 400 株。

（3）间套种模式。这是指马铃薯和甘薯间套种。它们虽然都是地下生长收获的作物，但它们的生长特性不相同。马铃薯喜冷凉，耐寒怕热，需要早播早收；而甘薯喜温，耐热怕冻，需要晚栽。马铃薯植株直立，甘薯植株蔓生匍匐，相互间基本没有遮光问题。所以，在生长期较长的地方，可以充分利用早春上地闲置的时机，以创造更高的产量和效益。

经各地多年实践选择，马铃薯与甘薯间套种的行比，以 1：1 或 2：1 为佳。

①马铃薯和甘薯按 1：1 间种。先播种马铃薯，行距为 74 cm，株距 20 cm，每亩

种 4 500 株。当马铃薯培土后，把甘薯栽在马铃薯行之间，这样使所有的行之间都成为 37 cm 的距离。甘薯株距 33 cm，每亩种 2 700 棵。

②马铃薯和甘薯按 2 ∶ 1 间套种。在整地时，先按 1.4 m 的行距，打成宽 40 cm、高 15 cm 的大垄（或叫高畦），准备栽甘薯用。在两条甘薯垄之间，播种马铃薯两垄，各距甘薯垄中心 40 cm，两条马铃薯垄间距 60 cm。其株距为 20 cm，每亩种 4 700 株左右。在马铃薯培土后，根据气温情况决定在大垄上栽甘薯的时间。栽时株距为 20 cm，每亩种植 1 600 株。

（4）薯菜间套种模式。在以蔬菜种植为主的地方，许多农民利用马铃薯早熟喜低温的特点，与喜低温或喜高温的蔬菜进行间套种，以充分利用地力和无霜期。他们创造了各式各样的间套复种方式，种成了一年三收、四收甚至五收等模式，产量和效益都非常可观。如马铃薯与生长期较长的爬蔓瓜类间套种、与生长期长的茎直立的茄科蔬菜间套种、与耐寒又速生的叶菜类间套种、与耐寒生长期长的其他蔬菜间套种等。

第八章　马铃薯病、虫、草害的防治

马铃薯在整个生育期非常容易受到病虫草的侵害，就是在贮藏阶段也会受到病害的威胁。一旦病虫草害发生并流行，不仅影响产量，块茎质量也难以得到保证。在种薯生产中，由于种薯携带病原，如果处理不当，有的病害不但影响当年的产量和质量，下年的田间在适宜发病条件的情况下，也会成为田间发病的病原，给生产造成损失。为了防止损失或把损失降到最低，就必须采取一些有效的防治措施。

第一节　马铃薯主要常见病害的防治

一、马铃薯病害的综合防治措施

马铃薯病害分非侵染性病害和侵染性病害两种。非侵染性病害，病因主要是环境条件、气候条件、田间管理及遗传变异等，如空气污染、化学物质伤害、低温冷害、黑心、空心、田间高温伤害、内部坏死、雷击伤害、营养失调、缺素症和元素过量症等。这种病害不会扩大传染。而侵染性病害，病因是真菌、细菌、病毒、类病毒、线虫等侵染而引起的病变，如果防治不当，就会扩大流行，造成严重损失。

马铃薯病害的防治原则是"以防为主、综合防治""防重于治"，要做到"防病不见病"。马铃薯病害的防治发展到现在，已形成了"以化学防治为重点的综合防治"的格局。虽然以化学防治为重点，但其他综合防治的技术措施也不能忽视，综合防治的关键是早期预防，多种措施结合在一起，对病害就能进行更有效的控制。综合防治的措施具有以下几点内容。

（一）马铃薯种植用地及土壤

种植马铃薯的耕地，必须实行轮作，要间隔 2～3 a，因为有的土传病害的病菌能在土壤中存活 3 a 左右。轮作忌上茬茄科作物、十字花科作物，根茎、块茎作物，因为它们与马铃薯有共患病害。宜选择疏松透气的土壤，避免黏重土和碱性土壤，碱性土块植株茎易得疮痂病。

（二）种薯选择及种薯处理

首先要选用抗病品种，同时要用脱毒种薯的早代种薯，如原种或一级脱毒种薯。在贮藏前、切芽前剔除病薯。尽量用小整薯播种，可避免切刀传病。切芽块一定要进行切刀消毒。切出的芽块必须进行药剂拌种，以杀死芽块上所带的病菌。进行催芽或晒种、困种，以便剔除病薯，出壮苗。

（三）适时播种，提高播种质量，认真培土

不要播种过早，如果在地温低时播种，出苗慢，薯芽在土里埋得时间长，易增加感病机会。播种时要细致准确，覆土适当，不能过浅或过深。中耕培土要达到要求厚度，起到保护块茎少受病菌侵染的作用。

（四）加强肥水管理

充足的营养和水分，能促使薯苗生长旺盛，增强对病害的抵御能力。肥过大也不好，特别是氮肥过多，茎叶生长太嫩，易感染病害。如果水分过多，会造成小气候湿度过大，有利于发病。

（五）清洁田园

在精耕细作的园田和保护地栽培的田块，马铃薯收获后一定要把残枝落叶、病烂薯块清理出地外深埋掉。如果残留在地里，将成为发病的侵染源，因为很多病菌可在马铃薯茎叶、块茎残体里生存越冬。

（六）种薯生产搞好隔离

使所繁殖的种薯远离病源和毒源，减少受侵染和发病的机会。

（七）选用有针对性且有效的杀菌剂

根据病害预报和经验，有针对性并全面安排要使用的药剂，防止只顾一种病害而忽视另一种病害，造成顾此失彼，药钱没少花还出现了病害，造成减产减收。还要选用高效低残留的环保型农药，确保食品安全。

（八）正确施药

选择高效的打药机械，确定较准确的施药时间，准确的用量，遵守施药间隔和安全隔离期。

二、真菌性病害

（一）晚疫病

1.病症识别

在田间识别晚疫病，主要是看叶片。一般初侵染典型的症状是叶片呈至暗绿色，有不规则的、水浸状的小斑点，当湿度较大时病斑迅速扩大，病斑一般在叶尖或叶缘出现，病斑外围有褪绿稍黄的晕圈，然后再扩大，病斑如开水烫过一样，墨绿色，发软，叶背面有白霉，是晚疫病的分生孢子梗和孢子囊。空气继续保持湿润，病斑会向全叶扩展，变为墨绿色（如果空气干燥、阳光充足，病叶则干枯呈黄褐色）。叶柄和茎部感染后经一段时间才表现症状，顺茎出现褐色条斑，严重时也产生白霉，之后全株叶片萎垂、腐烂、枯死。孢子梗随雨落在地上，渗入土中侵染薯块，块茎感病后，表皮出现褐色病斑，起初不变形，后来随侵染加深，病斑向下凹陷并发硬。有人把这种症状叫"铁皮子"。如果湿度大，软腐病菌入侵又变软腐烂，呈梨渣子样。

2.传播途径

晚疫病是一种真菌病害。初侵染源是带病种薯，有时带病种薯没有任何表现，或很轻微，很难挑选，播种时把这样的芽块播进地里，有可能在幼芽萌发后就被感染，成为田间新生苗最初的侵染源，之后再把病菌传给健康植株，引起茎部感染，但症状不明显，很难检查到。当遇到空气湿度过大较凉爽时或雾天、阴雨连绵即空气湿度连续在75%以上，气温在10～20℃时，叶子上就会出现病状，形成中心病株，病叶上产生的白霉（孢子梗和孢子囊）随风、雨、雾、露和气流向周围植株上扩展。有一部分落在地上，进入土中，侵染正在生长的块茎。这样循环往复，不断传播。所以，国外一些专家认为，晚疫病可以在马铃薯生长的各个时期发生，只是流行需高湿、凉爽的环境条件。科学家近年来发现，在自然界中存在的晚疫病交配型卵孢子（A1型和A2型），在恶劣环境条件下的土壤中及残体中也能存活，接触土壤的叶片常常首先被侵染。这就又增加了一个初侵染源，给防治带来困难。有时虽然发生了中心病株，但由于天气干旱，空气干燥，湿度低于75%或不能连续超过75%，便不能形成流行条件，被侵染的叶片枯干后病菌死亡，因而就不会大面积流行。

3.防治方法

（1）消灭种薯携带的病菌，降低初侵染源。

①种薯生产者要在杀秧前5～6 d，每亩用金纳海（福美双）80 g +鸽哈（甲基硫菌灵+百菌清）80 mL喷施，可有效防止植株带病而侵染块茎，或在杀秧后收获前，用硫酸铜、可杀得（氢氧化铜）、必备（80%波尔多液，其中含水胆矾、石膏）等铜制剂，喷洒田面，杀死地表、残秧上的晚疫病菌，减少其进入薯块的机会。保证提供的种薯翌年少带或不带晚疫病菌。

②播种前药剂拌种做包衣，用甲基硫菌灵(甲基托布津)500～600 g及百菌清500 g，

均匀掺在 12 kg 滑石粉中，拌在 1 000 kg 芽块上，形成药粉包衣。

（2）在生长季节杀菌剂的施用策略上，应根据所用种薯状况来决定，如果所用种薯在上年生产季节没有晚疫病发生，同时防病喷施杀菌剂次数到位，也就是种薯基本上不带病。本年早期应先以保护性杀菌为主，保护薯苗不受病菌侵染；中期是湿度较大的危险期，应以治疗剂兼保护剂为主，保持叶片正常生长和进行光合作用；后期以保护为主，也要兼顾治疗，特别是要用对块茎有保护作用的药剂，保护块茎不受病菌侵害。如果所用种薯状况不好，有带病菌的可能，早期就应使用治疗加保护剂型的药剂，杀死初侵染源；中期比较安全了，可使用保护性杀菌剂；后期仍使用保护兼治疗药剂。如果田间发现病株（或周边田里出现病株），除采取措施处理外，还要缩短打药间隔时间，加大剂量施用不同治疗内吸剂，不仅要控制地上茎叶病情不发展，还要尽量多地杀死病菌，防止病菌落入土中侵染块茎。

根据田间情况，未发病时和已发病时要采取不同处理方法。

（3）未发病时晚疫病的药剂防治方法。首先应掌握苗高 10 cm 左右时的天气情况来决定第一次打药的时间，在北方一季作区大约是在 6 月上中旬，如果降雨量大，空气湿度大，第一次打药时间应早一些，6 月 20 日左右开始，反之则可推迟到 6 月 27 日左右开始打第一次药。二季作区和冬作区可根据薯苗的高度来决定第一次打药时间，如果天气湿度大，要在苗高 10 cm 左右打一次药，反之要在苗高 15 cm 时开始打第一次药。

第一次打药，如果种薯有带病的嫌疑，要用内吸治疗兼保护剂，如克露（霜脲氰＋代森锰锌）72% 可湿性粉剂 100 g/亩，或玛贺悬浮剂（甲霜灵＋代森锰锌）60 mL/亩、或菲格（4% 精甲霜灵 +40% 百菌清）500 倍液等。如果认为种薯不带病菌，则可用保护性杀菌剂，如大生 80% 可湿性粉剂、新万生 80% 可湿性粉剂、安泰生 70% 可湿性粉剂、猛杀生 75% 干悬剂、喷克 80% 可湿性粉剂、美生 80% 可湿性粉剂、大生富（代森锰锌悬浮剂）等代森锰锌或丙森锌类药剂，任选其一，每亩用 80 ～ 150 g。也可以用有特殊保护作用兼杀细菌病害的金纳海（福美双）80% 水分散粒剂，每亩用 80 g。

第二次打药，仍可用上述代森锰锌类保护性杀菌剂及金纳海。

第三次打药，根据第一次用药情况安排，如果第一次用的是治疗兼保护剂，这次还可用代森锰锌类保护性杀菌剂。如果第一次用的是保护性杀菌剂，这次可选用保护兼治疗的阿米西达（嘧菌酯）25% 悬浮剂，20 mL/亩；或用具有强渗透能力的保护剂百泰（吡唑醚菌酯＋代森联）60% 水分散粒剂，40 ～ 60 g/亩；或凯润（吡唑醚菌酯）25% 乳油，20 ～ 40 g/亩易保（噁唑菌酮）68.7 g 水分散粒剂，75 g/亩。

第四次到第七次打药，可分别选用克露、金雷（瑞毒霉＋代森锰锌）、玛贺、抑快净（霜脲氰＋噁唑菌酮）52.5% 水分散粒剂，用量为 40 ～ 50 g/亩；银法利 687.5 g/L 悬浮剂（霜威盐酸盐＋氟吡菌胺），用量为 80 ～ 100 mL/亩；安克 50% 可湿性粉剂（烯酰吗啉）用量 30 g/亩；瑞凡（双炔酰菌胺）25% 悬浮剂，用量为 20 ～ 40 mL/亩；杀毒矾（恶霜灵＋代森锰锌）64% 可湿性粉剂 110 ～ 130 g/ 亩。

第八次、第九次、第十次打药，以保护地下块茎为主，兼有保护茎叶作用。主要用科佳（氰霜唑）100 g/L 悬浮剂，每亩用药 53 ～ 67 mL；福帅得（氟啶胺）500 g/L 悬浮剂，每亩用药 27 ～ 33 mL。应在收获前 7 ～ 10 d 停止用药。还可用可杀得 101、可杀得 2 000、泉程等铜制剂预防真菌、细菌通过土壤裂缝侵染薯块。为了防止病菌对农药产生抗性、降低防效，用药时最好交替使用。因为低毒、高效、低残留农药不断出现，所以用药品种可随之更新，可根据实际情况，选用效果好、价格低，使用方便的农药。

每次打药的间隔时间一般是 7 ～ 10 d，具体应根据所用药剂的药效持续时间的长短、马铃薯生长速度的快慢、周围马铃薯田有无发病、天气及空气湿度等情况来安排。特别是要掌握好天气状况，多看天气预报。如果赶上打药日，预报有降雨，就要提前 1 ～ 2 d 把药打上，以掌握主动。如果等降雨过后再打药，有可能给疫病的发生、发展留下机会，造成被动局面。

（4）有晚疫病发生的特殊情况下如何进行防治。在马铃薯旺盛生长时期，如果天气阴雨连绵，空气相对湿度在 75% 以上，前期防治不力或周边马铃薯地块发生晚疫病，有大量菌源存在，很有可能在田间出现初发病株或病区，一旦出现必须采取紧急措施、力争控制病害发展流行，避免造成危害。具体要做好 3 件事。

①处理好中心病区。安排专职人员，穿上塑料鞋套和塑料套裤，进入初发病区，对只感染叶片的要摘除病叶，严重的要拔除病株，装在塑编袋内集中就地埋掉或带出田外埋掉。同时，从病区向外 10 m 之内，由外向内，用喷雾器喷洒金雷或克露 300 ～ 400 倍液，或银法利 500 ～ 600 倍液，进行封闭。打药时要特别仔细周到，宁重勿漏。打完封闭后出地时大家走同一条路线，打药人员退行，随退行随喷药，禁止人员随便走到非疫区，出地后每人鞋、裤都要进行喷药消毒，防止人为传播菌源。

②加强田间监视。安排好田间检查人员，密切注视非疫区是否有病害发生。田间检查人员同样要搞好防护，尽量不到疫区去。发现问题及时报告，统一组织处理。

③全田加密打药防控。做完中心病区处理后，马上进行全田打药，第一遍用银法利，每亩用药量增到 100 g，全田普遍打一次；第五天再用金雷或克露，药量增加到每亩 200 ～ 250 g，全田喷洒一遍；过 5 d 再用银法利 100 g 全田普喷一遍。这样，就可基本控制住病情不再发展。之后用药转入正常，每间隔 7 d 打 1 次原来安排的农药。

注意事项：在打药过程中，拖拉机经过疫区进入非疫区之前要停车，用 75% 酒精对车轮、车头、底盘、打药机底部全部进行喷雾消毒，严防把病菌传入非疫区。

其他综合防治、农艺措施等不再重述。

（二）早疫病

1. 病症识别

早疫病斑在田间最先发生在植株下部较老的叶片上。开始出现小斑点，以后逐渐扩大，病斑干燥，为圆形或卵形，受叶脉限制，有时有角形边缘。病斑通常是有同心的轮纹，像树的年轮，又像"靶板"。新老病斑扩展，会使全叶褪绿、坏死和脱水，但一般不落叶。严重时叶片从下部向上逐步干枯，植株成片提前枯死，有时发展到全田，每提前枯死 1 d，每亩减产 50 kg。块茎上的病斑，黑褐色、凹陷，呈圆形或不规则形，周围经常出现紫色凸起，边缘明显，病斑下薯肉变褐。腐烂时如水浸状，呈黄色或浅黄色。

2. 传播途径

早疫病也是真菌病害。早疫病真菌在植株残体和被侵染的块茎上或其他茄科植物残体上越冬。病菌可活 1 a 以上。翌年马铃薯出苗后，越冬的病菌形成新分生孢子，借风雨、气流和昆虫携带，向四周传播，侵染新的马铃薯植株。一般早疫病多发生在块茎开始膨大时。植株生长旺盛则侵染轻，而植株营养不足或衰老，则发病严重。所以，在瘠薄地块的马铃薯易得早疫病。在高温、干旱条件下，特别是干燥天气突降阵雨，而后晴天暴晒，这样的干热和雨水交替天气出现时，早疫病最易发生和流行，而且发展迅速。

3. 防治方法

对早疫病的防治，过去都不太重视，认为早疫病不会造成太大的危害，重点都放在晚疫病上了，结果近年出现了早疫病突发，造成了很大损失。早疫病的防治，除综合防治的农艺措施外，现在已有很多有效杀菌剂可用，通过实践证明，防效很好，现介绍如下。

①世高（哑醚唑）10% 水分散粒剂，为内吸性杀菌剂，持效期可达 14 d，对早疫病有超强的防治作用，用量为每亩 35 ～ 50 g。

②博邦（苯醚甲环唑）10% 水分散粒剂，是新一代三唑类内吸、传导、广谱性杀菌剂，耐雨水冲刷，药效持久，对作物安全、低毒、低残留、环保型，是对马铃薯早疫病治疗和预防的特效剂。每亩用量 40 g。

③金力士（丙环唑）25% 悬浮剂，治疗早疫病，双向内吸传导，同时还有保护作用，渗透力强、黏着力好、耐雨水冲刷。最好在封垄后施用，不能与铜制药剂、碱性物质、碱性制剂等混合使用。每亩用量 6 ～ 9 g。

④好力克（戊唑醇）430 g/L 悬浮剂，具有内吸作用，是治疗兼保护型制剂，是早疫病专用杀菌剂。每亩用量 15 ～ 20 mL，最大用量不能超过 20 mL，否则对新生茎叶有抑制作用。另外，可杀得、易保、鸽哈、阿米西达、百菌清、喷克、科博等对早疫病也有兼治作用，可配合使用。

（三）丝核菌溃疡病

丝核菌溃疡病，也称茎溃疡病、茎基腐病、黑痣病、黑色粗皮病，是种薯带病和土壤传播的病害。

1. 病症识别

芽块播种在田里，或因种薯带菌，或因土壤中病菌侵染，幼芽顶部出现褐色病斑，使生长点坏死，称为烂芽，停止生长，有的从芽条下部节上长出一个新芽条，造成不出苗或晚出苗。出现苗不全、不齐、细弱等问题。在出苗前和出苗后，主要感染地下茎，使地下茎上出现指印状或环剥的褐色溃疡面。同时使薯苗植株矮小或顶部丛生，严重的植株顶部叶片向上卷曲萎蔫，有时腋芽生长气生薯。中期茎基部表面产生灰白色菌丝层，易被擦掉，擦后下面组织生长正常。被感染的匍匐茎为淡红褐色斑，轻者虽能结薯，但长不大，重者不能结薯，匍匐茎乱长或死掉。受侵染的植株，根量减少，形成稀少的根条。在受侵染植株上结的块茎表面附着大小不一、形状不规则的、坚硬的、土壤颗粒状的黑褐色土疤。这些土疤是菌核休眠体，冲洗不掉，而土疤下边组织完好，称为黑痣病，成为翌年种薯带病的菌源。

2. 传播途径

丝核菌溃疡病的病原菌，是一种真菌，其无性阶段是立枯丝核菌，全世界大量作物和野生植物都是它的寄主，分布广泛。其菌核可以在块茎上、植株残体上或土壤里越冬。翌年春季温、湿度适合时，菌核萌发侵入马铃薯幼芽、幼苗、根、地下茎、匍匐茎、块茎，在新块茎上又形成菌核，土壤中也存留菌核，越冬后又成为翌年的菌源。所以，很少轮作或不轮作的土地，丝核菌存活量会加大，再使用被侵染的种薯，就更增加了菌源。适宜丝核菌发病流行的环境条件是较低的温度和较大的土壤湿度。据资料介绍，土壤温度18℃最适宜其发生发展。同时，由于地温低，薯芽生长慢，在土里时间长，又会增加病菌的侵染机会。病害的发展会随着温度提高而减轻。结薯后土壤湿度大，特别是排不水良，新块茎上的黑痣（菌核）形成会加重。

3. 防治方法

轮作倒茬，使用无病种薯及有关农艺措施不再细述，重点介绍化学药剂防治方法。

（1）芽块包衣（拌种）。

①苗盛（福美双＋戊菌隆）47%可湿性拌种剂，每1 000 kg芽块，用药粉660～720 g，兑12～15 kg滑石粉，掺混均匀后，拌在刚切好的芽块上，要均匀粘着每个芽块，形成包衣。

②适乐时（咯菌腈）2.5%悬浮种衣剂，每1 000 kg芽块，用悬浮剂1 000 mL，兑水3～4 L稀释后（水量不要太多），用细雾喷头的喷雾器均匀喷在芽块上，使每个芽块的每个部位都被药液覆盖。之后可用滑石粉兑甲基硫菌灵拌种块，使芽块降低湿度，直接播种（也可沟喷，见后）。

③扑海因（异菌脲）50%可湿性粉剂，1 000 kg芽块用药粉400 g，兑滑石粉12～15 kg，拌在芽块上。

④戴唑霉（抑霉唑）22.2%乳油，为咪唑类杀菌剂，对丝核菌有特效。用乳油100 mL，对水3升稀释后，用细喷头喷雾器，均匀地喷在1 000 kg芽块上，使每个芽

块都沾到药液（也可沟喷，见后）。

⑤甲基硫菌灵（丽致）可湿性粉剂，其细度小于薯块气孔，有内吸性，拌种不仅能防丝核菌溃疡病，还能促进伤口愈合，防止其他病菌感染。每 1 000 kg 芽块，用药粉 300 ～ 500 g，兑滑石粉 12 ～ 15 kg，拌在刚切完的芽块上。也可与其他杀菌剂、杀虫剂混用。

（2）播种沟喷施。

①阿米西达（嘧菌酯）25% 悬浮剂。除对丝核菌溃疡病防效较好外，对其他土传病害如银腐病、粉痂病也有防效。每亩用悬浮剂 40 ～ 60 mL，最好用带喷药装置且有双喷头的播种机，开沟、下种、喷药、覆土一次完成。药液经前、后两个喷头喷出，不仅芽块整个都能沾上药液，同时对垄沟内土壤也进行了消毒。

②金纳海 + 鸽哈。每亩各用 80 g（mL），用上述同样方法进行播种沟喷雾。

③戴唑霉。每亩用乳油 30 ～ 40 mL，对水 30 ～ 40 升，用如上方法进行播种沟喷雾。

④适乐时。每亩用悬浮液 50 ～ 60 mL，进行播种沟喷雾。

⑤扑海因 500 g/L 悬浮剂。每亩用悬浮剂 50 mL，进行播种沟喷雾。

⑥瑞苗清（24% 恶霉灵 +6% 甲霜灵）。每亩用 20 ～ 30 mL，进行播种沟喷雾。

⑦凯润（吡唑醚菊酯）25% 乳油。40 mL/ 亩，兑水 30 L，喷入播种沟的芽块上及土壤中。

（3）苗期叶面喷施。

①阿米西达。结合早疫病、晚疫病防治，进行早期叶面喷施，除防治病害外，还有刺激薯秧生长的作用。每亩用悬浮剂 32 ～ 48 mL。

②戴挫霉。可与叶面肥混合施用，做到治养结合，尽快控制病斑的扩展，促使根系及匍匐茎重新快速生长。每亩用戴唑霉 40 mL，加磷钾动力（磷酸二氢钾）100 mL，进行叶面喷施。如病情严重，可连用 2 ～ 3 次。

4. 种薯田杀秧前 5 ～ 7 d 叶面喷施

①金纳海 + 鸽哈。各 80 g（mL），进行叶面喷施，不仅可以杀死丝核菌，对其他真菌、细菌都有作用，可减少种薯带病，降低翌年种植的菌源，有利于贮藏。

②戴唑霉。每亩用药 30 ～ 40 mL，或配成 1 000 ～ 2 000 倍液，杀秧前进行喷施，可防止贮藏病害传染，预防种薯带病。

（四）镰刀菌枯萎病

在马铃薯产区，近年来由于重茬或轮作年头不够，镰刀菌枯萎病发病率有所增加，开始对马铃薯产量和质量产生影响。在几种镰刀菌病原中，以马特镰刀菌枯萎病危害严重，应引起种植者的注意，并认真探索有效的防治方法。

1. 病症识别

几种镰刀菌病原物引起的病症基本相似。植株上最幼嫩的叶片叶脉之间黄化，褪绿区内产生绿岛，然后褪绿区坏死，被侵染的叶片变成浅青铜色，萎蔫，变干，挂在茎上，最后死亡。叶片变色和死亡多发生在植株一侧的茎上。空气潮湿时地上部丛生。严重时茎内及茎节处内部髓常有变色。块茎在匍匐茎着生处，也就是脐部凹陷、褐色坏死，并扩展到块茎内部不同深度。在块茎末端的横切面上，维管束轻微或严重变褐，有坚硬的褐色环形病斑，不产生菌脓，通常很少产生继发腐烂。维管束坏死可延伸到芽眼，引起芽眼变褐和坏死。维管束内有较多较小的褐色至棕色网纹。有时在维管束环任一边上，呈水浸状淡褐色至棕褐色 3 ～ 5 mm 的变色。

2. 传播途径

镰刀菌枯萎病属真菌性病害，是典型的土传病害，病菌能在土壤里存活，特别是马特镰刀菌在田间土壤里能存活较长时间。病菌可通过芽块切口和根部侵染后进入茎，再通过匍匐茎进入块茎。被侵染的芽块会把病菌传给新植株，如果被侵染的薯块种到新地块里，又会把病菌传给新地块，使新地块被污染。被污染的地块，又会通过田间浇水、风刮土壤、机具携带土壤等传播蔓延。

这种病害在相对高温的马铃薯种植区域，或在炎热和干燥季节发生最严重。马特镰刀菌在地温为 20 ～ 40℃时有侵染能力，而尖孢镰刀菌和燕麦镰刀菌在 28℃时有更强的致病力。

3. 防治方法

防治镰刀菌枯萎病主要是靠轮作倒茬，轮作间隔时间 2 ～ 3 a 为好，再就是使用不带病菌的种薯。目前，防治镰刀菌枯萎病的特效农药还不能确定，但几种防土传病害效果较好的农药还可以试用。

（1）金纳海。播种时进行沟喷，防丝核菌溃疡病的同时，对其他土传病害防效也较好。金纳海 80 g/ 亩加鸽哈 80 mL/ 亩，再加菲范（游离氨基酸＋锰锌液肥）500 mL/ 亩（起增强幼苗和植株抗性能力的作用）。现蕾期或株高 60 cm 以上时还可以用上述药液，金纳海增为 150 g，加金力士 8 mL、鸽哈 80 mL，进行大水量喷施，除叶面吸收外，进入土壤后，也能起到很好的作用。

（2）咯菌腈。用作芽块包衣或进行播种沟喷施，用量、方法见前（丝核菌溃疡病）。

（3）三唑酮。25% 可湿性粉剂或 20% 乳油，4 000 ～ 5 000 倍液，叶面喷施。

（4）多菌灵。用 12.5% 增效多菌灵可湿性粉剂 300 倍液浇灌，或 50% 多菌灵可湿性粉剂 1 000 倍液叶面喷施。

（五）黄萎病

在南方和水分严重不足需要灌溉的沙漠地区，以及冷凉地区生长季节长时间温暖、干燥气候条件下，黄萎病都可能严重发病。

1. 病症识别

该病易引起植株早期感染。主要特征是叶片黄化，从基部开始逐步向上发展，可能在茎的一侧叶片先萎蔫，出现发育不对称性。提早枯萎死亡，形似早熟。横切基部茎可见维管束变成淡褐色，有的品种茎基部外表有坏死条纹。被侵染植株上结的块茎中有一部分维管束环为淡褐色，严重的髓部有褐斑，更严重的块茎里形成洞穴；芽眼周围可能出现粉红色或棕褐色的变色。有时被侵染的块茎表面出现不规则的、与中等晚疫病相似的斑点。

2. 传播途径

黄萎病是真菌中黑白轮枝菌或大丽轮枝菌侵染的结果。这些真菌能长期存活在土壤里或植物的残体上，并有广泛的寄主，如茄科植物、其他双子叶草本或木本植物。所以，带菌土壤，黏附在块茎上的、工具上的带菌土壤，灌溉水，感病的块茎、杂草都可以进行传播。同时，它的分生孢子也可以通过气流传播，还可以通过根系的接触，从一株传给另一株。

轮枝菌的侵染，是通过根毛、伤口、枝条、叶面进行的。土壤中的线虫、真菌、细菌之间的交互作用会加剧该病的发生。

3. 防治方法

①搞好轮作倒茬。与禾谷类、其他禾本科或豆科作物进行 3 a 以上轮作，不能与茄科作物轮作。

②消灭感病的杂草，如藜、蒲公英、荠菜、问荆等。

③防治好地下害虫、线虫及真菌、细菌病害，减少轮枝菌侵染的机会。

④搞好芽块拌药处理。可以用内吸杀菌剂如甲基硫菌灵，非内吸杀菌剂，如代森锰锌、代森联等。具体使用方法同前。

（六）癌肿病

马铃薯癌肿病是一种真菌性病害，危害严重，可减产 30% ～ 90%，甚至绝收。更重要的是马铃薯块茎遭癌肿病侵染后，块茎会失去利用价值。在我国西南山区有此病发生，其他地区没有发生，它是国内的检疫对象。

1. 病症识别

被癌肿病菌侵染的马铃薯植株，在茎的基部发生，致使组织细胞膨大，长成如菜花一样的瘤状物，再侵染到匍匐茎的顶端和块茎的芽眼附近，这些部位出现癌瘤，初期为白色再变褐色，不断增长，呈花球状，后期逐渐变为黑色，而后腐烂，有臭味。有时也感染地上茎，在叶或花上长成绿色至褐色的癌瘤。块茎可能被癌瘤覆盖或全部被癌瘤取代。

3. 传播途径

癌肿病菌的传播，是以土壤传播为主，一旦马铃薯发生癌肿病，土壤就被污染。癌肿病菌孢子囊抗逆性很强，能在土壤里存活 38 a 之多，病菌孢子囊能放出很多游动孢子，侵染块茎表皮，刺激细胞变大并进行不正常的分裂，形成癌肿组织。温度在 12 ～ 24℃，土壤田间持水量在 70% ～ 90% 时，发病严重，而土壤干燥时发病则轻。另外，其还可通过块茎、农具、容器、人畜等携带病原污染的土壤进行传播。

4. 防治方法

①在疫区马铃薯种植要采取多年轮作，相隔 5 a 以上，或更长的时间。

②选用抗病品种。

③严格执行检疫法规，严禁疫区种薯调往非疫区。非疫区绝对不得到疫区调运种薯。

（七）镰刀菌干腐病

镰刀菌干腐病在马铃薯种植区广泛存在，严重发病期是贮藏阶段侵染块茎，播种带病菌芽块，会造成烂芽块。

1. 病症识别

块茎入窖后过一段时间，在伤口处出现褐色小斑，逐渐扩大成暗褐色凹陷或穴状病斑，表皮皱缩，干枯时表面可能围绕病斑出现层层环状皱褶，组织慢慢疏软、干缩，并向整个薯块扩展，表面长出灰白色或稍带粉色的菌丝和分生孢子。高温条件下，内部坏死部分变褐，从淡黄褐色至暗栗褐色；色浅时边缘模糊，色暗时边缘明显，并且边缘色黑；较老的死亡组织更疏松，形成空洞，并布满白色菌丝。湿度大时，软腐病细菌也随之入侵，使坏死组织变湿，变成黑色黏稠状，加速腐烂，之后芽眼被破坏。其腐烂汁液会感染周围块茎。有毛座霉干腐病混合发生时，也可加快干腐菌造成的腐烂。

田间播入带病菌的芽块，萎缩和凹斑可能不明显，但病斑表面褐色，坏死组织有小洞，并能吸引土壤的蛆虫，带来腐败菌，使芽块烂掉，造成缺株。受害轻的芽块，可能长出单个细弱小苗，生长很慢，使田间植株生长高矮不齐，这样的植株结的薯个头很小。这样的地块还易引发黑胫病。

2. 传播途径

镰刀菌干腐病是种传和土传结合的真菌性病害。镰刀菌产生 3 种孢子，其中微型孢子和孢子量较大，作为再侵染源在空气中迅速传播，而厚壁孢子在土壤中能存活几年，它在收获时黏附在块茎上。病原菌通常在块茎表面繁殖，污染贮藏的容器（袋、篓等）和工具，遇到块茎的伤口或切芽的刀口，便侵入了块茎，播种后造成烂芽块，同时污染了土壤，再收获的块茎又会附着病菌。贮藏过程中，湿度增大，温度在 15～20℃时，干腐病发展迅速。特别是早春，窖温上升，是感病的高峰期。块茎伤口愈合后能减少病菌侵染。

3. 防治方法

①收获、运输、入窖时尽量减少块茎的创伤，小心使用机械和工具，轻装、轻卸、轻拿、轻放。

②块茎入库后，马上提供适合加速伤口愈合的条件，充足的空气、湿度和适当的温度，在 12.8～18.3℃的条件下，保持 10～14 d，然后每天降 0.5℃，直至达到长期贮藏要求的温度。

③杀秧前 5 d，田间喷施杀菌剂，种薯田每亩用金力士 9 g 加鸽哈 60 mL；商品薯每亩用金纳海 80 g+ 鸽哈 80 mL。以上药剂可有效消灭植株上的疫病和干腐病病菌，降低对地下薯块、贮藏期薯块的侵染，减少烂薯。

④播种前切芽块时除坚持对切刀进行消毒外，还要用甲基硫菌灵、耐尔、百菌清、科博等杀菌剂其中之一拌种，用量 200 ～ 500 g，拌 1 000 kg 芽块，方法如前。

⑤种薯入窖前可用适乐时（咯菌腈）往块茎上喷雾。为了不增加块茎湿度，要使用超低量喷雾器，最好在入库输送带或分选机处喷施，使每个块茎都沾上药液。每 1 kg 适乐时，可处理 2.5 t 左右的种薯。

三、细菌性病害

（一）环腐病

1.病症识别

田间马铃薯植株如果被环腐病侵染，一般都在开花期出现症状。先从下部叶片开始，逐渐向上发展到全株。初期叶脉间褪绿，逐渐变黄，叶片边缘由黄变枯，向上卷曲。常出现一穴 1 ～ 2 个分枝叶片萎蔫。还有一种是矮化丛生类型，初期萎蔫症状不明显，长到后期才表现出萎蔫。这种病菌主要生活在茎和块茎的输导组织中，将块茎和地上茎的基部横着切开后，可见周围一圈输导组织变为黄色或褐色，或环状腐烂，用手一挤，就流出乳白色菌脓，薯肉与皮层即会分开。特别是贮藏块茎，挤压后能排出奶油状、乳酪状无味的细菌菌脓，与皮层明显分开。二次侵染，一般是软腐病细菌，进一步使块茎腐烂，掩盖了环腐病症状，还可能出现外表肿胀、不平的裂缝和红褐色，这些症状有时会出现在芽眼附近。

2.传播途径

环腐病是马铃薯环腐杆状杆菌侵染，为细菌性病害。病菌主要在被侵染的块茎中越冬，在田间残存的植株中也能越冬，但在土壤中不能存活。因此，它的主要传播途径就是种薯。当切芽的刀子切到病薯后再切健薯，就把病菌接种到健康的芽块上，可以连续接种 28 个芽块。同时装芽块的袋子、器具等沾上腐烂黏液，也会沾在健薯上进行传播。在田间，也可由雨水、灌溉水和昆虫等，经伤口传入马铃薯茎、块茎、匍匐茎、根及其他部位的伤口或皮孔等部位进行侵染。某些刺吸口器昆虫也能把病菌由病株传播到健株上。在温暖、干燥的天气有利于症状的发展，地温 18 ～ 22℃时病害发展迅速。当温度高于适宜温度时，延缓症状出现。

（二）黑胫病

1.病症识别

这种病也叫黑脚病。被侵染植株从腐烂的芽块向上的地下茎、根和地上茎的基部形成墨黑色腐烂，有臭味，因这种典型的症状而得名。此病可以发生在植株生长的任何阶段。如发芽期被侵染，有可能在出苗前就死亡，造成缺苗；在生长期被侵染，叶片褪绿变黄，小叶边缘向上卷，植株硬直萎蔫，地下茎部变黑，非常容易被拔出。叶片乃至全株萎蔫，以后慢慢枯死。已结块茎的植株感染了黑胫病，轻的从匍匐茎末端变黑色，再从块茎脐部向块茎内部发展，肉变黑，逐步腐烂，发出臭味，严重的则块茎全部腐烂。

2.传播途径

黑胫病是细菌性病害，是黑胫病欧氏杆菌感染，有时胡萝卜软腐欧氏杆菌变种也会引起黑胫病。它的病原菌主要来自带病种薯和土壤。细菌可在感病的残株或块茎里存活、越冬，并可在土壤里存活，低温潮湿条件下存活时间相对长些。染病芽块的病菌直接进入幼苗体内而发病，重者不等出苗就腐烂在土里，释放出大量病菌。这些病菌在马铃薯和杂草的根际活动繁殖，可随土壤、水分移动到健株，从皮孔侵染健康的块茎。病菌在被侵染的块茎中存活，又可在切芽和操作中传播给健康薯块。土壤潮湿和比较冷凉时（18℃以下），非常有利于病菌的传播和侵染。在温暖（23～25℃或再高些的温度中）、干燥条件下病菌存活的较少，传播的距离也短，侵染的也较少。

（三）软腐病

1.病症识别

软腐病一般发生在生长后期收获之前的块茎上及贮藏的块茎上。被侵染的块茎，气孔轻微凹陷，棕色或褐色，周围呈水浸状。在干燥条件下，病斑变硬、变干，坏死组织凹陷。发展到腐烂时，软腐组织呈湿的奶油色或棕褐色，其上有软的颗粒状物。被侵染组织和健康组织界限明显，病斑边缘有褐色或黑色的色素。腐烂早期无气味，二次侵染后有臭气、黏液、黏稠物质。

2.传播途径

软腐病是细菌性病害，胡萝卜软腐欧氏杆菌变种和黑胫病欧氏杆菌变种是软腐病的常见病原。这两种病原属厌气细菌，易在水中传播。软腐病的侵染循环与黑胫病相似。一般土壤中都有大量软腐病菌存在，侵染通过皮孔或伤口进入块茎，也易从其他病斑进入，形成二次侵染、复合侵染。早前被感染的母株，可通过匍匐茎侵染子代块茎。温暖和高湿及缺氧有利于块茎软腐。地温在20～25℃或在25℃以上，收获的块茎会高度感病。通气不良、田里积水、水洗后块茎上有水膜造成的厌气环境，利于病害发生发展。施氮肥多也会提高感病性。

（四）青枯病

1.病症识别

青枯病也叫洋芋瘟、褐腐病等。它在田间的典型症状是：在一丛马铃薯苗中，突然有一个或几个分枝或主茎出现急性萎蔫，但枝叶仍保持青绿色，其余茎叶表现正常。

过几日后，原来正常的分枝，又同样出现上述症状以至全株逐步枯死。被侵染植株在其茎的横切面的木质部上，有灰色或褐色有光泽黏液珠。把一段被侵染茎的切面，接触物体后慢慢离开，可以看到细菌黏液拉出的短短细丝。如把病茎切面插入量杯的水里，可见到乳白色黏液从木质部导管向下流。被侵染的块茎，芽眼会变成灰褐色，在表面或脐处有黏物溢出。将块茎切开，可以见到环状腐烂，不挤压或轻轻一压，维管束溢出灰白色细菌菌脓。与环腐病的不同点是薯肉与皮层不分离，切面不用手挤就能自动溢出白色菌脓。

2.传播途径

青枯病是细菌性病害，病原物是青枯假单胞杆菌。青枯病菌主要靠带病种薯、土壤和其他感病植物如杂草等进行传播。带病种薯被种到地里后，病菌随着地温的升高及幼芽的生长，不断增殖。侵染严重时，芽块烂掉，幼芽死亡；侵染轻时，植株出苗后萎蔫死亡。大量病菌留在地里，有的随雨水、灌溉水、耕作器具和昆虫等传给健株或其他杂草，扩大侵染，增加土壤中病菌的数量；有的附着或侵入块茎之中；有的在土壤中可存活 $1 \sim 3$ a，越夏越冬，翌年又继续侵染。这样，土壤里病菌越来越多。遇到低温和干燥条件，病菌就潜伏；遇到高温、高湿条件，它们就活跃侵染，造成发病。正因为青枯病菌喜欢高温、高湿，所以南方地区马铃薯青枯病比北方地区的严重得多。而在北方，地温在 15℃ 以下的地区，病原物则很少见。

（五）疮痂病

疮痂病在很多地区都有发生，主要侵染块茎，影响质量、等级，对产量和贮存影响较小。

1.病症识别

块茎上最初被侵染时病斑是圆形，直径 $5 \sim 8$ mm，很少有超过 10 mm 的。当后期病斑愈合时，形状则不规则，也更大些。病斑为淡棕褐色，病斑有的凸出 $1 \sim 2$ mm，还有的周围凸出，而中间凹陷，深度 $1 \sim 5$ mm，最深的达 7 毫米，凹陷的病斑为暗褐色或黑色。地上部植株的症状尚无报道。

2.传播途径

疮痂病是细菌性病害，病原物是放线菌，为疮痂链霉菌，属好气性细菌。链霉菌虽然在自然的土壤里早就存在，能在土壤里存活和越冬，但种薯带病菌仍是主要侵染源。它的寄主很多，有甜菜、萝卜、大头菜、胡萝卜等。虽对这些寄主危害不重，可是能在土壤中留下更多的菌源。马铃薯在形成和膨大期间，病菌可通过皮孔、气孔和伤口侵染。碱性土壤有利于链霉菌的增殖和为害，而在酸性土壤中则发病较轻。在土壤干燥、气多水少的条件下发病率高且严重。

（六）细菌性病害防治方法

细菌性病害有些共同特点，所以在防治方法上也有些是共用的，特别是综合防治内容。现把细菌性病害防治方法一并进行介绍。

（1）建立无病留种基地，繁殖无病种薯。种植户坚持使用无病种薯播种。把以种传病害为重点的病源切断。特别是青枯病在北方寒冷地区很少发病，坚持在北方一季作区建立繁种基地，继续搞好"北种南调"非常必要。

（2）采用小整薯播种，杜绝通过切刀传播细菌性病害。

（3）认真坚持轮作倒茬制度，尽量减少土壤中的菌源，以降低马铃薯田间植株发病率。提倡 3 年轮作制度。

（4）搞好播种、收获、运输、贮藏等使用的机械、器具的消毒工作，如播种机、种薯窖（库）、袋、筐、篓、箱、输送带等的消毒，以杀死器具等所携带的病菌，最大限度地减少传播。

（5）坚持做好切刀消毒工作。细菌性病害很多都是通过切芽块把病原菌接种到健薯上而扩大传染的。特别是环腐病，只要把切刀消毒工作搞好了，就能控制它的传播。具体方法不再重述。

（6）使用杀灭细菌的杀菌剂拌芽块（包括小整薯），杀死附着的病菌。使用 72% 农用链霉素可溶性粉剂，每 150 kg 芽块或小种薯，用药 14 g，均匀兑在 1.8 ~ 2 kg 滑石粉中，进行拌种。

（7）用杀菌剂进行播种沟喷施，达到保护芽块及垄沟土壤杀菌的目的。每亩用农用链霉素 15 ~ 20 g，兑 20 L 左右的水溶化后，最好用带喷药装置的播种机进行沟喷。或用金纳海（福美双）80 g/亩 + 鸽哈（甲基硫菌灵 + 百菌清）80 mL/亩进行沟喷，也可用加收米（2% 春雷霉素）每亩 70 mL，沟喷防黑胫病等。

（8）苗期喷施杀菌剂，杀死残存细菌和后侵染的细菌。在现蕾前，每亩用 15 ~ 20 g 农用链霉素，兑水 30 L 溶化后进行田间植株喷施。或每亩用金纳海（福美双）80 g 或用泉程 37.5% 氢氧化铜悬浮剂 40 ~ 60 mL，在现蕾期，用大水量进行植株喷施。苗期也可喷施加收米（2% 春雷霉素），加收米有向下和向病处传导的作用，每亩用量 70 mL。也可选用可杀得、必备、易保、科博等进行植株喷施。

（9）保持土壤适当湿度。调节土壤中水分和空气的平衡，不给厌气性病菌创造机会，就要避免水量过大；不给好气性病菌创造机会，就要避免水量过小，造成干旱。

（10）避免偏施氮肥，应增施磷、钾肥。

（11）拔除病株，消灭再侵染菌源。如果田间发现病株，要进行人工拔除，并带出地外深埋。同时带着喷雾器（摘去喷头），用农用链霉素 1 000 ~ 1 500 倍液或金纳海 500 倍液，向病株穴内灌适量药液，杀死穴内残存病菌，防止其再侵染。

四、病毒性病害

前边已经讲过马铃薯退化，主要是由马铃薯病毒病造成的。据病毒学家研究，至今已发现能使马铃薯退化的病毒，包括类病毒在内已有 24 种，同时还有类菌原体病害 2 种。而严重影响马铃薯产量的病毒主要是：重花叶病毒（PVY），也称 Y 病毒和皱缩花叶病毒；普通花叶病毒（PVX），也称 X 病毒；轻花叶病毒（PVA）也称 A 病毒；伪皱缩花叶病毒（PVM），也称 M 病毒；潜隐花叶病毒（PVS），也称 S 病毒；还有卷叶病毒（PLRV）；另外，还有类病毒（PSTV），也称纺锤块茎病毒。下边重点介绍几种。

（一）重花叶病毒（PVY）

病症识别

该病毒是造成马铃薯退化并严重减产的主要病毒，并有几个不同病毒株系。不同病毒株系在不同马铃薯品种上有不同的病症表现，有的表现为轻花叶，有的是粗缩花叶，严重的为皱缩花叶。初发病顶部叶片背面叶脉上产斑驳，然后引起坏死，严重时沿叶柄蔓延到主茎，在主茎上产生褐色条斑，叶片完全坏死萎蔫，悬挂在茎上；并常有与 X 病毒、A 病毒、S 病毒复合侵染，则引起严重的皱缩花叶，可减产 50% 以上。感病的块茎表皮上表现出淡褐色的环圈，有的病毒株系能诱发块茎内部和外部坏死。感病块茎作种薯，长出的再感染植株，表现矮化、丛生、节间短、叶片小、变脆，有普通花叶症状。

（二）普通花叶病（PVX）

病症识别

该病毒是在马铃薯种植区传播的比较广泛的病毒。通常的症状是植株叶片叶脉间花叶、叶片颜色深浅不一样，形成斑驳，叶片还是平展的，不变形、不坏死。但是严重感病植株，也有皱缩、卷曲和顶端坏死的表现。被感染植株结的块茎个数比正常植株少，块茎个头小，甚至坏死，减产 15% 左右。如果与 Y 病毒和 A 病毒复合侵染，则减产更为严重。

（三）轻花叶病毒（PVA）

病症识别

在马铃薯植株上引起轻微的花叶病状——褪绿的斑驳，在叶脉上和叶脉间呈现不规则的浅色斑，暗色部分比健叶颜色深，叶面稍有粗缩，叶缘波状，叶脉突起，叶片整体发亮。茎向外弯曲，使植株外观为开散状。在子代块茎上无症状。一般减产不明显，但与 Y 病毒复合侵染引起较严重的皱缩花叶时，就会造成严重减产。

（四）卷叶病毒（PLRV）

病症识别

马铃薯卷叶病毒是引发马铃薯退化最严重的病毒。最初症状是由蚜虫传毒引起的，起初症状在幼嫩叶片上，使叶片挺直、变黄，小叶沿中叶脉上卷，幼叶边缘基部常呈粉红色、紫红色。然后下部叶片出现症状。

一个被侵染的块茎种植后长成植株，底部叶片上卷、僵直、变厚，上面发亮、革状；用手捏叶片易断裂，并有脆声，用手触动似纸响声。叶背面有时变紫，逐渐上部叶片卷曲，感病严重的植株矮小、黄化。

被卷叶病毒感染的植株结的块茎比健康植株个头小、数量少，有可能使块茎尾部薯肉发生褐变，首先是在脐部，薯肉由浅褐色变暗褐色，维管束组织细胞有选择的死亡。把块茎切开，薯肉有浅褐色网纹，称为网状坏死。网状坏死可以在田间和进库后几个月继续发展。受卷叶病毒侵染能使产量下降 40% ～ 70%。

（五）纺锤块茎类病毒（PSTV）

病症识别

感病植株在开花前，茎叶症状很少出现，当有症状时茎和花梗变得细长、挺直，嫩叶上卷成凹槽形，顶端小叶重叠，称为束顶，开始矮化。

用感病块茎种植，长出的幼芽生长发育缓慢，茎直立、分枝较少；叶色灰绿，顶部竖立，叶缘波状或向上卷，叶片与茎成锐角，小叶扭曲，叶面皱缩不平，叶表粗糙。

病株结的块茎变长，顶端变尖，呈纺锤形，横断面为圆形。芽眼数增加，芽眼呈眉状，有的薯皮龟裂，严重畸形。红皮或紫皮品种感病后褪色。病轻者减产 15% ～ 25%，重型植株引起严重症状，减产可达 65%。

（六）病毒病传播途径

以上病毒病的传播方式基本相似。

（1）靠昆虫传播。Y 病毒和 A 病毒等靠刺吸式口器昆虫传毒，如蚜虫，特别是桃蚜，传毒最严重。Y 病毒和 A 病毒为非持久性病毒，蚜虫刺了带毒植株马上刺健株，几秒钟就能把毒传过去，而且传完之后，蚜虫口中不再有毒；而卷叶病毒为持久性病毒，蚜虫刺了带病植株后，口中带了病毒，病毒进入肠道由淋巴送入唾液，病毒在蚜虫体内繁殖，经 1 个多小时后，才有传毒能力，一旦带毒，可持续很长时间，跨龄或终身带毒。另一种是靠咀嚼式口器昆虫传毒，如 X 病毒和类病毒（纺锤块茎）。

（2）植株的汁液传播。带毒植株和健株相互摩擦，风、动物和人的田间活动，机械田间作业，也可以把病株汁液传给健株，使健株感病。

（3）种薯带毒传播。种植带毒种薯，就传给下一代的植株和块茎。

（4）靠花粉和实生种子传毒。如类病毒。

（5）靠真菌病菌带毒传播。如 X 病毒。

（七）病毒病防治方法

（1）大力推广普及脱毒种薯。茎尖脱毒是把带病毒植株体内的病毒脱掉成为脱毒（无毒）种薯，供生产者应用，播种时应使用健康种薯。

（2）使用抗病毒品种。马铃薯栽培种中有对病毒有抗性的，可不受或少受病毒侵害，育种家也不断育出抗病毒品种，这些品种可供种植者选用。

（3）灭蚜、杀虫，消灭传毒媒介。马铃薯种植田，特别是马铃薯繁种田，一定要采取各种有效办法及时消灭蚜虫和其他害虫，消灭传毒媒介，堵塞各种传毒渠道。如喷施杀虫剂、在土壤中施用内吸性杀虫剂以及用黄板诱杀蚜虫等办法（详见本章虫害的防治）。

（4）及时拔除病株。做到最大限度地减少毒源，特别是在种薯田必须做到。

（5）种薯田必须搞好隔离。与普通马铃薯大田、茄科作物隔离 500 m 以上，防止迁飞的蚜虫传毒。

第二节　马铃薯主要虫害的防治

马铃薯从播种到收获，在整个生长过程中，有许多害虫对它进行危害。由于害虫的危害，使马铃薯地下部分和地上部分的组织受到损害，影响正常生长，甚至造成死亡。特别是它的块茎生长在地下，有许多害虫喜欢吃，把它咬成孔洞，影响品质，降低它的食用价值。不仅如此，这些害虫在咬伤组织的同时，还带来病害，或为病害入侵提供方便。所以，搞好虫害的防治工作，是实现马铃薯丰产丰收的重要保障。

一、地下害虫

（一）蝼蛄

蝼蛄（*Gryllotalpidae* spps.）也叫拉拉蛄、土狗子，为直翅目害虫，是蝼蛄科（Gryllotalpidae）的总称。蝼蛄的成虫（翅已长全的）、若虫（翅未长全的）都对马铃薯形成危害。它用口器和前边的大爪子（前足）把马铃薯的地下茎或根撕成乱丝状，使地上部萎蔫或死亡，有时也咬食芽块，使萌芽不能生长，造成缺苗。它在土中串掘隧道，使幼根与土壤分离，透风，造成失水，影响幼苗生长，甚至死亡。它在秋季咬食块茎，使其形成孔洞，或使其易感染腐烂菌造成腐烂。

蝼蛄的成虫和若虫，都是在地下随地温的变化而上下活动的。越冬时下潜 1.2～1.6 m 筑洞休眠。春天，地温上升，又上到 10 cm 深的耕作层危害。白天在地下，夜间到地面活动。夏季气温高时下到 20 cm 左右深的地方活动，秋天又上到耕作层为害。一般有机质较多、盐碱较轻的田地里的蝼蛄危害猖獗。

（二）蛴螬

蛴螬（*protaetia brevitarsis*）也叫地蚕，是金龟子的幼虫，为鞘翅目害虫。在马铃薯田中，它主要为害地下嫩根、地下茎和块茎，进行咬食和钻蛀，断口整齐，使地上茎营养水分供应不上而枯死。块茎被钻蛀后，导致品质丧失或引起腐烂。成虫（金龟子）还会飞到植株上，咬食叶片。金龟子有几种，大黑鳃金龟子、暗黑鳃金龟子、黄褐金龟子、铜绿金龟子等。

蛴螬幼虫及成虫都能越冬，在土中上下垂直活动。成虫在地下 40 cm 以下、幼虫在 90 cm 以下越冬，春季再上升到 10 cm 左右深的耕作层。它喜欢有机质，喜欢在骡马粪中生活。成虫夜间活动，白天潜藏于土中。幼虫有 3 对胸足，体肥胖，多皱纹，乳白色，头部浅黄褐色，常卷缩成马蹄形，并有假死性。

（三）金针虫

金针虫也叫铁丝虫，是叩头甲的幼虫，为鞘翅目害虫。金针虫分为细胸金针虫、沟金针虫和宽背金针虫 3 种，在我国各地均有分布和为害。幼虫春季钻蛀芽块、根和地下茎，稍粗的根或茎虽很少被咬断，但会使幼苗逐渐萎蔫或枯死。秋季幼虫钻入块茎，在薯肉内形成一个孔道，降低了块茎的品质，有的还会引起腐烂。

金针虫的成虫和幼虫，均可钻入土里 60 cm 以下的地方越冬，钻入时留有虫洞，春季再由虫洞上升到耕作层。夏季地温超过 17℃时，它便逐渐下移；秋季地表温度下降后，又进入耕作层为害。幼虫初孵化时为白色，随着生长变为黄色，有光泽，体硬，长 2～3 cm，细长。

（四）地老虎

地老虎也叫土蚕、切根虫，是鳞翅目害虫。以幼虫为害。成虫是一种夜蛾，分小地老虎和黄地老虎、大地老虎等 3 种。在华北地区每年发生 3～4 代，东北地区每年发生 2～3 代，均以第一代为害最重。东北地区第一代是在 5 月下旬至 6 月上旬发生，华北地区是在 6 月中下旬发生。成虫有趋黑光性和趋糖醋性。成虫产卵，小地老虎产在小旋花、刺菜、灰菜等杂草的叶背面和土块、枯草上，而黄地老虎一般产在地表的枯枝、落叶、根茬及离地面 1～3 cm 的植物叶片上。地老虎幼虫主要危害马铃薯等作物的幼苗，在贴近地面的地方把幼苗咬断，使整棵苗子死掉，并常把咬断的苗拖进虫洞。幼虫低龄时，也咬食嫩叶，使叶片出现缺刻和孔洞。它还会在地下咬食块茎，咬出的孔洞比蛴螬咬的要小一些。

地老虎的幼虫，是黄褐色、暗褐色或黑褐色的肉虫，一般长 3～4 cm。小地老虎喜欢阴湿环境，在田间覆盖度大、杂草多、地湿大的地方虫量大；黄地老虎喜欢干旱环境，对湿度要求不高，夏季怕热。它们的成虫都有趋光性和趋糖蜜性。

（五）地下害虫防治

上述几种地下害虫各不相同，但又有相同之处。它们都在地下活动，所以防治方法大体一致。

（1）秋季深翻地、深耙地，破坏它们的越冬环境，冻死准备越冬的大量幼虫、蛹和成虫，减少越冬数量，减轻翌年危害。

（2）清洁田园。清除田间、田埂、地头、地边和水沟边等处的杂草和杂物，并带出地外处理，以减少幼虫和虫卵数量。

（3）诱杀成虫。利用糖蜜诱杀器和黑光灯、鲜马粪堆、草把等，分别对有趋光性、趋糖蜜性、趋马粪性的成虫进行诱杀，可以减少成虫产卵，降低幼虫数量。

（4）药剂防治。药剂防治使用的农药必须是高效、低毒、低残留的杀虫剂，而且不能使用国家明令禁用的农药，确保所生产的块茎达到无公害标准，保证食品安全。

①芽块包衣。每1 000 kg芽块用噻虫嗪70%可分散性种子处理剂100 g，兑12～15 kg滑石粉，混合均匀后，拌在刚切完的芽块上，使每个芽块都黏上药粉。

②播种沟喷施。每亩用噻虫嗪70%可分散性种子处理剂20 g，或安民乐（40%毒死蜱）100 mL，或乐斯本（毒死蜱480 g/L乳油）100～150 mL，或高巧（吡虫啉）600 g/L悬浮剂40～60 mL，或辛硫磷50%乳油0.3%浓度的溶液25 mL左右，或敌百虫90%晶体100 g等兑水适量进行播种沟喷施。

③毒土或颗粒剂。每亩用乐斯本15%颗粒剂1～1.5 kg，或用辛硫磷3%颗粒剂2～3 kg+90%敌百虫晶体100 g与10～15 kg细土均匀混合，顺垄撒于垄沟，或中耕前撒于苗根部，毒杀害虫。

④灌根。在苗期可以用辛硫磷50%乳油1 000～1 500倍液灌根，毒杀害虫。

⑤毒饵。如果面积小，可用敌百虫或辛硫磷拌在新鲜碎草、菜叶上或炒过的麻饼、菜籽饼上，夜间分散成许多小堆放在地里，诱杀害虫。

⑥全田喷杀虫剂杀死成虫，减少产卵。夏季结合灭蚜等喷施虫赛死、丁硫克百威（好年冬、安棉特）、阿克泰（噻虫嗪）、乐斯本（毒死蜱）、功夫（氯氟氰菊酯）、艾美乐（吡虫啉）等，同时杀死地下害虫的成虫，如金龟子、叩头虫等。

二、蚜虫

蚜虫，也叫腻虫，为同翅目害虫。可直接危害马铃薯的蚜虫种类很多。

1. 危害与习性

蚜虫对马铃薯的危害有两种情况。第一种是直接为害。蚜虫群居在叶片背面和幼嫩的顶部取食，刺伤叶片吸取汁液，同时排泄出一种黏物，堵塞气孔，使叶片皱缩变形，幼嫩部分生长受到妨碍，可直接影响产量。第二种是在取食过程中，把病毒传给健康植株（主要是桃蚜所为），不仅引起病毒病，造成退化现象，还使病毒在田间扩散，使更多植株发生退化。这种危害比第一种危害造成的损失更为严重。

蚜虫有迁飞的习性。蚜虫分为无翅蚜和有翅蚜。有翅蚜可随风飞出很远的距离。它的降落是有选择性的，喜欢落在黄色和绿色物体上，特别是黄色物体可以吸引它降落。多风和风速大，能阻止它的起飞和降落。银灰色和乳白色对它有驱避作用。

2. 防治方法

一般农民种植商品薯，对蚜虫防治都不太注意，认为蚜虫的危害并不太严重。可是种薯生产就必须搞好对蚜虫的防治，不然生产出的种薯都会带有病毒，会使翌年种植的商品薯因田间退化而减产。

（1）选好种薯田地点。根据蚜虫的习性，选择高海拔的冷凉区域，或风多风大的地方做种薯生产田，使蚜虫不易降落，减少传毒机会。

（2）种薯田要远离有病毒马铃薯田。把种薯生产田建在与有病毒马铃薯田距离300～500 m远的地方，以免蚜虫短距离迁飞传毒。

（3）躲过蚜虫迁飞高峰期。掌握蚜虫迁飞规律，躲过蚜虫迁入高峰期，比如采取选用早播种或进行错后播种等方法，可以减轻蚜虫传毒。

（4）药剂防治。采用药剂防治，主要有3种施药方法。

①用内吸杀虫剂给芽块包衣（拌种）。噻虫嗪拌种，方法同前。它是内吸性杀虫剂，按剂量使用，持效期可达60 d以上。

②用内吸性杀虫剂进行沟喷或穴施。每亩用70%灭蚜松可湿性粉剂90～100 g，或阿克泰（噻虫嗪）25%水分散粒剂6～10 g，高巧（吡虫啉）40～60 mL，安棉特（20%丁硫克百威）30～40 mL，锐胜（噻虫嗪）70%可分散性种子处理剂15～20 g，最好使用有喷药装置的马铃薯播种机作业效果最好。出苗后因内吸作用，植株上存有杀虫有效成分，可杀死蚜虫，持效期可达60 d以上。

③在马铃薯生长期，也是蚜虫比较活跃的时期，用触杀、熏蒸、胃毒等击倒力强的速效杀虫剂进行田间喷雾：每亩用虫赛死35～50 mL，或毒死蜱（乐斯本）40～80 mL，或氯氟氰菊酯2.5%水乳剂25～50 mL，或20%阿托力50 mL等。还可以用内吸杀虫剂，如阿克泰（噻虫嗪）亩用6～10 g；艾美乐（吡虫啉）每亩用10 g；20%丁硫克百威乳油每亩用30～40 mL等进行植株喷雾。使用这些农药，不仅可杀死蚜虫，其他害虫，如斑蝥、瓢虫、叩头甲、金龟子、椿象、跳蝉等都能被杀死。

三、马铃薯瓢虫

马铃薯瓢虫，又叫二十八星瓢虫、花大姐等，是鞘翅目害虫。除为害马铃薯外，还为害其他茄科或豆科植物，如茄子、番茄及菜豆等。

1. 危害与习性

马铃薯瓢虫的成虫、幼虫都能危害，它们聚集在叶片背面咬食叶肉，最后只剩下叶脉，形成网状，使叶片和植株干枯呈黄褐色。这种害虫大发生时，会导致全田薯苗干枯，远看田里一片红褐色。危害轻的可减产 10% 左右，重的可减产 30% 以上。一般在山区和半山区，特别是在有石质山的地方危害较重，因为马铃薯瓢虫多在背风向阳的石缝中以成虫聚集在一起越冬。如遇冬暖，成虫越冬成活率高，容易出现严重危害。如果冬天寒冷干燥，成虫越冬成活率则低；如果成虫产卵后天气炎热干燥，孵化成活率也低。一般夏秋之交，瓢虫危害严重。此时成虫、幼虫（刺狗子）和卵同时出现，世代重叠，很难防治。

2. 防治方法

（1）防治重点区域。有暖冬、石质山较多的深山区和半山区，距荒山坡较近的马铃薯田。

（2）防治指标。调查 100 棵马铃薯，有 30 头成虫，或每 100 棵有卵 100 粒，就必须进行药剂防治。

（3）防治时期。在越冬成虫出现盛期和产卵初期，开始进行药剂防治，并要进行连续防治。

（4）药剂杀灭。最佳药剂防治时期应在越冬成虫出现盛期和产卵初期。这个时期开始进行药剂防治，要选择能杀死成虫、幼虫和卵的农药。具体建议使用药剂：每亩用 50% 辛硫磷乳油 1 000 倍液、或高效氯氰菊酯乳油 30 ~ 40 mL、或氯氟氰菊酯乳油 25 ~ 50 mL 等。连续防治 2 ~ 3 次，并且药剂要交替使用。

（5）消灭越冬成虫。调查成虫越冬场所，用火烧或药剂就地清巢消灭。

四、马铃薯块茎蛾

马铃薯块茎蛾，为鳞翅目害虫，又称马铃薯蛀虫、串皮虫。成虫是 10 mm 的灰褐色小蛾子，幼虫是 12 mm 左右的白色小虫，有的身上带有绿色或红色条纹。多在温暖、干旱地区发生，在我国的甘肃、四川、云南、广西、陕西、湖北、湖南等地有分布，在东北、华北、华东、东南沿海等地没有发生，该害虫是我国国内的检疫对象。

1. 危害与习性

块茎蛾以幼虫为害，它可以蛀食马铃薯的茎、叶和块茎，幼虫进入叶片只食上下表皮中间的叶肉，在叶中出现一条虫道，随着幼虫长大，虫道变宽，慢慢连成一片，呈半透明状，使叶片受损，失去作用，虫粪排在虫道一边。幼虫会吐丝下坠，借风力转移相邻植株为害，还能用丝把两个受害叶片连在一起。成虫卵多产在块茎芽眼、破皮和裂缝处。卵孵化后，幼虫吐丝结网蛀入块茎内部，形成隧道，可见洞口处有虫粪。严重时块茎被蛀空、表皮皱缩，或引起腐烂。

2. 防治方法

（1）在疫区要消灭虫源、防止成虫产卵。种薯库熏蒸：在种薯入库前每立方米用敌敌畏 1 mL 或二硫化碳 7.5 g，或溴甲烷 35 g，熏蒸 3 h，杀死库中成虫。田间厚培土，不让块茎露出地面，及时浇水，不让土壤出现裂缝，阻止成虫往块茎上产卵。收获后不使块茎在田间过夜，防止夜间成虫往块茎上产卵。

（2）药剂防治。在成虫盛发时，结合防治蚜虫，使用对鳞翅目昆虫有杀灭作用的农药。如高效氯氟氰菊酯乳油，每亩用 20 ~ 40 mL，5% 氟虫腈悬乳剂 20 ~ 60 mL 等，任选其一，稀释后喷施。

（3）检疫。非疫区严禁从疫区调运种薯，如必须调运时，一定要严格进行检疫，并对块茎做必要的处理。

第三节　马铃薯草害的化学防治

马铃薯田间杂草是指生长在马铃薯田中，危害马铃薯生长的非马铃薯的植物。它们具有适应能力强、传播途径广、种子寿命长、繁殖方式多样、出苗时间不定、结籽多、种子成熟早晚不一等特点。在田间与马铃薯争肥、争水、争光照、争空间，并成为传播病虫害的中间寄主，从而降低马铃薯的产量和品质，还妨碍收获，给马铃薯生产造成损失。所以，称之为草害。

小面积种植时，通过翻、耙、耢、耱等农艺措施和人工拔除等方法，就可以解决杂草危害的问题，但随着马铃薯种植面积的不断扩大，特别是大型农场现代化种植，为马铃薯田间杂草的拔除技术提出了更高、更迫切的要求，所以越来越凸显出化学药剂除草在马铃薯生产中的重要位置。由于化学除草有高效、彻底、省工、省时，且便于大面积机械化操作的优点，因此化学除草已成为马铃薯现代化栽培的主要内容之一。

一、马铃薯田主要杂草种类

（一）按植物系统分

单子叶——杂草种子胚有 1 个子叶，叶片窄而长，叶脉平行，无叶柄。主要有禾本科、莎草科。

双子叶（阔叶）——杂草种子胚有 2 个子叶，草本或木本，网状叶脉，叶片宽，有叶柄。其中有菊科、十字花科、藜科、蓼科、苋科、唇形科、旋花科等。

（二）按生活类型分

寄生型杂草——自己没有有机物合成能力，靠寄生提供营养维持生存。如列当、菟丝子等。

自生型杂草——自己进行光合作用，合成有机质，为自己生存提供营养。其中有多年生、2 年生、1 年生等种类。

二、马铃薯田除草剂使用方法

马铃薯田除草剂的使用方法有 2 种。

（一）土壤处理

使用封闭性除草剂，可以在播种前进行，也可以在播后出苗前进行。这类除草剂，通过杂草的根、芽鞘或胚轴等部位吸收药剂有效成分后进入杂草体内，在生长点或其他功能组织部位起作用以杀死杂草，如氟乐灵、乙草胺、异丙甲草胺等。

（二）茎叶处理

有两种剂型可使用，一种是灭生性的，对所有杂草都有杀灭作用。在杂草已出苗，而马铃薯没出苗时进行杂草茎叶喷雾，通过茎、叶、芽鞘及根部吸收，抑制杂草生长，使杂草死亡。如百草枯、草甘膦等。另一种是选择性的，对不同植物有选择性，能杀死杀伤某些杂草，而对马铃薯无害。在马铃薯和杂草共生时期喷施除草剂，杀草保苗，如喹禾灵、精吡氟禾草灵等。

三、化学除草剂的具体使用技术

（一）播后苗前封闭杀灭

（1）乙草胺（禾耐斯）。乙草胺是酰胺类除草剂，可防除一年生禾本科杂草及小粒种子的阔叶草。用量：50% 乙草胺乳油，每亩用 150 ～ 200 mL，或 90% 乙草胺乳油 90 ～ 120 mL。

（2）异丙甲草胺（金都尔）。异丙甲草胺是酰胺类除草剂，可防除一年生禾本科杂草和部分阔叶草、莎草。用量：96% 异丙甲草胺乳油，每亩用 40 ～ 80 mL，持效期 40 ～ 60 d。喷药时土壤湿度应大些，效果好。

（3）氟乐灵（氟特力）。氟乐灵是二硝基苯胺类除草剂，是最早在马铃薯上应用的除草剂。对一年生禾本科杂草和小粒种子的阔叶草有杀灭作用。用量：48% 氟乐灵乳油 100 ～ 130 mL/ 亩。易挥发、易光解降效，喷施后应与土混合，保持药效。对下茬谷子、高粱生长有影响。

（4）二甲戊乐灵（除草通、杀草通、施田补）。二甲戊乐灵是二硝基苯胺类除草剂。为防除多种一年生禾本科杂草和阔叶杂草的广谱土壤封闭除草剂。每亩用 33% 二甲戊灵乳油 300 ～ 400 mL。要根据土壤有机质含量高低具体确定用量。有机质含量高的适当增加用量。

（5）嗪草酮（赛克、赛克津）。嗪草酮为三氮苯类除草剂。是防除一年生阔叶杂草的土壤处理剂。用量：70% 嗪草酮可湿性粉剂，45 ～ 100 g/ 亩。用量应随土壤有机质含量增加而增加。应注意的是：在沙土或土壤有机质含量低于 2% 的土壤，及 pH 大于或等于 7.5 的土壤，前茬玉米地用过阿特拉津的地块不宜使用嗪草酮进行除草。

（6）地乐胺（双丁乐灵）。地乐胺属二硝基苯胺类除草剂。防除一年生禾本科杂草及部分阔叶草，对寄生性杂草菟丝子有防效。用量：48% 地乐胺乳油 150 ～ 200 mL/ 亩。

（7）异丙草胺（普乐宝）。异丙草胺属酰胺类除草剂，为内吸传导型除草剂。防除一年生禾本科杂草及小粒种子的阔叶草。不仅用于马铃薯田除草，大豆、玉米、甜菜、向日葵、洋葱等作物都可使用。剂型有 72% 乳油、50% 可湿性粉剂。推荐用量：每亩用 72% 乳油 100 ～ 200 mL。土壤有机质含量越高用量应越大，有机质含量在 3% 以下的沙土用 100 mL/ 亩；有机质含量在 3% 以上的壤土可用到 180 mL/ 亩以上。

（8）噁草酮（农思它）。噁草酮属环状亚胺类选择性触杀型芽期除草剂。可防除一年生禾本科杂草及阔叶草。主要用于播后苗前土壤处理，杂草幼芽接触吸收药剂则死亡。用量：25% 噁草酮乳油，每亩用 120 ～ 150 mL。

（9）田普（二甲戊灵）。田普为二硝基苯胺类除草剂。杀草谱广，防除一年生禾本科杂草及阔叶草。剂型是 45% 微胶囊剂，属旱田苗前封闭性除草剂，施药后在土表形成 2 ～ 3 cm 药层，杀灭杂草。同时对作物安全，不伤根、不挥发、不易光解，持效期 45 ～ 60 d。用量：灰灰菜较多的地块 110 mL/ 亩。如果草多、土壤黏重、有机质含量高于 2%、或要求持效期长些，可适当增加用量。

（二）播后苗前对杂草茎叶喷雾杀灭

在土壤湿度适合，气温相对较高的情况下，往往在马铃薯没出苗前，各种杂草已出，可采用灭生性除草剂对杂草进行茎叶喷雾杀灭。

（1）百草枯（克芜踪、对草快）。百草枯属联吡啶类除草剂。是速效触杀型药剂，用于茎叶处理，发挥作用快，只杀绿色部分，不损伤根部，施用时最好在下午或傍晚，使农药推迟见光时间，可提高防治效果。用量：20% 百草枯水剂，每亩用 200 ～ 300 mL。

（2）草甘膦（农达、农民乐、达利农）草甘膦属有机磷类除草剂。有内吸传导广谱灭生性作用，能在植物体内迅速向分生组织传导。高效、低毒、低残留，易分解，对环境安全。用量：10% 草甘膦水剂，每亩用 500 ～ 750 mL 兑水喷雾。

（三）马铃薯及杂草出苗后茎叶喷雾杀灭

（1）精吡氟禾草灵（精稳杀得）。精吡氟禾草灵属芳氧苯氧丙酸类内吸传导型茎叶处理剂。在一年生或多年生禾本科杂草 3 ～ 5 叶期，进行茎叶喷雾杀灭。用量：每亩用 15% 精吡氟禾草灵乳油 50 ～ 100 mL。高温干旱或杂草苗大时，适当增加用药量，对马铃薯安全，施药后 2 ～ 3 h 下雨，不影响效果。

（2）精喹禾灵（精禾草克）。精喹禾灵属芳氧苯氧丙酸类，内吸传导型茎叶处理剂。可杀灭一年生禾本科杂草，在杂草苗 2 ～ 5 叶时进行茎叶喷雾。用量：5% 精喹禾灵乳油 50 ～ 80 mL/ 亩。如果用到 80 mL/ 亩，对多年生禾本科杂草和大龄一年生禾本科杂草有防效。

（3）高效吡氟乙禾灵（高效盖草能）。高效吡氟乙禾灵属芳氧苯氧乙酸类内吸传导型茎叶处理剂。可杀灭一年生和多年生禾本科杂草，对芦苇等防效较好，对马铃薯安全。在杂草 3 ～ 5 叶期喷施。用量：12.8% 高效吡氟乙禾灵 35 ～ 50 mL/ 亩。杀灭芦苇应加大药量，用到 60 ～ 90 mL/ 亩。

（4）精噁唑禾草灵（威霸）。精噁唑禾草灵属芳氧苯氧乙酸类传导型茎叶处理剂。杀灭一年生和多年生禾本科杂草，在杂草 2 ～ 4 叶时进行茎叶喷雾。用量：6.9% 精噁唑禾草灵乳油 50 ～ 60 mL/ 亩。

（5）烯草酮（收乐通）。烯草酮属环己烯酮类内吸传导型苗后选择性茎叶处理剂，可杀灭一年生和多年生禾本科杂草。用量：12% 烯草酮乳油 35 ～ 40 mL/ 亩，若草龄较大，可用 60 ～ 80 mL/ 亩。

（6）砜嘧磺隆（宝成）。砜嘧磺隆属磺酰脲类除草剂，具内吸传导作用，可作播后苗前土壤封闭和苗后杀灭杂草使用，对一年生禾本科杂草、部分阔叶草及多年生莎草都有防效。茎叶处理时在禾本科杂草 2 ～ 4 个叶前喷药，阔叶草在 5 cm 高之前效果好。用量：每亩 25% 砜嘧磺隆干悬浮剂 5 ～ 6 g，加水 26 ～ 30 L，在无风天进行田间喷雾。配药时先配成母液再加入喷药罐，同时加入 0.2% 的表面活性剂，最好是中性洗衣粉或洗涤剂。据报道，油菜和亚麻对砜嘧磺隆敏感，所以施用过砜嘧磺隆的地块翌年不种油菜或亚麻。另外，据观察，在天气炎热时施用砜嘧磺隆，马铃薯叶片会出现如花叶病似的斑驳，几天后才能恢复。

近年国内农药生产厂家根据农民的需求，试配了许多复合型除草剂，禾阔兼治，如顶秧、薯来宝等，马铃薯种植者都可以通过试用后，确实高效安全的就可以大面积使用。

（四）长残留除草剂对后茬马铃薯的影响

马铃薯对除草剂比较敏感，上茬施用除草剂，往往因长残留对下茬马铃薯产生影响，因中毒使植株萎缩，造成严重减产，所以马铃薯种植者在选地时必须了解清楚上茬是否施过除草剂，用的什么除草剂，对下茬马铃薯是否有危害，再做决定。用作倒茬的土地，种植其他作物，使用除草剂时，也一定控制不用对下茬马铃薯有危害的除草剂。

第四部分

农村新能源

第九章　农村新能源概论

在新农村建设中，加快发展农村能源，是加强农村基础设施建设的主要内容，是促进生态保护、发展循环经济的重要途径，也是新农村建设的重要内容。农村新能源主要指可再生能源的使用，其现状不容乐观，一方面大量农村生物质能源被弃置，甚至白白焚烧，既严重浪费了稀缺的能源，又造成了环境污染。另一方面新能源利用存在着诸多误区和不足，也给农村新能源的发展造成了不利影响。更重要的是如果农村人口在利用能源转型升级过程中全部加入到商品能源利用的队伍中，会给本来就紧张的国家能源供给带来巨大压力。本章主要介绍农村新能源在新农村建设中的作用及利用前景等，以期为充分科学利用新能源创造条件。

第一节　农村新能源在新农村建设中的重要地位和作用

能源按照百度百科的解释，就是向自然界提供能量转化的物质（矿物质能源，核物理能源，大气环流能源，地理性能源）。《大英百科全书》说："能源是一个包括着所有燃料、流水、阳光和风的术语，人类用适当的转换手段便可让它为自己提供所需的能量。"农村新能源主要指存在于广大农村，可以不断再生、永续利用、取之不尽、用之不竭的资源，它对环境无害或危害极小，而且资源分布广泛，适宜就地开发利用。主要包括太阳能、风能、水能、生物质能、地热能和海洋能等。

一、农村新能源对改善农村生活面貌的作用

据农业农村部对全国农村新能源统计结果，截至 2018 年底，全国省柴节煤灶保有量 12.88 亿户，节能炉 3 235 万户，节能炕 2 024 万铺；农村户用沼气保有量总数已经达到了 4 169.7 万户；太阳能热水器保有量达 62 320 万 m^2，太阳能灶保有量 213.9 万台；已建成秸秆集中供气站 952 处，建立了一批秸秆固化成型示范点，为生物质能源规模化开发利用奠定了良好的基础。随着我国农村经济的发展和农民生活水平的提高，对能源需求提出了更高的要求。认识中国农村能源发展趋势，选择合适的农村能源发展战略是十分必要的。

　　我国幅员辽阔，人口众多，而农村人口又占总人口的绝大多数。人均资源不足，在经济迅速发展的同时。能源消费与需求也增长迅速，能源短缺将长期存在，在此背景下，大量的农村人口如果不改变用能状况，直接加入商品能源消费，必将对国家的能源安全造成巨大影响。而从近年农村能源消费状况分析，秸秆、柴薪等传统能源仍是农村能源消费的主要成分。

　　中国农村能源消费结构，秸秆、薪柴消费仍然占主导地位，占到能源消费总量的绝大部分，其中秸秆消费占到38.6%，薪柴消费占到21.4%。而煤炭、油品等商品能源消费占次要地位，其中煤炭消费占总消费量的16.5%，电子消费占总消费量的9.6%。而清洁能源——天然气消费占总消费量的1%以下。我国农村居民能源使用大部分用于炊事和取暖，优质能源比例低，能源消费结构极不合理。这种情况可能是由于秸秆、薪柴容易获得，几乎不需要任何费用造成的。从发展趋势来看，在未来相当长的时期内，秸秆、薪柴等传统生物质能仍是我国农村居民的主要生活用能。

　　这种能源消费的现实状况，决定了我国农村居民的生活面貌很难出现大的改观。因此，很难想象以传统秸秆、薪柴为主要能源来源，而这些能源本身又具有体积大、难以整齐安放的特点，在不进行燃烧结构改革的情况下，很难实现天然气等清洁能源那样的干净整洁的居住环境。而如果随着农村经济的快速发展，农民生活水平、消费水平的不断提高，让农村的能源消费加入到商品能源消费之中，必将给国家的能源安全造成重大影响。而农村居民短时间内全体致富奔小康还不现实，农村居民整体生活质量实现大飞跃，还需要一个过程。

　　我国能源资源非常丰富。煤炭资源（探明储量）和水力资源居世界首位；石油资源占世界第十一位。但人均占有量很少，只有世界平均水平的一半。1985年，煤炭探明储量7 690亿t。石油探明储量25亿t，天然气储量3 800亿 m³。可开发水力资源有3.78亿kW，年发电量1.92亿kW·h。中国常规能源呈现出总量丰富，人均占有量不足的特点（引自百度百科的《世界及我国的能源储量及分布》）。

　　截至2018年底，世界原煤探明储量为8 615.3亿t，人均为123.5 t，世界原油探明储量为2 235亿t，人均储为33.8 t；天然气探明储量为209.7万亿 m³，人均储量为2.68万 m³。从世界能源探明储量情况看，煤储量为8 615.3亿t，人均123.5 t，原煤储量前五大国依次为美国，原煤储量为2 372.95亿t，占世界原煤储量的27.5%，人均储量761.6 t，是世界人均储量的6.16倍；俄罗斯原煤储量为1 570.10亿t，占世界原煤储量的18.2%，人均储量1 106.2 t，是世界人均储量的8.96倍；中国原煤储量为1 145亿t，占世界原煤储量的13.3%，人均储量为85 t，占世界人均储量的69%；澳大利亚原煤储量为764亿t，占世界原煤储量的8.87%，人均储量为3 368.6 t，是世界人均储量的27.3倍；印度原煤储量为764亿t，占世界原煤储量的8.87%，人均储量为48.8 t，占世界人均储量的39.5%。

　　世界原油储量为2 235亿t，人均储量为33.8 t。原油储量前五位的国家或地区为：

委内瑞拉原油储量为 404.5 亿 t，占世界原油储量的 18.1%，人均储量为 1 886 t，是世界人均储量的 55.80 倍；沙特阿拉伯原油储量为 365 亿 t，占世界原油储量的 16.33%，人均储量为 1 503 t，是世界人均储量的 44.47 倍；加拿大原油储量为 236 亿 t，占世界原油储量的 10.56%，人均储量为 869 t，是世界人均储量的 25.71 倍；伊朗原油储量为 213.6 亿 t，占世界原油储量的 9.56%，人均储量为 316 t，是世界人均储量的 9.35 倍；伊拉克原油储量为 193 亿 t，占世界原油储量的 8.64%，人均储量为 818 t，是世界人均储量的 24.20 倍。中国原油储量 24 亿 t，人均储量为 1.78 t，占世界人均储量的 5.27%。

世界天然气储量为 209.7 万亿 m^3，人均 2.68 万 m^3。天然气储量前五位的国家或地区：为俄罗斯天然气储量为 47.75 万亿 m^3，占世界天然气储量的 22.77%，人均储量为 49.2 万 m^3，是世界人均储量的 18.36 倍；伊朗天然气储量为 33.79 万亿 m^3，占世界天然气储量的 16.11%，人均储量为 23.2 万 m^3，是世界人均储量的 8.66 倍；土库曼斯坦天然气储量为 25.21 万亿 m^3，占世界天然气储量的 12.02%，人均储量为 3 060.1 万 m^3，是世界人均储量的 1 141.83 倍；卡塔尔天然气储量为 25.20 万亿 m^3，占世界天然气储量的 12.02%，人均储量为 3 661 万 m^3，是世界人均储量的 1 366.04 倍；沙特阿拉伯天然气储量为 8.03 万亿 m^3，占世界天然气储量的 3.83%，人均储量 337.6 万 m^3，是世界人均储量的 129.97 倍；中国天然气储量为 3.1 万亿 m^3，占世界天然气储量的 1.48%，人均储量为 0.23 万 m^3，占世界人均储量的 8.58%。

我国各类化石能源占比情况除原煤储量占世界第三位之外，其他能源占比量均偏少，特别是人均能源占比情况更少。我国原煤储量占到世界原煤储量的 13.3%；中国人均原煤占有量只占世界人均原煤占有量的 69%；中国原油储量为 24 亿 t，占世界原油储量的 1.78%；中国原油人均储量为 1.78 t，占世界人均原油储量的 5.27%；中国天然气储量为 3.1 万亿 m^3，占世界天然气储量的 1.48%；在人均资源占有量不足的条件下，我国居民能源消费量出现大幅上涨。

随着农村经济的不断发展，农民对清洁能源的需要必然不断增加。在我国能源相对紧张的情况下，农村人口加入到常规能源消费之中，必将影响国家的能源安全。而农村丰富的秸秆和太阳能等新能源的开发利用，将有利于化解能源危机，保证国家能源安全。

二、农村新能源在农村环境保护中的作用

伴随着经济社会的持续快速发展，农村人居环境发生了巨大变化，环境污染，尤其是点源、面源污染十分严重。环境的恶化很大程度上制约了新农村建设。

20 世纪 50—60 年代的中国农村，村庄虽然没有整体的规划，当然更缺少公共设施，但由于农户家庭围绕自然环境、人居环境、生产环境世代相传承袭下来了固有

的生态循环系统。这个系统大致模式为，以农村农户家庭居住庭院为中心，每户建立一处猪舍，饲养一两头猪，猪舍分为上下两层，上层为猪日常生活起居的地方，主要是猪休息、进食的地方，下层为猪排泄和活动的场所，此外下层还具有收纳农户平常生活垃圾、积蓄农田粪肥的重要作用。从而在一定程度上形成了一个可重复的良性循环，在一定程度上保证了一个比较适宜的农村人居环境。随着改革开放步伐的加快和深入，再加上农民多年的生活习惯和农村落后的环境基础设施，农户家庭中的猪舍被废弃，生活污水、生活垃圾随意丢弃，畜禽集中养殖技术的推广普及，使得各地涌现出大量的专业村、专业户，这一方面促进了农村经济的发展，带动了农民增收致富。另一方面大量的畜禽粪便随便堆放，给农村环境造成了很大污染。虽然国家要求畜禽养殖场设立粪便处理程序，但大多数养殖户在不具备规模养殖条件下也发展畜禽养殖，粪便的处理更是随意沿街堆放。就是一些具备一定规模的养殖场，其畜禽粪便也没能及时进行合理科学的无害化处理，甚至任意排放。于是造成了更大的环境污染和资源浪费，对农村环境的影响十分明显，对农民身体健康构成了巨大威胁。

长期以来，由于农村缺乏公共设施建设，再加上重城轻乡的思想，造成公共财政未能覆盖村庄公共设施的建设与维护，农村公共基础设施一度被公共财政忽视，基本上靠农民投工投劳和农村集体自力更生解决。再加上农村经济发展水平低、自身经济积累的不足，严重制约了农村公共基础设施建设。加之村庄规划职能不到位，造成农村人居环境总体恶化，生活垃圾、生活污水、规模养殖产生的畜禽粪便，和农民弃之不用的堆肥积造农家肥的农业生产习惯，使本来已经超负载的农村环境更加恶劣。粗放的农业生产经营管理模式，造成化肥、农药的大量使用，导致耕地质量下降，土壤污染，河流、水体富营养化。按照作物生产需要量计算，一个标准（80 m 廊坊40型）日光温室，黄瓜亩产按 10 000 kg，全生育期需要氮 28～32 kg；磷 12～18 kg；钾 33～44 kg。西红柿亩产按 10 000 kg，全生育期需氮 21～34 kg；磷 6.4～10.3 kg；钾 37.3～52.8 kg。但通过生产实践调查发现，农民实际施肥量远超过作物需肥量，据河北省永清县农业局对该县菜农调查发现，温室黄瓜每年实际投入氮肥 286.24～306.36 kg；磷肥 140.32～202.48 kg；钾肥 192～240 kg。番茄每年实际投入氮肥 155.24～175.36 kg；磷 94.32～156.48 kg；钾肥 125～173 kg。即使按肥料利用率扣除不能吸收利用的部分，实际施肥量也远远超过作物需肥量。

例如，河北省某农户的温室黄瓜，2003 年全生育期亩施鸡粪 10 000 kg；二铵 143 kg；硫酸钾 143 kg；山东农老大、江苏大钥匙复合肥共 714 kg；冲施肥 71 kg；钾宝 57 kg。通过换算，每亩施纯氮 310.1 kg；磷 337.2 kg；钾 291.6 kg。氮、磷、钾均远远超过了其合理施肥量。2003 年肥料亩投入约 3 800 元，亩产黄瓜 12 100 kg。黄瓜拉秧后，取土化验耕层有机质含量为 31.654 g/kg；全氮 0.268%（全县土样最高值）；速效磷 93.630 mg/kg；速效钾 1 212.349 mg/kg；全盐 1.140 g/kg；阳离子交换量 36.875 g/kg；土壤容重 1.242 7 g/m³。

农户连年施肥过量,造成土壤养分失调和肥料的浪费以及土壤盐渍化。剩余养分随雨水冲洗和灌溉水下渗造成地表水和地下水污染,形成富营养化水体。不但生产成本增加,单位投入产出比递减,增产不明显甚至减产,而且破坏了土壤结构,造成土壤污染。另外,随着农业连年丰收,产生大量农作物秸秆,由于秸秆综合利用相对滞后,造成秸秆相对过剩,为提高复种指数,农民为抢农时进行秸秆焚烧。过度的施用化肥,使得土壤有机质下降,耕地板结,而大量焚烧秸秆又使大量有机养分以气体形式散发到大气中,造成了空气污染和宝贵资源的严重浪费。

我国乡镇企业技术落后,工艺陈旧,大多数没有环境污染防治措施,盲目的经济引导使其根本无力负担污染治理费用,成为环境污染的主体。

在农村地区新型能源利用中,沼气、风电、太阳能利用的较为多见和普及。其中沼气是一种通过微生物发酵方式循环利用的生物质能,具有能源、生态、环保、经济和社会的多重功能。在农村大力推广沼气建设,可以促进养殖业,带动种植业的发展,改善农村生产和生活环境,是一项投资少,见效快的好方法。通过沼气池的建设,使得畜禽养殖和日常生活中产生的生活垃圾和畜禽粪便以及种植业中产生的秸秆等废料可以进入沼气池中,通过发酵产生的沼气,可以为农村居民日常生活的照明、取暖、炊事等提供燃料;而沼渣、沼液可以用作畜禽养殖中的一部分饲料和种植业生产中的优质肥料。这一过程既减少了日常的生活污染,又为农业生产提供相关的肥料和饲料,使农村实现多方位的废物循环,减少环境污染,提高各种资源的利用效率,实现生态农业,同时形成一个良性的农业生产、农民生活、农村环境循环体系,使农村生态环境得到一定的改善。

我国可开发为能源的生物质资源在 2017 年达 3 亿 t。随着农林业的发展,特别是炭薪林的推广,生物质资源还将越来越多。开发利用生物质能源对中国农村更具特殊意义。一方面,在广大的农村,秸秆和薪柴等生物质能还是农村的主要生活燃料。尽管煤炭等商品能源在农村的使用量迅速增加,但生物质能仍占有重要地位。另一方面,生物质能源高新转换技术不仅能够大大加快村镇居民实现能源现代化进程,满足农民富裕后对优质能源的迫切需求,同时也可在乡镇企业等生产领域中得到应用。由于中国地广人多,常规能源不可能完全满足广大农村日益增长的需求。因此,立足于农村现有的生物质资源,研究新型转换技术,开发新型装备既是农村发展的迫切需要,又是改善农村人居环境、实施可持续发展战略的需要。

三、农村新能源在发展现代农业中的重要作用

从可持续发展的观点看,农业现代化既是人类改造自然和征服自然能力的反映,也是人与自然和谐发展程度的反映。它一方面要求尽可能多地生产满足人类生存、生活的必需品,确保食物安全;另一方面要坚持生态良性循环的指导思想,维持一个良

好的农业生态环境，不滥用自然资源，兼顾目前利益和长远利益，合理地利用和保护自然环境，实现资源永续利用。这是落实科学发展观，建立资源节约型社会的要求，也是统筹人与自然和谐的前提。

从农业资源角度看，我国耕地资源短缺将是农业现代化进程的制约因素。随着工业化和城市化发展，水土资源被挤占的势头难以逆转，农业将面临日趋严峻的耕地资源短缺问题。据统计，目前，我国人均耕地、草地、林地、水资源分别不到世界平均水平的30%、40%、14%和25%，随着经济总量和人口总量的增加，我国农业资源将迅速接近承载能力的上限。依据生态经济学观点，农业现代化程度越高，它与农业生态系统的依存关系越密切。实现农业现代化的过程，应该是推进生态文明的进程。它既是农业现代化的重要内容，也是农业可持续发展的基本条件。

现代农业是资源节约和可持续发展的绿色农业。发展现代农业不能以牺牲资源和环境为代价，推行绿色农业就是要把保护资源和改善生态环境放在首位，使农业走上可持续发展的轨道。同时我国农村生物质能源丰富，生物质能是绿色植物通过叶绿素将太阳能转化为化学能贮存在生物质内部的能量。有机物中除矿物燃料以外的所有来源于动植物的能源物质均属于生物质能。全世界约25亿人的生活能源的90%以上是生物质能。

在农业生产中，会排放出大量的碳化合气体，如农业中农用化肥的使用、农业废弃物的不合理利用、农作物的加工和疏通等都需要对能源进行消耗。对于目前的农业生产水平而言，其生产过程中的能源也基本是化石能源，属于高碳农业发展模式，与现行的低碳农业发展理念有着很大的差距。因此，只有大力发展节能、生态环保型农业技术，才能提高能源的有效利用率，降低能源的消耗量。只有低消耗、低排量、高收益的农业发展模式，才能够长期生存，才能在农业生产中起到事半功倍的效果。

低碳农业符合长期可持续发展的需求，因此，在现代农业建设中起着非常大的作用：一是推广节能技术，开发生物质能源，有利于优化能源结构，从而降低农业生产成本。二是提高效率，减少污染物的排放量，能够有效降低环境污染，降低治理成本。三是促进农业发展的水平，有利于农业发展方向的转变。因此，以低消耗、低污染、低排放为基本的低碳农业发展模式，更符合现代农业发展的需要。我国是一个农业大国，农产品丰富，特色农产品也较多，且品质优良，在国际上也具有一定的知名度。但是，随着食品和环境污染问题的加剧，国际市场对于农产品质量标准要求越来越高。这种机制的形成，更要求我国要大力发展低碳农业，在生产过程中要减少碳等污染物的排放量，形成低碳环保的农业发展模式，既能够保证农产品的质量，又能够控制农业生产中的技术指标，以提高农产品的国际市场占有率和竞争力。

第二节 农村新能源的发展情况

我国新能源利用可以追溯到 19 世纪 80 年代的沼气利用，以至更早期的西汉。但新能源产业在我国规模化的发展却是近几年的事情。相对于发达国家，我国新能源产业化发展起步较晚，技术相对落后，产业化程度低，但同时，我国具备丰富的天然资源优势和巨大的市场需求空间，在国家相关政策引导扶持下，新能源领域成为投资热点，技术利用水平正逐步提高，具有较大的发展空间。

一、农村新能源的发展历史

农村新能源是指农村地区的能源，主要是产于农村当地风能、太阳能等可再生能源。其中以沼气、风能、太阳能、地热、生物质能为主。其发展历程各有不同。

（一）沼气的发展历程

沼气，很早就被人类所发现，顾名思义即为沼泽之气。因此，沼气又分为天然沼气和人工沼气。天然沼气主要产自沼泽地、水沟、矿洞等地，是在自然环境下有机质被微生物厌氧分解而产生的。人工沼气是在人为创造厌氧微生物所需要的营养条件和环境条件下，在特定的装置里，积累高浓度厌氧微生物，分解发酵配制好的有机质而产生的，可作为能源燃料和动力，供给人类生产、生活所需的气体物质。

1776 年，意大利物理学家蒙特推断，腐烂的有机物质和产生的可燃气体在数量上直接相关。1781 年（另有资料说是 1860 年），法国科学家穆拉将简易沉淀池改造成活气发生器，发明人工沼气发生器。1925 年在德国、1926 年在美国分别建造了备有加热设施及集气装置的消化池，成为现代大、中型沼气发生装置的原型。第二次世界大战后，沼气发酵技术曾在西欧一些国家得到发展，但由于廉价的石油大量涌入市场而受到影响。后随着世界性能源危机的出现，沼气又重新引起人们的重视。1955 年，新的沼气发酵工艺流程——高速率厌氧消化工艺产生。它突破了传统的工艺流程，使单位池容积产气量（即产气率）在中温下由每天 1 m^3 容积产生 0.7 ~ 1.5 m^3 沼气，提高到 4 ~ 8 m^3 沼气，滞留时间由 15 d 或更长的时间缩短到几天甚至几个小时。因而沼气技术在发达国家得到快速发展。在可持续发展理念的推动下，欧洲国家沼气技术得到较好的利用，德国在该国《可再生能源法》等相关法律、法规的引导和刺激下，沼气主要用于发电。截至 2008 年，德国已建成沼气工程 3 900 处，总装机容量达 1400 MW，其中装机容量在 2 MW 的沼气厂有 40 家，最小装机容量为 50 kW/t；而在瑞典，沼气技术也得到有效利用，到瑞典旅游的乘客，可以登上世界上第一列用沼气发动的火车，乘着它在瑞典进行一趟愉快的旅行。瑞典为人类利用生物燃料提供了一个很好的榜样。据报道，这列由沼气发动的火车只有一个车厢，能容纳约 60 名乘客，列车总共能装 11 桶沼气。利用这些沼气，火车能持续运行 600 km，最大时速可达 130 km。列车的起点是瑞典首都斯德哥尔摩南部城市林科宾，终点是瑞典东部沿海城镇瓦斯特韦克。整条线路全长约 80 km。在欧洲大陆上，由于化石燃料价格昂贵，欧盟的排放交易体系对化石燃料超额使用部分增收重税。20 世纪 80 年代的石油涨价，瑞典小城克里斯提斯塔无力负担学校、医院的供暖，为了节约燃料开支，城市开始铺设暖气管，形成一个地下暖气网。1993 年，克里斯提斯塔开始用碎木屑为燃料，1999 年，该城开始依靠新建的沼气厂供暖。到 2013 年，该城已经在鼓励居民改用那些能够以沼气为燃料的汽车，且城市公交车辆已经这样做了。

我国沼气在 19 世纪 80 年代于广东潮梅一带民间开始了人工制取瓦斯的试验，真正发展起始于"中华国瑞瓦斯总行"的兴起，1920 年前后，台湾新竹县的罗国瑞先生基本完善了沼气池结构建造和应用技术，形成了实用价值较高的技术产品。1929 年罗国瑞先在广东汕头市开办了中国第一家推广沼气技术的机构"国瑞瓦斯汽灯公司"，并建设国瑞瓦斯库。1931 年由汕头迁至上海小西门蓬莱国贸市场，更名为"中华国瑞瓦斯总行"。1942 年秋，由于总行所在的上海蓬莱国贸市场被日本侵略军火为烧毁，造成"中华国瑞瓦斯总行"遭破坏停办。依赖于总行的各省分行也相继倒闭。在历时长达 12 a 之久的发展中，"中华国瑞瓦斯总行"推广瓦斯技术遍及大半个中国，涉及全国 14 个省，21 个市和 15 个县。

原武汉中南材料研究所的姜子纲工程师，由于 20 世纪 30 年代学习过国瑞瓦斯库建造技术，于 1957 年在武汉市建造了一个沼气池并投入使用。由于新中国成立之初，百废待兴，以及国外处于南北夹击的危险形势，如何促进经济发展成为工作的重点。在这种情况下，国内沼气建设得到快速发展，到了 20 世纪 60 年代初沼气发展基本停止，主要原因有两个方面：一是国内三年自然灾害，造成材料短缺。二是不重视科学，大搞群众运动和土法上马，致使施工技术、建池质量得不到保障，许多沼气池建成后不久就漏水漏气而不能使用。造成沼气应用效果不佳。

大约在 1970 年，当时四川省中江县农民为了解决能源短缺问题办起了沼气池。引起了国务院的重视，1985 年国家科委（国家科学技术委员会的简称）、农林部、中科院（中国科学院的简称）联合在四川召开了全国沼气推广利用交流会，此后国务院确定农业部主管沼气开发利用。这段时间，全国不到 10 a 的时间发展沼气池 700 多万个，但由于资金建筑材料不足和技术问题，沼气池多采用"三合土"、黏土砖材料建造，后期又缺乏管理，沼气池平均寿命为 1～3 a，到 20 世纪 70 年代后期有大量沼气池报废。

随着技术的进一步成熟以及"生态富民工程"等国家相关政策的出台和资金的支持，农村沼气得到大发展。涌现出了北方"四位一体"沼气池、南方"猪 - 沼 - 果"、渭北旱塬生态五配套等一大批好的发展模式。

（二）太阳能利用的发展历程

对于太阳能利用的历程，多数资料倾向于人类利用太阳能已经有 3 000 多年的历史，但把太阳能作为一种能源和动力加以收集、研究、利用，只有短短的 300 多年的历史。真正意义上的太阳能利用历史要从 1615 年法国工程师所罗门·德·考克斯在世界上发明第一台太阳能驱动的发动机算起。这是一台利用太阳能加热空气使其膨胀做功而抽水的机器。在 1615—1900 年，世界上又研制成多台太阳能动力装置和一些其他太阳能装置。但这些装置价格昂贵，工质主要是水蒸气，动力装置多为聚光方式采集太阳光，没有太多的实用价值。

进入 20 世纪后，太阳能利用技术也是一波三折，主要是受到石油等化石能源的影响。20 世纪初太阳能利用主要集中在动力装置上。但采用的聚光方式开始多样化，并出现了平板集热器和低沸点工质、最大输出功率达到 73.64 kW。建造的典型装置有：1901 年，在美国加州建成一台太阳能抽水装置，采用截头圆锥聚光器，功率为 7.36 kW。

1935 年第二次世界大战爆发，由于战争的破坏和巨大需求，石油和煤炭这些化石能源在价格低、效率高、成本低、动力大、利用方便等诸多优点的条件下，得到广泛应用。从而使太阳能利用技术得到搁置，其利用研究被搁浅。

第二次世界大战之后，太阳能利用技术研究逐步得到恢复和开展，同时成立了太阳能学术组织，开展学术交流和展览，太阳能利用重新得到发展。到 1965 年经过 20 多年的发展，取得了一定的成绩。最具代表的是 1955 年，以色列泰伯等在第一次国际太阳热科学会议上提出选择性涂层的基础理论，并研制成实用的黑镍等选择性涂层，为高效集热器的发展创造了条件。

1965 年之后，由于化石能源的大量开采，加之太阳能技术研究存在的价格昂贵、不能便携等缺点，使其难以和常规能源竞争，其发展逐步进入低谷。而转机出现在"石油危机"。这场由中东战争而引起的石油输出国组织，减产、提价措施，给了从中东大量进口石油的国家以重大打击，其经济发展受到严重影响。从而让这些国家重新认识能源结构，发达国家立即做出反应，提出改变能源结构，向多元的高科技、可持续发展能源战略方针过渡。太阳能和其他可持续发展能源重新被提上了研究日程。因而再次兴起了开发太阳能的热潮。各国都加强了太阳能研究工作的计划性，不少国家制定了近期和远期阳光计划。开发利用太阳能成为政府行为，支持力度大大加强。国际的合作十分活跃，一些第三世界国家开始积极参与太阳能开发利用工作。如 1973 年，美国制定了政府级阳光发电计划，太阳能研究经费大幅度增长，并且成立太阳能开发银行，促进太阳能产品的商业化。日本在 1974 年公布了政府制定的"阳光计划"，其中太阳能的研究开发项目有：太阳房、工业太阳能系统、太阳热发电、太阳电池生产系统、分散型和大型光伏发电系统等。研究领域不断扩大，研究工作日益深入，取得一批较大成果如真空集热管、非晶硅太阳电池、光解水制氢等。

但各国制定的太阳能发展计划，普遍存在要求过高、过急问题，对实施过程中的困难估计不足。

进入20世纪80年代后不久，世界石油价格大幅度回落，太阳能技术没有重大突破，提高效率和降低成本的目标没有实现，其产品价格居高不下，缺乏竞争力；加之核电技术的快速发展，对太阳能的发展起到了一定的抑制作用。世界上许多国家相继大幅度削减太阳能研究经费，其中美国最为突出。

由于大量燃烧化石能源，造成了全球性的环境污染和生态破坏，对人类的生存和发展构成威胁。在这样的背景下，1992年联合国在巴西召开"世界环境与发展大会"，会议通过了《里约热内卢环境与发展宣言》和《21世纪议程》和《联合国气候变化框架公约》等一系列重要文件，把环境与发展纳入统一的框架，确立了可持续发展的模式。这次会议之后，世界各国加强了清洁能源技术的开发，将利用太阳能与环境保护结合在一起，使太阳能利用工作走出低谷，再次得到发展。

目前太阳能技术有了长足进步，但发达国家占据着太阳能核心技术的高端。自2000年以来，太阳能专利的大部分权利人来自日本，发明专利数量占45%，美国占21%，德国占10%，中国占8%，韩国占3%，澳大利亚占2%，俄罗斯占1%，世界知识产权组织占1%，其他国家共占1%。

中国太阳能利用主要包括太阳能热水、太阳房、太阳灶、太阳能干燥等领域，其中太阳能热水器领域取得了巨大成效，成为我国新能源事业中贡献最大、影响最广、实用性最强、普及率最高、自有技术含量最高、投入产出比最大的有实际意义的新能源产业。目前国内太阳能热水器生产企业达3 000多家，自有技术达95%以上，综合成本不到国外平均水平的一半。其次是太阳能光电利用，目前以无锡尚德、北京科诺伟业、保定天威、英利企业为主的一批光电企业自主研发出光伏屋顶组件、光伏玻璃幕墙组件和应用产品集成化、并网光伏发电系统等高端关键性技术，并登陆海外市场。目前中国已成为三大光伏电池生产国之一。

中国太阳能光热产业开始于20世纪80年代，由于石油危机爆发出现的能源紧张局面，使人们认识到现有的能源结构必须彻底改变，应加速向未来能源结构过渡。随着国家"863"计划的实施，推动了我国太阳能光热利用的产业化进程。太阳能热水器等一批太阳能产品逐渐发展成为产业化。

目前，中国已成为世界上最大的太阳能光热应用市场，也是世界上最大的太阳能集热器制造中心。据了解，中国太阳能光热产业自有技术占95%以上。在集热技术领域，研发的"铝－氮/铝全玻璃真空集热管"技术，生产出的"钛金集热管"和"中温太阳集热管"，大大提高了光热转换效率；技术创新促进了中国太阳能热利用的高能效，采集热能折合成电力，每千瓦时国外综合成本为4美分，而中国的综合成本仅为人民币0.15元。

（三）风能的利用历史

人类利用风能的时间可追溯到公元前，公元前数世纪中国先民就利用风力提水、灌溉、磨面。埃及尼罗河上的风帆船、中国的木帆船，都有两三千年的历史记载。到唐朝风帆船已广泛用于江河航运。宋代是风车应用的全盛时期，当时流行的垂直轴风车，一直沿用至今。

在国外，公元前2世纪，古波斯人就利用垂直轴风车碾米。10世纪伊斯兰人用风车提水，11世纪风车在中东已获得广泛的应用。13世纪风车传至欧洲，14世纪的荷兰人对风车的结构进行了革命性的改造，风轮的转速和效率都有了显著提高。在随后的几个世纪中，风车在欧洲被广泛用于排水和研磨谷物，成为欧洲不可缺少的原动机。在荷兰，风车先用于莱茵河三角洲湖地和低湿地的汲水，其风车的功率可达36.77 kW，以后又用于榨油和锯木。在蒸汽机出现后，风能利用逐渐冷落。风能利用技术发展缓慢，只是在1973年石油危机出现后才重新受到重视。目前风能的利用主要方向为风力发电。

中国现代风能的发展，在20世纪50年代末是各种木结构的布篷式风车。到60年代中期主要是发展风力提水机。70年代中期以后风能开发利用列入"六五"国家重点项目，得到迅速发展。进入80年代中期以后，先后从国外引进发电机组，建立了示范性风力发电场。1992年装机容量已达8 MW。至1990年底，全国风力提水的灌溉面积已达2.58万亩。1997年新增风力发电10万kW。目前中国已研制出100多种不同型式、不同容量的风力发电机组，并初步形成了风力机产业。

（四）生物质能的发展简史

生物质能源又称为"生物能"，是通过绿色植物的光合作用把太阳能以化学能的形式固定贮藏在有机物中的能量形式。中国有着悠久利用生物能源的历史，古代先民在利用生物质能源方面有着过人的智慧。应用范围主要是直接燃烧用于炊事等，但其内涵却相当丰富。李时珍的《本草纲目》卷6《火部·燧火》对樵采薪柴的时机做了如下说明："榆柳先百木而青，故春取之，其火色青。杏、枣之木心赤，故夏取之，其火色赤……"又《本草纲目·艾火》记载了各种薪柴对人体产生的危害："八木者，松火难痊瘥，柏火伤神多汗，桑火伤肌肉，柘火伤气脉……"对中国历代相传的中草药，煎药的火候要求最为严格，有"水火不良，火候失度，则药亦无功"之训。因此，对柴薪的选择也特别严格。《本草纲目》记载："火用陈芦、枯竹，取其不强，不损药力也；桑柴火，取其能助药力；烀炭，取其力慢；栎炭，取其力紧；湿养用糠及马屎、牛屎者，取其缓而能使药力匀遍也"，表明古人对薪柴的使用已经积累了丰富的经验。

但传统的生物质能利用也存在着燃烧不充分、热效率低、有污染的弊端。现代生物质能的利用技术得到改进，热效率大大提高。成型燃料最早是英国一家机械工程研究所以泥煤作原料研制成的，逐步发展到加工造纸厂的废弃物。现代化的活塞成型机在瑞士、德国得到推广，以锯木为原料的燃料块在市场上有了竞争力，20世纪40年代，日本申报了利用木屑为原料生产棒状成型燃料的第一个专利，50年代，日本人研制出螺旋式生物成型机，并逐步推展到了中国台湾、泰国乃至美国和欧洲。50年代后又相继产生了以油压、水压为动力的生物质压缩成型设备，以及以机械为动力的滚筒或小颗粒成型设备。

在20世纪80年代，成型燃料得到了较大规模的发展。当时由于出现了能源危机，石油价格上涨，西欧国家、美国的木材加工厂提出用木材实现能源自给。因此，生物质压缩燃料发展很快，在西欧国家及日本等国已成为一种产业，印度和东南亚一些国家对这项技术的研究与应用也相当重视。

中国生物质能现代利用技术的发展起始于20世纪末，生物质能在国外发展已具雏形，甚至市场化、商业化。直到2004年能源部门、农业部门、部分科研机构才开始做一些实质性的研究，因此，2004年也被认为是中国现代生物质能源的元年。

二、农村新能源发展的主要种类及现状

目前农村新能源发展主要集中在沼气、太阳能和生物质能能源上。其中以沼气、太阳能热水器较多。风能利用主要以风能作动力和风力发电。风力发电成为风能利用的重点。

（一）当前农村新能源利用的种类、原理

当前农村新能源利用以沼气、太阳能和风能较多，生物质能又分为传统生物质能和现代生物质能，传统生物质能是指以低效炉灶通过直接燃烧等传统技术利用的生物质能，目前在农村能源中占主导地位。现代生物质能目前还处于起步阶段，在农村新能源中占有份额不大。

1.沼气的利用类型及基本原理

农村新能源利用的沼气分为小型沼气和沼气工程。沼气工程通常容积在25 m³以上，属于大型沼气池。另一类为小型沼气池，即农村居民住户所用的沼气，即所谓的户用沼气池。沼气工程以规模化厌氧消化为主要技术，集污水处理、沼气生产、资源化利用为一体的系统工程。主要用于规模养殖场和养殖企业处理畜禽粪污、消除公共污染。随着新农村建设的不断深入，主要是农村新民居工程的推进，这种沼气工程可有效地集中处理生活污水、居民生活垃圾，消解农村环境污染，是以后农村新能源的发展方向。

（1）水压式沼气。水压式沼气池的工作原理是：产气时，当产生沼气逐步增多，沼气压料液使水压箱内液面压高，出料间液面和池内液面形成压力差，因而将发酵间内的料液压到出料间，直至内外压力平衡为止。当用户使用沼气时，池内气压下降，

出料间的料液便被压回发酵间，维持内外压力新的平衡。

水压式沼气池构造简单，施工方便，造价较低，是我国农村普遍采用的一种人工制取沼气的厌氧发酵装置，推广数量占农村沼气池总量的 85% 以上。根据按水压间位置不同，可分为侧水压式池和顶水压式池。它是在总结"三结合""圆、小、浅""活动盖""直管进料""中层出料"等群众建池的基础上，加以综合提高而形成的。由进料管、发酵间、贮气箱、出料间和导气管等 5 个部分组成。发酵原料从进料管进入发酵间。因进料管、发酵间和出料间为一个连通器，加入原料后，三者中的料液在同一个水平面上。当导气管封闭，发酵原料分解产气后，沼气逐渐增加，上升到贮气箱中，气体越多，气压越大，发酵间液面的压强也增大，从而使发酵间液面下降，进料管及出料间的液面上升，贮气箱容积相应扩大。如导气管被打开，气体不断消耗，发酵间液面的压强减少，在大气压的作用下，进料管和出料间的液面下降，发酵间的液面上升，气箱容积相应减小。这种利用部分料液来回窜动引起水压反复变化来贮存和排放沼气的池型称水压式沼气池。

但是水压式沼气池也存在着由于气压反复变化，一般在 4 ~ 16 kPa（即 40 ~ 160 cm 水柱），对池体强度和灯具、灶具的稳定燃烧不利和由于活动盖直径不能加大，对以秸秆为主的发酵原料出料困难的缺点。

效益分析：8 ~ 10 m² 的沼气池年产沼气 450 m³，解决 3 ~ 5 口农村居民住户的 10 ~ 12 个月的生活燃料，节煤 1 t，节电 100 度。

目前中国水压式沼气池建造技术最为成熟，并已形成了独立而完整的技术体系，设立了国家标准。

（2）浮罩式沼气池。浮罩式沼气池由发酵池和贮气浮罩组成，最简单的一种是发酵池与气罩一体化（顶浮罩式）。基础池底用混凝土浇制，两侧为进、出料管，池体呈圆柱状。浮罩大多数用钢材制成，或用薄壳水泥构件。发酵池产生沼气后，慢慢将浮罩顶起，并依靠浮罩的自身重力，使气室产生一定的压力，便于沼气输出。这种沼气池可以一次性投料，也可半连续性投料，其特点是所产沼气压力比较均匀。

这种沼气池与水压式沼气池相比具有保温效果好、沼气压力稳定、装料多、有利于发酵产气等优点，缺点是占地面积大、建池成本高、出料困难。

（3）变异型沼气池。变异型沼气池主要是在上述两种沼气池的基础上，改变了进料口、水压间、贮气罩、贮气袋等位置，在几何尺寸、部位和部件组合上进行各种变化而成。如气袋式沼气池、地下式沼气池、半埋式沼气池、曲流布料沼气池、半塑料沼气池等。

2. 太阳能热水器

太阳能热水器一般分为平板型太阳能和管型太阳能。其中管型太阳能又分为全玻璃真空管太阳能热水器和热管太阳能热水器。

太阳能热水器的工作原理很简单，基本工作流程为：吸热、循环、保温三大结构原理。太阳能热水器的集热器表面有一特殊的涂层，此涂层对太阳的可见光范围具有很大的吸收率，对长波的发射率很低，这样就有效地"滞留"了太阳的热量。利用冷水比热水密度大，冷水下沉，热水上升，形成自然对流循环，使水箱中的水逐渐变热。保温水箱由 3 部分组成：外胆、聚氨酯发泡层和不锈钢内胆，其中，聚氨酯发泡层负责太阳能热水器的保温。太阳能热水器的发泡层厚度一般在 50 ～ 70 mm，实际保温性能则取决于生产厂家的发泡机械、标准化模具和工艺技术水平。

其他太阳能产品如太阳灶、太阳能路灯等产品，因为核心技术没有掌握在国内企业手中，多被外国企业掌握，尤其是关键部件多晶硅几乎全部依靠进口，造成产品售价居高不下，给推广应用带来很大阻力。而太阳能热水器是中国目前在太阳能利用方面掌握核心技术最多、国产化率最高的一项产品。所以在这里只把太阳能热水器做一简单介绍。其他太阳能产品有兴趣的可寻找相关资料研读。

3. 生物质能 – 秸秆固化（或称为秸秆压块造粒）

生物质压块成型是将秸秆、稻壳、锯末、木屑等有机废弃物，用机械加压的方法，使无定型、低发热量的生物质原料压制成具有一定形状、密度较高的固体成型燃料。从成型工艺上可分为常温压缩成型、热压成型和碳化成型 3 类。成型燃料热性能优于木材，与中质混煤相当，而且点火容易，便于运输和贮存，可作为生物质气化炉、高效燃烧炉和小型锅炉的燃料。既能节省能源，又能明显减少大气污染，具有贮存、运输、使用都方便等特点。

中国生物质固体成型技术的研究开发已有 20 多年的历史，现在已达工业化生产规模。但由于压缩技术环节的问题，成型燃料的压缩成本较高。目前，中国（清华大学、河南省能源研究所、北京美农达科技有限公司）和意大利（比萨大学）两国分别开发出生物质直接成型技术，降低了生物质成型燃料的成本，为生物质致密成型燃料的广泛应用奠定了基础。

（二）农村新能源的利用水平

中国新能源在广大农村得到大力推广，这完全得益于政府的大力支持和政策驱动。就目前农村新能源的利用率来讲，它们依次为沼气、太阳能、风能，而要从广义上讲，太阳能的利用就占到了主导地位，这主要得益于设施农业的开发利用。

在农村新能源中太阳能的利用主要成就是建设日光温室、冷棚、中小拱棚和地膜覆盖。已经被农民广泛应用于农业、养殖业生产中。就此而言，其在农村新能源中的地位是其他新能源无可比拟的。

科技的进步是设施农业发展的基础。17 世纪玻璃在欧洲问世，荷兰便有了最早的玻璃温室；二战后塑料薄膜在美国的发明及其后来在现代温室上的应用带来了世界范围内设施农业的一场革命。20 世纪 70 年代以来，集约型设施农业在荷兰、以色列、美国和日本等一些发达国家得到迅速发展，并形成了强大的支柱产业。荷兰人均耕地仅 0.9 亩，不到世界平均水平的 1/5，但其人均农产品出口额却居世界首位，其成就主要来自于生产花卉、蔬菜等高档农产品为主体的设施农业。以色列是一个气候干旱、淡水资源十分匮乏的国家，但其在蔬菜、花卉和其他高档农副产品的出口方面居世界前列。目前，以色列拥有各类温室 45 000 余亩，年产鲜花 10 亿支以上，花卉出口列世界前三位。

由于设施农业受外界不利气候条件影响小，且可实现全年均衡生产，因而与露地种植和传统养殖相比，其产品产量和品质成倍上升，生产和饲养周期也大为缩短。黄瓜、西红柿产量可达 40 ～ 60 kg/m²，是露地栽培的 5 ～ 10 倍；设施农业已经成为世界各国用以克服不利气候条件影响，大幅度提高农产品产量和品质，实现全年生产、均衡上市的有效方式。

我国的设施农业起步于 20 世纪 70 年代，首先从玻璃日光温室开始，以后随着塑料薄膜技术的引进，开始大面积地推广应用。以地膜覆盖、日光温室、塑料拱棚等为主要设施形式得到迅速发展，并取得了显著效果。

太阳能利用的其他方面为太阳能热水器。目前虽然还没有一个权威的农村太阳能热水器应用统计情况。但从各类资料来看，太阳能热水器是继设施农业之后太阳能利用发展较好的一个。且目前中国太阳能热水器国产技术是太阳能技术利用与发展中最成熟的，且已成为产业化、市场化。但由于经济发展不平衡的原因，造成太阳能热水器的普及存在着很大差异。这主要是太阳能热水器价格的影响。据阮星的《我国东部发达地区农村新能源建设的现状及问题》显示，在宁波市，农村太阳能的普及率平均为 38%。价格在该地不是影响发展的主要因素。环保意识及农村居住人群结构是主要影响因素。该地农村 2008 年人均纯收入就达到了 11 250 元。对选购 4 000 ～ 5 000 元一台的太阳能热水器来讲不是一个大负担。但在中西部农村，人均收入偏低的农村地区，价格就成为影响其普及的主要因素，这也是造成太阳能热水器农村普及率偏低的重要原因。太阳能源利用除此之外还有太阳灶、太阳能路灯等。

沼气在近年来的政府"生态家园富民工程"等政策的推动下，得到了快速发展。且主要以农村居民户用沼气池为发展重点。到 2009 年年底，仅中央财政对农村沼气建设的投入就高达 190 多亿元，使得 21 世纪前 10 年成为沼气发展最快的时期。据农业部不完全统计，自 2003 年开展沼气国债项目到 2008 底全国农村户用沼气池由 1 100 万户增至 3 049 万户。沼气发展的基本模式为"三结合""四位一体"和"五配套"，并创造性地开发出新疆的"五位一体"河北的"'二池三改'庭院生态模式"、浙江温州的"'牛 - 沼 - 菌'生态模式"等。同时形成了水压式沼气池建造的国家标准。

中国的风能利用目前主要形式为风能发电。2013 年全国风电新增装机容量 16 089 MW，2013 年全国累计风电装机容量 91 413 MW，西藏那曲超高海拔试验风电场的建成投产，标志着我国风电场建设已遍布全国各省（市、自治区）。同时，2013 年全国新增风电并网容量 14 490 MW，累计并网容量 77 160 MW。随着中国风电市场的发展，我国风电技术和设备制造从无到有，通过"引进、消化、吸收和再创新"的技术路线，逐步发展。但总体是核心技术和关键部件制造仍掌握在发达国家手中。

三、农村新能源发展的必要性及重要意义

能源是各国发展不可或缺的基本要素之一，一方面，随着全球经济的快速发展，对能源的需求日益增加。但传统的化石能源具有不可再生性；另一方面，二氧化碳的过度排放导致的全球变暖问题越来越严重。目前能源利用需求日益增加，能源短缺问题越来越明显，能源的短缺必然会阻碍社会经济的快速发展，而解决这一问题的有效途径之一就是对新能源，即可再生能源的开发研究和利用。《可再生能源法》的出台支持了可再生能源利用技术的研发。根据能源发展的规律，能源从高碳到低碳，最后走向无碳。从低效走向高效，从不清洁到清洁，从不可持续到可持续，开发和利用可再生能源，对缓解日益突出的环境问题压力、能源供应紧张和经济的可持续发展意义重大。伴随着社会经济的发展，在生产生活的各个方面对能源的需求量迅速增长，而在全国能源越来越吃紧的现状下，对新能源的开发利用，可直接地、大量地、稳定地增加能源供应和补充，从根本上解决能源紧缺问题，特别是偏远地区、农村和交通不便的地区。

随着我国工业化、城镇化、现代化步伐的加快，经济的高速发展，对能源的需求将呈现高速增长的趋势。突出出现环境、能源、发展与环保、经济发展不平衡等一系列问题。要想获得双赢，新能源的研发利用是一个重要的途径。农村新能源在自然界中可不断再生，永续不竭，对环境无害，而且分布广泛。适宜就地开发利用，能缓解能源压力，减少环境污染。

第三节 农村新能源的发展前景

新能源是一种可再生的、能够重复利用、永续不尽、无害的能源。在当前可持续发展观念深入人心，成为世界发展潮流的大背景下，面对化石能源的短缺及消耗产生的污染等问题，新能源的发展具有广阔的前景。

一、世界各国新能源的发展

全球金融危机爆发以来，新能源凭借其明确的发展前景和对经济较强的拉动作用，在诸多经济体的经济振兴计划中被置于重要位置，在世界范围内获得了快速发展，但发展新能源的路径、重点和政策存在明显不同，发展状况也呈现出较大差异性。

1. 美国推行绿色新政，引领世界新能源的发展

金融危机的发生，使美国政府意识到继续依靠金融业和信息产业推动经济复苏和增长的可能性不大，所以美国改变发展方向，试图通过领导一场史无前例的新能源革命，摆脱美国对石油的依赖，并将该产业作为未来实体经济发展的支撑点。

首先，推行"绿色新政"，明确发展目标。美国在可再生能源、节能汽车、分布式能源供应、天然气水合物、清洁煤、节能建筑、智能网络等领域探索出能够实现利益最大化的创新战略，以实现刺激经济、减少温室气体排放、提高能源安全的目的。

其次，鼓励新能源相关技术的研究和应用。为此美国建立了完善的支持可再生能源发展体系，主要分为政策层面的和经济层面。经济层面如在 7 870 亿美元刺激经济计划中，与开发新能源相关的投资总额超过 400 亿美元。为了鼓励私人购买采用先进的油电混合技术的轿车，政府打算为每位购买一辆这样的汽车的个人减税 7 000 美元。

最后，明确发展路径。美国的新能源战略主要分风能、太阳能、核能和生物能源，并按照成本、商业化程度和技术的掌握程度，将发展路径划分为中短期和长期两个阶段。

其中风能、太阳能和核能为中短期目标阶段。因为新能源的发展仍处于初级阶段，属于对石油、煤炭等化石能源的补充。而在新能源的技术掌握及技术成熟度上，风能、太阳能和核能是比较成熟的，市场需求也比较明朗。

生物能源是近年来新发展起来的能源技术，目前其相对于风能、太阳能和核能，技术还不太成熟。美国将凭借其在农业领域的竞争优势，形成以生物技术、农业和生物能源为核心的低碳经济增长，引领世界经济增长。

目前美国新能源应用极为广泛。风能和潮汐能主要用于发电，生物质能主要用于发电、取暖和交通运输；太阳能可用来发电或加热水（如太阳能热水器）、照明、做饭以及农业生产（温室）；地热和太阳能的应用基本相似。在美国，风能是发展最快的新能源资源。2007 年，美国风能装机容量 16.9 GW。

美国生物质能利用方面处于世界领先地位。其中生物质发电方面，美国从 1979 年开始采用生物质燃料直接燃烧发电，生物质能发电总装机容量超过 10 000 MW，据相关报道，美国有 350 多座生物质发电站，主要分布在纸浆、纸产品加工厂和其他林产品加工厂。这些工厂大都位于郊区，提供了大约 6.6 万个工作岗位。

2. 日本是新能源开发利用效果最好的国家之一

为应对石油危机，日本自 20 世纪 70 年代就开始探索替代石油的新能源，逐步形成了在新能源方面的领先优势。从 1974 年至今，日本通过法律约束、税收优惠和政策引导等一系列配套措施，大力推动新能源产业的发展，积极开发太阳能、风能、核能等新能源和节能技术。

首先，完善新能源立法和规划。20 世纪 70 年代石油危机的爆发，使资源贫乏的日本经济受到重挫，因而举国上下对能源安全具有了强烈的危机意识。日本政府制定了一系列新能源法规政策，明确了新能源发展的远景规划和实施目标，引导产业快速

发展。日本于 1974 年和 1978 年分别推出了针对新能源技术开发的"阳光计划"和针对节能环保技术开发的"月光计划"。2004 年 6 月，日本颁布了新能源产业化远景规划，目标是 2030 年以前，把太阳能和风能发电等新能源产业打造为产值达 3 万亿日元的支柱产业之一，进一步提高日本新能源产业的国际竞争力。

其次，日本政府对新能源产业进行长期的资金支持。20 世纪 80 年代，为了鼓励太阳能的开发利用，日本政府提出了太阳能促进计划，向太阳能发电设备生产企业提供大量财政资金，并逐步提高财政补贴额度。此外，在向新能源技术研发投入大量资金的同时，日本政府每年还向新能源行业的公司发放奖励性补助金。

最后，日本政府还通过立法、税收减免、媒体宣传和普及知识等一系列措施，来鼓励企业和个人使用新能源，有效地开拓了消费市场。

3. 完成了从概念设计到商业化开发的德国新能源

德国，当前可再生能源占全部能源消耗的比例超过 15%，新能源企业每年产值达到 250 亿欧元，创造的就业岗位超过 25 万个。全世界每三块太阳能电池板、每两个风力发电机，就有一个来自德国。蔚然成风的新能源产业得益于德国政府在 2000 年 4 月通过的《可再生能源法》。

在欧盟加强发展可再生能源的大框架下，为实现欧盟 2020 年可再生能源满足 20% 能源需求的目标，德国的法定目标是到 2020 年可再生能源在能源消费中的比重达到 18%，其中可再生能源电力占电力需求总量的比重为 35%。根据这一目标，德国联邦政府于 2010 年 8 月通过了"国家可再生能源行动计划"，提出 2020 年德国可再生能源的利用总量将达到 3 855.7 万 t 标油（约 5 500 万 t 标准煤），比 2005 年（1 492.6 万 t 标油）增长 158%。

2004 年、2008 年德国根据产业发展的情况，两次修订了可再生能源法，进一步强调可再生能源的经济性，明确提出要在考虑规模效应、技术进步和学习曲线等因素的影响后，逐年减少对可再生能源新建项目的上网电价补贴，促进可再生能源市场竞争能力的提高。

2012 年 1 月 1 日，德国再次修改可再生能源法，提出到 2020 年，35% 以上的电力消费必须来自可再生能源，到 2030 年，50% 以上的电力消费必须来自可再生能源，到 2050 年，80% 以上的电力消费必须来自可再生能源。

德国的太阳能光伏发展始于"千屋顶计划"。该计划制定于 1989 年，1990 年实施，政府为每位安装太阳能屋顶的住户提供补贴。该计划意在获取安装太阳能设备的经验，使新住房与可再生能源发电需求兼容，并鼓励民众消费太阳能。德国在可再生能源发展的激励政策和机制强有力的刺激下，沼气工程建设质量和工业化水平非常突出。沼气及其发电工程产业的快速发展，沼气工程数量 2005 年达到了 3 800 多座（其中处理农业废弃物沼气工程约 2 700 座），发电装机容量约 970 MW（其中处理农业废弃物的沼气发电工程约 650 MW）。

由于德国政府严格控制畜牧业与种植业的协调发展，区域性的土地资源基本能消纳所在地的沼气工程产生的沼渣、沼液。因此，处理农业废弃物的沼气及其发电工程的建设目标是以能源效益为主，工程模式比较单一，即沼气用于发电，沼气发酵后的残留物（沼液）经储肥池贮存几十天后，直接运输到田间进行喷灌。少数大型沼气工程的沼液以还田为主，剩余的沼液实行固液分离，脱水后的沼渣制成有机固体肥料，清液按工艺要求，部分循环回流入沼气池，部分经灭菌处理后用作畜舍的冲洗水或再经过深度处理后排放。

受法律的规范和经济利益的驱动，德国处理农业有机废弃物的沼气工程所产生的沼气98%用于发电，并实行热电联供。因此，系统工程中的资源与能源转化效率都比较高。

德国作为欧盟经济领头羊，历来重视新能源尤其是风能的开发和利用。是全球风能利用最成功的国家，是全球最大的风电市场之一，风电设备制造业居全球领先水平。自1998年成为世界第一风电生产大国以来，无论是年新装风机容量，还是风机装机总容量，始终保持领先地位。2014年装机容量为2.35 GW。

德国首个海上风力发电场，坐落在北海，由dOTI公司负责建设，dOTI是由德国E.ON、EWE和瑞典Vattenfall 3家能源公司组成的合资企业。这个海上平台系统与石油钻井平台相比还有一点最大的不同是无人值守。直到并网发电开始，该平台都是无人值守的，而且在以后的运行中，平台上只部署少量的维护人员。封闭式的结构可以解决非法侵入问题，但由于国际法要求类似海上平台必须提供相应的营救通道，所以平台结构必须是开放式的。解决方案是：人员一旦出现在平台上，带运动传感器的访问安全系统和视频监控系统就会发出报警，报警通过贝加莱的X201/O系统接收，并立即传送到中控室的Klenk管理系统进行分析，然后告知控制站点潜在的安全问题和危险情况。仅仅这样还是不够的，如果平台上供电出现问题，例如，启用了平台上的紧急发电机，甚至启用内置UPS电源，或者是与控制中心的通信出现了故障，那么平台上的现场控制器就会把相应的错误信息及时传送到陆地上的控制中心。

4. 加拿大的新能源

加拿大是个资源丰富的国家，但也同样重视发展清洁能源和可再生能源。在新能源建设上注意采取发展分布式能源，鼓励农民和家庭自己投资发展新能源，从而增加电网新能源的发电比重。鼓励有条件的农民和家庭，在自己家里去建设太阳能发电装置，并与之签订为期10 a的购电合同，保障无条件的高价收购所产生的电力。因此，建设家庭发电装置能够为居民的投资带来一定的经济收入。

此外，自2007年，加拿大联邦政府宣布启动了"清洁能源科技行动计划""利用可再生能源供暖计划""生物能发展计划""环保汽车激励计划"等若干国家清洁能源和可再生能源发展计划。加拿大光伏太阳能电池总发电能力在2004年年底已达1.4万kW，风能发电装机量达167万kW。

　　加拿大在清洁能源和可再生能源领域开展了大量的研究,具有相当的基础和实力,其中部分领域居世界领先水平,但由于加拿大产业化环境因素所限等种种原因,很多加拿大的技术未能快速实现产业。近年来,由于加拿大联邦政府执政党更换等原因,加拿大联邦政府对节能减排及发展环保技术的态度和做法有所波动。

　　5. 丹麦的新能源

　　丹麦自然资源贫乏。20 世纪 70 年代发生的世界石油危机促使一直依赖石油为唯一能源的丹麦推行能源多样化,积极开发生物质能、风能和太阳能等可再生能源。从1980 年至今,其国内生产总值增长了近 60%,但能源消耗基本维持不变。

　　丹麦是世界上最早开始进行风力发电研究和应用的国家之一,风电产业是丹麦领先全球市场的领域。每年营业额超过 60 亿丹麦克朗,其风机生产约占全球 40% 的市场份额。截至 2009 年,风电装机 350 万 kW,其中 68 万 kW 为海上风电。2013 年丹麦新增风电装机容量为 657 MW,比 2012 年增长了将近 2 倍,风电累计装机容量已经达到 4 772 MW,丹麦风电消费中的占比已经达到 33.2%,位列欧洲第一。丹麦地处北欧,采暖期长,很多建筑一年四季需要供热。通过发展分布式能源技术,大量采用可再生能源技术进行集中供热,包括沼气集中供热、秸秆及混合燃烧集中供热等,从而大大降低了建筑能耗。

三、我国新能源的发展情况

　　1. 太阳能

　　（1）太阳能资源。我国新能源资源丰富。我国属太阳能资源丰富的国家之一,全国总面积的 2/3 以上地区年日照时数大于 2 000 h。陆地表面每年接受的太阳辐射能估计在 50×10^{18} kJ。

　　我国西藏、青海、新疆、甘肃、宁夏、内蒙古六省（自治区）,高原的总辐射量和日照时数均为全国最高,属世界太阳能资源丰富的地区之一。四川盆地、两湘地区、秦巴山地是太阳能资源低值区。

　　（2）太阳能资源利用。我国太阳能资源开发利用主要集中在边远地区,青藏高原成为我国开发太阳能资源的排头兵。由于该地地广人稀,电网无法延伸、水资源紧缺,解决不了牧民照明等生活问题,目前在青海农牧区的 112 个无电乡建成了太阳能光伏电站,解决了 908 个无电村农牧民的生活用电,覆盖农牧民人口 60 多万。青海省 1/7 的人口靠太阳能告别缺电时代。同时 66 000 台太阳灶使得 30 万农牧民使上了清洁能源,减少了树木砍伐。

　　我国太阳能光伏技术开始于 20 世纪 70 年代,最先主要用于空间技术,而后逐渐扩大到地面并形成了中国的光伏产业。截至目前,累计总投资 40 多万亿元人民币,中国可再生能源计划和国家送电到乡工程,已利用太阳能发电为内蒙古、甘肃、新疆、西藏、青海和四川等地共 16 万无电户解决了用电问题。

据中国太阳能产业协会统计，截至 2007 年底，中国太阳能热水器产量达 2 300 万 m^2，总保有量达 1.08 亿 m^2，占世界的 76%，成为全球太阳能热水器生产和使用第一大国，且拥有完全自主知识产权，技术居国际领先水平。

同时中国已经成为全球第三大光伏产品制造基地。其关键环节——太阳能电池制造，已基本具备生产设备整线装备能力。太阳能的其他应用还有太阳能建筑、太阳能空调、太阳能照明用具、太阳能海水淡化等。

（3）太阳能产业。太阳能产业依据行业分为太阳能光伏、太阳能热水器等。现对我国太阳能产业和太阳能热水器产业进行简单介绍。

太阳能光伏产业其产业链条源头为硅料生产，主要是单晶硅和多晶硅，中游为硅棒、硅片、硅锭，下游为太阳能电池制造、发电集成。目前产业源头多晶硅材料生产技术工艺水平较低，中端的硅棒、硅片，下游太阳能电池制造技术自主创新能力不高，光伏发电集成技术不逊于国外。

2. 风能

（1）风能资源。风能资源取决于风能密度和可利用的风能年累积小时数，我国风能资源较为丰富。

据中国气象科学研究院估算，全国风能资源总储量约 32.26 亿 kW，可开发和利用的陆地上风能储量有 2.53 亿 kW，海上可开发利用的风能储量有 7.5 亿 kW。风能资源主要分布在东南沿海及附近岛屿，新疆、内蒙古和甘肃河西走廊、东北、西北、华北和青藏高原等部分地区。每年风速在 3 m/s 以上的时间近 4 000 h，具有很大的开发利用价值。

较丰富的风能带在东北、华北、西北地区，风功率密度在 200 ～ 300 W/m^2，有的可达 500 W/m^2 以上，如阿拉山口、达坂城、承德围场等，可利用的小时数在 5 000 h 以上，有的可达 7 000 h 以上。较丰富的风能带还有沿海地区及其岛屿。这一地区特别是东南沿海，由海岸向内陆是丘陵连绵，风能丰富地区仅在距海岸 50 km 之内，年可利用小时数 7 000 ～ 8 000 h。海上风电场的特点是风速高、发电量大，但接入电力系统和机组基础成本高。

（2）风能利用。我国新能源发展取得了显著成效。2013 年全国风电新增装机容量 16 089 MW，累计风电装机容量 91 413MW，西藏那曲超高海拔试验风电场的建成投产，标志着我国风电场建设已遍布全国各省（市、自治区）。同时 2013 年全国新增风电并网容量 14 490 MW，累计并网容量 77 160 MW，风力发电量约占全总发电量的 2.5%。全国共有 16 省风电累计并网容量超过 1 GW，其中内蒙古并网容量 18.33 GW，居全国之首，河北和甘肃分别以并网容量 7.75 GW 和 7.03 GW 位居第二、第三位。华北、东北、西北地区风电并网容量约占全国风电并网容量的 83.6%。

2013 年中国风电整机供应商 29 家，值得注意的是我国风电发电效率远远低于国际平均水平。数据显示,我国风电机组的平均利用率在 20%,而国际平均水平在 25% ~ 30%。其重要原因是我国风电设备特别是风机的质量不稳定,同时,由于我国设计风机的标准多是按照欧洲标准来设计的,有时难以适应国内的特殊环境。但是我国在小型风力发电机开发利用上取得了显著成效。主要研制产品是为农民一家一户使用提供用电保证的小型充电风力发电机。目前 1 kW 以下的机组技术已经成熟并进行大量的推广,并形成了年产 1 万台的生产能力。近年来每年国内销售 5 000 ~ 8 000 台,100 余台出口国外。目前可实现批量生产的产品主要有 100 W、150 W、200 W、300 W 和 500 W 以及 1 kW、2 kW、5 kW 和 10 kW 的小型风力发电机,年生产能力为 3 万台以上。销售量最大的是 100 ~ 300 W 的风力发电机。

此外我国在利用风能做功方面取得了很好的成效。基本形成了南方低扬程大流量风力提水机组和北方高扬程小流量风力提水机组两大系列,约有十几种产品型号。经严格生产考核运行以及很多的实际应用,这些产品品质可靠,个别机组水平达到或处于国际领先水平。近年来低扬程风力提水机组已出口到斯里兰卡和马来西亚等国家。

我国风电市场发展迅速,存在着风电产业链不够完善、产能过剩、技术缺失等问题;风电产业无序竞争和盲目发展,产业布局、技术创新及设备制造都缺乏统一规划安排;风电场的设计、建设、运行和调度管理薄弱,缺少国家研发机构、公共测试平台以及标准、检测、认证体系。

第四节　新能源促进产业转型升级

新能源产业具有广阔的发展前景,特别是在当前环保理念深入人心,可持续发展成为主流的现在,清洁无害的新能源产业必将在经济转型和产业升级中发挥重要作用,国家也把新能源确定为新兴战略产业。

我国能源消耗形式主要为动力消耗、农村采暖和城市集中供暖消费、电能消费 3 种,其中大约有 68% 的能源是由各种能源转化为电能后被消费的,而化石能源"富煤、贫油、少气"的资源结构决定了煤炭是能源消费的主体。煤炭在能源消费总量中的比重接近 70%,比国际平均水平高 41%。在此格局下,深入开发风能、太阳能、水能、地热能和生物质能等可再生能源,减少煤炭在能源消费结构中的比重,将是发展经济的主要方向。

新能源产业使得第一产业农业得到更科学的发展。生物质能与农业联系紧密,随着生物质能技术的深入研究和广泛利用,农业的原料作用必将发挥更好的作用,并且有利于改善农业废弃物对环境的污染,提高农业产能,增加农业收入。如随着沼气技术研究的深入,沼气发电等技术的广泛推广,不仅能够清理农业废弃物,而且能够为农业生产提供高效环保肥料,促进农产品提质增效。发展新能源有利于促进整体经济由劳动密集型、资源密集型向技术密集型转变。

目前倡导的低碳经济，是以低消耗、低排放、低污染为基础的经济模式，是人类社会继农业文明、工业文明之后的又一次重大进步。其实质是能源高效利用、清洁能源开发、追求绿色 GDP 的问题，核心是能源技术和减排技术创新、产业结构和制度创新以及人类生存发展观念的根本性转变。

低碳经济有两个基本特征：一是在社会再生产全过程的经济活动中低碳化，实现二氧化碳排放最小化或零排放，获得最大的生态经济效益；二是倡导能源经济革命，形成低碳能源和无碳能源的国民经济体系，真正实现生态经济社会的清洁发展、绿色发展和可持续发展。而新能源产业就是一种最好的低碳经济。

可以说，低碳经济摒弃了 20 世纪的传统经济增长模式，直接应用新世纪的创新技术与创新机制，通过低碳经济模式与低碳生活方式，实现社会可持续发展。发展新能源产业是合理调整能源结构、经济结构和消费结构，坚持走新型工业化道路，实现可持续发展的新选择，将涉及产业结构、能源结构、技术结构、消费方式等方面的转型。

第五部分

农业机械化技术

第十章　耕整地机械化技术

第一节　深松机械化技术

一、技术内容

土壤深松技术在国内外的应用较广泛。所谓深松，一般是指超过正常犁耕深度的松土作业。它可以破坏坚硬的犁底层，加深耕作层，增加土壤的透气性和透水性，改善作物根系生长环境。进行深松时，由于只松土而不翻土，不仅能使坚硬的犁底层得到疏松，而且能使耕作层的肥力和水分得到保持。因此，深松技术可以大幅增加作物的产量，尤其是深根系作物的产量，是一项重要的增产技术。

二、装备配套

（一）设备分类

深松按作业性质可以分为全方位深松和局部深松两种作业方式。局部深松机主要有以下几种类型：凿铲式、翼铲式和振动式等，凿铲式、翼铲式是不同的深松铲形式，振动深松根据振动动力源的不同可分为强迫振动式和自激振动式。

（二）机具结构及工作原理

1. 全方位深松机

全方位深松是利用深松铲进行全面松土并打破犁底层的作业，一般从土壤中切出梯形截面土垡并铺放回田中，创造出适于作物生长的"上虚下实、左右松紧相间及紧层下部有鼠道"的土壤结构，有利于通水透气、集蓄雨水，改善耕层土壤特性。但全方位深松对土壤的扰动量较大，存在较大的水分蒸发。

全方位深松机的深松铲主要是由左右对称的连接板、侧刀及底刀组成的梯形框架，使土壤受剪切、弯曲、拉伸等作用而松碎，并且不会对深松铲底部及侧边的土壤进行挤压。深松区域较大、碎土性能好，并保持表层秸秆、残茬的覆盖，可减少土壤的风蚀、水蚀。

全方位深松机工作原理完全不同于凿式深松机，它不仅能使 50 cm 深度内的土层得到高效的松碎，显著改善黏重土壤的透水能力，而且能在底部形成"鼠道"，但其深松比阻却小于犁耕比阻。

2. 局部深松机

局部深松是利用深松铲进行松土作业，实现疏松土壤，打破犁底层，增加蓄水量，不翻转土壤的保护性耕作方式。通常，深松铲的耕深比深松犁的耕深大，并且其铲柄的宽度比深松犁的窄，深松铲的通过性能好，对土壤的扰动相对较小。局部深松机主要由机架和深松铲组成，相邻两深松铲的间距可调。

（三）功能特点

1. 全方位深松机

全方位深松机采用梯形框架式工作部件对土壤进行高效率的深松，并可在松土层底部形成"鼠洞"。与传统的凿式深松铲相比，全方位深松比阻较铧式犁的耕翻比阻至少小 35%，全方位深松作业耗油 0.71 L/ 亩。全方位深松机是一种节能、高效的土壤深松机具。

新型全方位深松机特点如下：

（1）应用全方位曲面深松铲，不翻动土壤，地表平整，保墒效果好。

（2）铲头前后对称，一端磨损后可以调头使用，延长深松铲的使用寿命。

（3）镇压轮压平地表，不破坏地表，有利于保墒。

（4）深松铲分成前后三排排列，通过性好，不拥堵。

折叠式深松机属于全方位式具备单一深松功能的深松机具，"弧面倒梯形"深松铲，扩大对土壤的耕作范围。

折叠式深松机特点如下：

（1）深松铲采用特种弧面倒梯形设计，作业时不打乱土层、不翻土，实现全方位深松，形成贯通作业行的"鼠道"，松后地表平整，能保持植被的完整性，经过重型镇压腿镇压提高保墒效果，可最大程度减少土壤失墒，更利于免耕播种作业。

（2）采用高隙加强铲座和三排梁框架结构，可适用于不同质地及有大量秸秆覆盖的土壤进行作业，避免堵塞，提高机具通过性。单铲可进行 20 cm 行距调整，适宜深松深度为 25 ～ 50 cm。

2. 凿铲式、翼铲式深松机

凿铲式深松机的铲尖为凿形工作部件、翼铲式深松机的铲尖为带侧翼形的工作部件，两种深松机均只松土而不翻土。

3. 振动式深松机

振动深松可减少牵引阻力，改善拖拉机的牵引性能。强迫振动式深松机是利用拖拉机的动力输出轴作为动力源驱动振动部件，使其按一定频率和振幅振动，减少牵引阻力，但驱动部件易增加拖拉机的功率消耗。自激式振动深松机主要是利用弹性元件使深松部件产生自激振动，可以减少拖拉机动力驱动造成的能耗。机具上的深松铲依靠偏心轮使之振动，打破土壤板结，从而使土层松散开，不改变土层结构，达到保护性耕作的目的。其特点如下：

（1）深松作业时遇到硬物，深松钩可自动弹起，离开硬物后回落可继续进行深松作业。

（2）入土阻力小，被动式振动装置能够有效扩大松土范围，并减少作业阻力。

4.深松联合作业机

深松联合作业机能一次完成两种以上的作业项目。按联合作业的方式不同可分为深松联合耕作机、深松与旋耕、起垄联合作业机及多用组合犁等多种形式。深松联合耕作机是为适应机械免少耕法的推广和大功率轮式拖拉机发展的需要而设计的，主要适用于我国北方干旱、半干旱地区，以深松为主，兼顾表土松碎、松耙结合的联合作业，既可用于隔年深松破除犁底层，又可用于形成上松下实的熟地全面深松，也可用于草原牧草更新、荒地开垦等其他作业。

（四）机械化技术应用范围

深松机械化技术对我国干旱、半干旱土壤的蓄水保墒、渍涝地排水、盐碱地和黏重土的改良及草原更新均具有良好的应用前景。可用于旱作土地打破犁底层、加深耕作层、提高蓄水保墒能力；用于灌溉地节约灌溉用水、改善土壤理化性质；用于缓坡地防止水土流失；用于盐碱地改良；用于涝地排水；用于草原更新。

在常规耕作制中，用来破碎由于长期用铧式犁耕作而在耕层底部形成的坚实土层，有蓄水保墒的功效；在少耕、免耕制中，用以进行深层松土，可不乱土层，并保留残茬覆盖地表，减少水分的蒸发和流失。全方位深松必须在秋后进行，局部深松可以在秋后或播前秸秆处理后进行灭茬，再进行深松作业；夏季深松作业，宽行作物（玉米）在苗期进行，苗期作业应尽早进行，玉米不应晚于5叶期，窄行作物（小麦）在播前进行。但为了保证密植作物株深均匀，应在松后进行耙地等表土作业，或采用带翼深松铲进行下层间隔深松、表层全面深松。

三、操作规范

（一）准备工作

（1）工作前，必须检查各部位的连接螺栓，不得有松动现象。检查各部位润滑脂，不够时应及时添加。检查易损件的磨损情况，如有需要应及时更换。

（2）正式作业前要进行深松试作业，调整好深松的深度；检查机车、机具各部件工作情况及作业质量，发现问题及时调整解决，直到符合作业要求。

（3）深松作业是保护性耕作技术内容之一，而保护性耕作地块可能存在秸秆覆盖，根据实际情况，选择是否有防堵功能的深松机，防止深松铲缠绕杂草秸秆等。

（4）根据土质、土壤墒情、深松深度、深松幅宽确定配套拖拉机功率。

（二）操作技术

（1）适合深松的条件。土壤含水量在 13% ～ 22%。

（2）深松间隔。深松间隔一般根据垄距决定，垄沟内深松。

（3）深松深度。苗期作业深度，一般为 25 ～ 30 cm，秋季作业深度为 30 ～ 40 cm。盐碱地改良排涝作业深度为 35 ～ 50 cm。并需根据土层厚度等因素综合考虑来确定深松深度。

（4）作业中深松深度、深松间距应该保持一致。

（5）深松后为防止土壤水分的蒸发，应根据土壤墒情确定是否需要镇压。

（6）深松后要求土壤表层平整，以利于后续播种作业以及田间管理。

（7）配套措施。有条件的地区在深松作业中应加施底肥，因为常年免耕，下层土壤养分较少；土壤过于干旱时可以造墒。

（8）保护性耕作主要靠作物根系和蚯蚓等生物松土，但由于作业时机具及人畜对地面的压实，还是有机械松土的必要，特别是新采用保护性耕作的地块，可能有犁底层存在，应先进行一次深松，打破硬底层。在保护性耕作实施初期，土壤的自我疏松能力还不强，深松作业也有必要。根据土壤情况，一般 2 ～ 3 a 深松一次，直到土壤具备自我疏松能力，可以不再深松。但有些土壤，可能需要一直定期松动。

（三）维护保养

（1）设备作业一段时间，应进行一次全面检查，发现故障及时修理。

（2）一个作业季完成后，工作部件表面应涂黄油，整机放置在避雨、阴凉、干燥处保管。

（四）注意事项

（1）在干旱少雨时，不利于深松作业，减少墒情损失。

（2）深松机作业后，应该保证不翻动土壤、不乱土层。

（3）深松机工作部件应使土壤底层平整均匀。

（4）机器入土与出土时应缓慢进行，不可强行作业，以免损伤机器。

（5）深松机在作业时，未提升机具前机组不得转弯和倒退。

（6）作业时机具上严禁坐人。

四、质量标准

（1）入土行程。从深松机械深松作业时与地面接触的点起，该点与达到规定深度时地面对应点间的直线距离。

（2）深松深度。深松机械达到的作业深度。

（3）深松深度变异系数。在作业区域内，深松深度值的离散程度。

（4）土壤容重变化率。深松后松土层土壤容重的减少量与深松前土壤的容重之比。

（5）土壤坚实度变化率。深松后松土层土壤的坚实度的减少量与深松前土壤的坚实度之比。

（6）行距一致性。邻接行之间的行距变异系数。

第二节　旋耕机械化技术

一、技术内容

旋耕机是一种由动力驱动的以主动旋转刀齿为工作部件，以铣切原理加工土壤的耕作机械。其切土、碎土能力强，能切碎秸秆并使土肥混合均匀，耕后地表平整、土壤细碎松软、土肥掺混均匀，减少拖拉机进地次数，在抢收抢种中能及时完成任务，一次作业能达到犁耙几次的效果，能满足精耕细作的要求，但其功率消耗较大。

二、装备配套

（一）设备分类

旋耕机的种类很多，按其工作部件的运动方式可分为横轴式（卧式）、立轴式（立式）和斜轴式等几种。按动力配置可分为手扶拖拉机用和拖拉机用两种。按动力传输路线可分为中间传动和侧边传动两种。卧式旋耕机的工作部件刀轴呈水平方向配置，根据刀轴的旋转方向不同，卧式旋耕机分为正转旋耕机和逆转旋耕机。立式旋耕机的刀轴呈垂直配置，多用螺旋形刀齿，其耕地较深，可与铧式犁组合成耕耙犁。手扶拖拉机用旋耕机主要在水田地区、果园和小地块地区使用。

（二）机具结构及工作原理

旋耕机工作时，刀片由拖拉机动力输出轴驱动做回转运动，是以旋转刀齿为工作部件的驱动型土壤耕作机械，又称旋转耕耘机。

旋耕机主要是由机架、传动系统、旋转刀轴、刀片、耕深调节装置、罩壳等组成。旋耕刀轴由无缝钢管制成，轴的两端焊有轴头，用来和左右支臂连接。轴上焊有刀座或刀盘，刀座按螺旋线排列，焊在刀轴上供安装刀片；刀盘周边有间距相等的孔位，便于根据农业技术要求安装刀片。机架是由中央齿轮箱、左右主梁、侧边传动箱和侧板等组成。旋耕机一般在拖拉机上为偏向右侧悬挂，所以侧边传动箱多配置在左侧，这样两边重量较均衡。传动系统是由拖拉机动力输出轴传来的动力经万向节传给中间齿轮箱，再经侧边传动箱驱动刀轴回转，也有直接由中间齿轮箱驱动刀轴回转的。除此之外，还配有挡泥板和平土板，用来防止泥土飞溅和进一步碎土，也可保护机务人员的安全，改善劳动条件。

（三）功能特点

1.卧式旋耕机

横轴式（卧式）旋耕机有较强的碎土能力，一次作业就能使土壤细碎，土肥掺和均匀，地面平整，达到旱地播种或水田栽插的要求，有利于争取农时，提高工效，并能充分利用拖拉机的功率。但对残、杂草的覆盖能力较差，耕深较浅（旱耕 12～16 cm，水耕 14～18 cm），能量消耗较大。重型横轴式旋耕机的耕深为 20～25 cm。

工作部件包括旋耕刀辊和按多头螺线均匀配置的若干把切土刀片，由拖拉机动力输出轴通过传动装置驱动，常用转速为 190～280 r/min。刀辊的旋转方向通常与拖拉机轮子转动的方向一致。切土刀片由前向后切削土层，并将土块向后上方抛到罩壳和拖板上，使之进一步破碎。刀辊切土和抛土时，土壤对刀辊的反作用力有助于推动机组前进，有时甚至可以由刀辊会推动机组前进。

在与 15 kW 以下拖拉机配套时，一般采用直接连接，不用万向节传动；与 15 kW 以上拖拉机配套时，则采用三点悬挂式、万向节传动；重型旋耕机一般采用牵引式。

耕深由拖板或限深轮控制和调节。拖板设在刀辊的后面，兼起碎土和平整作用；限深轮则设在刀辊的前方。刀辊最后一级传动装置的配置方式有侧边传动和中央传动两种。侧边传动多用于耕幅较小的偏置式旋耕机。中央传动用于耕幅较大的旋耕机，机器的对称性好，整机受力均匀；但传动箱下面的一条地带由于切土刀片达不到而形成漏耕，常在中间位置配备深松机具或犁体。

微型旋耕松土机是根据丘陵、山区地块小、高差大，又无机耕道而设计的。适合沙质地、经济作物种植的松土、中耕和除草。广泛适用于田间耕作，开沟筑垄，塑料大棚、烟草、苗圃、果园、菜园的管理，茶叶等种植作业。

该设备重量轻，体积小，结构简单，操作方便，可用于大姜、大葱、土豆等经济作物的种植开沟、培土和温室大棚种植瓜果、蔬菜等作物旋耕、开沟等。可以将果树下面的硬土进行松化，便于施肥。可以快速便捷地完成作业，替代劳累繁重的传统耕作方式。

2.立式旋耕机

立式旋耕机的刀齿或刀片绕立轴旋转。工作部件由两个钉齿构成倒置"U"形的转子。多个转子横向排列成一排。两个相邻的转子由两个齿轮直接啮合驱动，因此，每个转子与左、右相邻转子的旋转方向相反。转子在安装时，相邻转子的倒置"U"

形平面均互相垂直，故不会干扰，并使相邻钉齿的活动范围有较大的重叠，以防止漏耕。工作时，钉齿旋转破碎土壤。

3. 反转旋耕机

前述的卧式旋耕机刀辊都是属于正转方向的，即刀辊与拖拉机驱动轮转动方向一致。缺点是功耗过高、耕深较浅、覆盖不严密等，若加大旋耕机作用力，可能会发生旋耕机推拖拉机的现象，产生"寄生功率"，导致拖拉机传动系统发热、减少机件寿命，此外耕深也不一致。

采用反转的旋耕机在同样的条件下，切削土壤速度可以适当提高，对碎土有利。由于弯刀在切削过程中是由下往上，每次切削时其土厚度由小到大，逐渐增加，因而冲击小，工作平稳，沟底不平度也较小。此外，反转旋耕机的构造基本上与卧式正转旋耕机相似，但刀辊转向与拖拉机驱动轮转向相反。由于系反向切削，在水平方向上增加了拖拉机的牵引阻力，此外是向前方抛土，易引起2次旋耕问题，功耗也相应增加，这些是反转旋耕机的不足之处。

4. 立式耕耙犁

立式耕耙犁是一种耕耙联合作业机具。它可以适当弥补犁碎土差、旋耕机耕深浅的不足，能将耕、耙（实际上是旋耕）一次完成。耕耙犁是在原有悬挂犁的基础上，截去犁翼装上立式刀辊而成。通常犁架上所装的万向节轴及主传动轴经过主传动箱、分传动箱等将动力传至立式刀辊，使刀作顺时针方向转动（从上往下看）。工作时，犁体曲面将土垡升起，垡片向右悬空翻转时，刀辊上刀片在垡片背面作水平切削，并将切碎的土块抛向右侧犁沟内，从而达到翻、碎土的目的。

5. 复式作业机械

为提高作业效率，旋耕通常与其他作业一次性完成复式作业，如深松旋耕、旋耕镇压、旋耕施肥播种等。

（1）旋耕施肥播种机。在中间传动的卧式旋耕播种机上，加装施用颗粒（或粉状）化肥的装置，在旋耕碎土的同时可完成播种、施肥作业。播种、施肥的动力分别由旋耕机两侧地轮驱动。播种量和施肥量可分别调整。复式作业机械对抢农时、减少压实土壤次数、减少作业成本均十分有利。

（2）旋耕镇压。旋耕镇压联合作业机是在旋耕机上附装镇压滚组成。镇压滚与旋耕机刚性连接，镇压滚高度可调。工作中镇压滚还起到限制旋耕深度的作用。

（四）应用范围

旋耕机能一次完成耕耙作业。其工作特点是碎土能力强，耕后的表土细碎，地面平整，土肥掺和均匀。卧式旋耕机具有较强的碎土能力，一次作业即能使土壤达到旱地播种或水田栽插的要求，主要用于水稻田和蔬菜地，也可用于果园中耕。重型横轴式旋耕机多用于开垦灌木地、沼泽地和草荒地的耕作。立式旋耕机可以进行深耕，一般都能达到 30 ～ 35 cm，较深的能达到 40 ～ 50 cm，而且可使整个耕层土壤疏松细碎，但前进速度较慢，适用于稻田水耕，有较强的碎土、起浆作用，但覆盖性能差。

中间传动型旋耕机的动力经旋耕机动力传动系统分为左右两侧，驱动旋耕机左右刀轴旋转作业。结构简单，整机刚性好，左右对称，受力平衡，工作可靠，操作方便。

侧边传动型旋耕机的动力经旋耕机动力传动系统从侧边直接驱动旋耕刀轴旋转作业。结构较复杂，使用要求较高，但适应土壤、植被能力强，尤其适于水田旋耕作业。

切土刀片可分为凿形刀、弯刀、直角刀和弧形刀。凿形刀前端较窄，有较好的入土能力，能量消耗小，但易缠草，多用于杂草少的菜园和庭院。弯刀的弯曲刃口有滑切作用，易切断草根而不缠草，适于水稻田耕作。直角刀具有垂直和水平切刃，刀身较宽，刚性好，容易制造，但入土性能较差。弧形刀的强度大，刚性好，滑切作用效果好，通常用于重型旋耕机上。

三、操作规范

（一）准备工作

1. 使用前应检查各部件，尤其要检查旋耕刀是否装反和固定螺栓及万向节锁销是否牢靠，确认稳妥后方可使用。检查旋耕机时，必须先切断动力。更换刀片等旋转零件时，必须将拖拉机熄火。

2. 拖拉机启动前，应将旋耕机离合器手柄拨到分离位置。要在提升状态下接合动力，待旋耕机达到预定转速后，机组方可起步，并将旋耕机缓慢降下，使旋耕刀入土。严禁在旋耕刀入土情况下直接起步，以防旋耕刀及相关部件损坏。严禁急速下降旋耕机，旋耕刀入土后严禁倒退和转弯。

（二）操作技术

1. 耕深调整

轮式拖拉机配套的旋耕机耕深一般由拖拉机液压系统的位置调节方式控制，或在旋耕机上安装限深滑板控制。手扶拖拉机配用的旋耕机，耕深通过改变尾轮的高低位置调节。

2. 水平调整

三点悬挂的旋耕机，左右水平用拖拉机右提升拉杆调节，前后水平用上拉杆调节。

3. 提升高度的调整

旋耕机在传动状态下的提升高度，与万向节倾斜角度不得超过 30°，不能提升过高，以免损坏万向节，一般使刀片离开地面 20 cm。

4. 碎土性能的调整

旋耕机的碎土性能与机组的前进速度和刀轴的转速有关。刀轴转速一定时，增大前进速度则土块变小，反之土块变大；此外调整拖板的高低，也能影响碎土性能及平地效果。

（三）维护保养

每个班次作业后，应对旋耕机进行保养。清除刀片上的泥土和杂草，检查各连接件紧固情况，向各润滑点加注润滑油，并向万向节处加注黄油，以防加重磨损。一个作业季完成后，将整机放置在避雨、阴凉、干燥处保管。

（四）注意事项

（1）作业开始，应将旋耕机处于提升状态，先结合动力输出轴，使刀轴转速增至额定转速，然后下降旋耕机，使刀片逐渐入土至所需深度。严禁刀片入土后再结合动力输出轴或急剧下降旋耕机，以免造成刀片弯曲或折断和加重拖拉机的负荷。

（2）在作业中，应尽量低速慢行，这样既可保证作业质量，使土块细碎，又可减轻机件的磨损。要注意倾听旋耕机是否有杂音或金属敲击音，并观察碎土、耕深情况。如有异常，应立即停机进行检查，排除故障后方可继续作业。

（3）在地头转弯时，禁止作业，应将旋耕机升起，使刀片离开地面，并减小拖拉机油门，以免损坏刀片。

（4）在倒车、过田埂和转移地块时，应将旋耕机提升到最高位置，并切断动力，以免损坏机件。如向远处转移，要用锁定装置将旋耕机固定好。

（5）旋耕机运转时严禁人接近旋转部件，旋耕机后面也不得有人，以防刀片甩出伤人。

四、质量标准

（一）标准

（1）旋耕层深度合格率。质量指标要求≥85%。

（2）碎土率。

①土壤质地为壤土，绝对含水量15%～25%，在可耕条件下质量指标要求≥60%。

②碎土率土壤质地为黏土，绝对含水量15%～25%，在可耕条件下质量指标要求≥50%。

③土壤质地为沙土，绝对含水量15%～25%，在可耕条件下质量指标要求≥80%。

（3）耕后地表平整度。质量指标要求≤5 cm。

（二）指标解释

（1）旋耕层深度合格率。旋耕机作业后土壤耕作层上表面到耕作层底部的高度（应根据地块土壤墒情及当地农艺要求确定，一般为 12 ～ 16 cm，误差 ≤ 2 cm），测量合格点数占总测量点数的百分比。

（2）碎土率。最长边小于 4 cm 的土块质量占取样点土壤总质量的百分比。

（3）耕后地表平整度。旋耕机作业后在地表面会留下高低不平的痕迹。表述其特征的术语叫地表平整度。

第三节　翻耕机械化技术

一、技术内容

翻耕是使用犁等农具将土垡铲起、松碎并翻转的一种土壤耕作方法。中国在 2 000 多年前就已开始使用带犁壁的犁翻耕土地。翻耕是指把土地进行铲起、打散、疏通，使土壤变得平整松散，翻耕可以让种子在土壤中得到呼吸，容易生长，翻耕是中国南北方惯用了几千年的耕种方法，也是南北方唯一统一的耕种方法。

翻耕是种植前对土壤进行的一系列耕作准备工作。耕作有利于土壤形成团粒结构，增加土壤渗透性和持水性，使土壤通气良好，利于根系下扎，减少表面侵蚀，提高土壤耐践踏能力。耕作时要注意土壤的含水量，土壤过湿或过干都会破坏土壤的结构。看土壤水分含量是否适于耕作，可用手紧握一小把土，然后用大拇指使之破碎，如果土块易于破碎，则说明适宜耕作。土太干会很难破碎，太湿则会在压力下形成泥条。

翻耕可促进土壤风化，提高土壤活力。一般翻耕深度要求 25 ～ 30 cm，但在多雨地区，也不能翻耕过深，导致土壤蓄水过多，致使播期已到，土壤泥泞，一则容易延误播期，二则也易为软腐病创造发展条件。反之，如果年年浅耕，又难以提高土壤肥力。另外，深耕虽可改良土壤结构，促进根系发育，但是某些作物例如小麦是浅根系作物，根系密集层在地表下 0 ～ 20 cm，所以也不能认为土壤翻耕得愈深，根系下扎得愈多，效果就愈好。深耕和根系纵深发展度，也只是相对而言的。为了防止耕度过深，引起土壤过多的弊害，那就要用冬深、夏浅、错综结合互相交替的方法，就是在干旱冬季，深耕晒垡，加厚土壤熟化层，改善土壤耕作质量，直接为春季作物，间接为秋季作物奠定地力基础。多雨夏季，夏粮收获后播种前，再进行一次浅耕，年年如此轮流，既可收深耕之利，又可避免深耕之弊。

同时，翻耕还要与基肥施用相结合，在翻耕前要求基肥细碎，铺撒得又厚薄一致，翻耕后土肥才能融合均匀，要注意细犁、密犁，犁底层高低一致。这样从耕作之日起，就注意到防止将来产生大小株的差异。耕后要耙平疏松，土粒细碎，防止出现大块坷垃，坷垃大、籽粒小，种子埋入坷垃下层，就会影响出土，造成缺苗。土壤形成坷垃的原因，除与土壤沙、黏结构有关外，也应密切注意翻耕时土壤水分含量。土壤水分少，地面干硬，容易出现硬块，土壤水分含量过多，翻耕时一经搅动，便成泥浆，泥浆一干，硬度更大，耙地时就不能耕碎耕细。因此，在翻耕时要求土壤含水量在 10% ~ 25%。

二、装备配套

目前使用的犁，由于其工作原理的不同，主要分为铧式犁、圆盘犁和凿形犁。铧式犁应用历史最长，技术最为成熟，作业范围最广。铧式犁是通过犁体曲面对土壤的切削、碎土和翻扣实现耕地作业的。圆盘犁是以球面圆盘作为工作部件的耕作机械，它依靠其重量强制入土，入土性能比铧式犁差，土壤阻力小，切断杂草能力强，可适用于开荒、黏重土壤作业，但翻铧及覆盖能力较弱，价格较高。凿形犁，又称深松犁，工作部件为一凿齿形深松铲，利用挤压力破碎土壤，深松犁没有翻垡能力。

（一）铧式犁

1. 设备分类

以犁铧为主要工作部件的犁，称为铧式犁。铧式犁按应用对象可分为旱地犁、水田犁、果园犁等；按重量可分为轻型犁和重型犁；按与拖拉机挂接形式（即运输状态下犁的支撑情况），可分为牵引犁、悬挂犁和半悬挂犁。

根据农业生产的不同要求、自然条件变化、动力配备情况等，铧式犁在形式上又派生出一些具有现代特征的新型犁：双向犁、栅条犁、调幅犁、滚子犁、高速犁等。

2. 机具结构及工作原理

铧式犁主要由犁体、犁架、调节机构、牵引装置或挂接装置等部件构成。为了改善作业质量，有的犁还配有犁刀、覆茬器等辅助工作部件，还有超载安全装置等附件。

主犁体为铧式犁的核心工作部件，其作用是切割、破碎和翻转土垡和杂草。主要由犁铧、犁壁、犁侧板、犁托和犁柱等组成。

犁铧又称犁铲，按结构可分为三角铧、梯形铧、凿型铧（也可按三角犁铧、等宽犁铧、不等宽犁铧、带侧舷犁铧分类）。

犁壁又叫犁镜，可分为整体式、组合式和栅条式。

犁壁和犁铧组成犁体曲面，根据犁体耕翻时上铧运动特点分为滚垡型、窜铧型和滚窜铧型三大类。

犁刀安装在主犁体和小前犁的前方，其功能是垂直切开土壤和杂草残渣，减轻阻力，减少主犁体胫刃的磨损，保证沟壁整齐，改善覆盖质量。

心土铲又称深松铲，安装在主犁体的后下方，疏松耕层以下的心土，实现上翻下松。心土铲又分为单翼铲和双翼铲两种，在悬挂犁上心土铲与主犁体固定连接。

北方旱地系列犁的犁体曲面，根据其工作性能可分为熟地型、半螺旋型和螺旋型。

熟地型是应用最普通的一种，其犁胸部较陡，翼部扭曲较小，碎土性能好，翻上能力差，适于耕熟地。螺旋型犁体曲面胸部平坦，犁翼长而扭曲程度大，翻土能力强，而碎土作用差，适于开生荒地和黏重、多草、潮湿的土壤。半螺旋型介于两者之间。

（二）栅条型

犁壁为栅条形的铧式犁。由于栅条之间有空隙，耕地时可减少土壤与犁壁的接触，因而脱土性能较好，且能减轻犁的工作阻力。适于耕较黏湿的土壤。犁壁多做成可调式。改变调节板位置，即可改变犁体的翻土及碎土性能。栅条犁壁还很容易做成向左右两面翻垡的双向犁。

（三）翻转犁

翻转犁可以实现双向翻土，也称双向犁。用这种犁耕地，垡始终向地块的一边翻倒，地表不留沟垄，耕后地表平整，空行程也较普通犁少。因有上述特点，故尽管双向犁的构造比较复杂、重量较大，且难以进行耕耙联合作业，但仍得到很大的发展。目前我国采用较多的翻转犁是在犁架上下装两组不同翻垡方向的犁体，由双联分配器控制犁的升降和犁的翻转。

翻转犁包括悬挂架、翻转油缸、止回机构、地轮机构、犁架和犁体，通过油缸中活塞杆的伸缩带动犁架上的正反向犁体作垂直翻转运动，交替更换工作位置；地轮是丝杠调节耕深的一轮两用机构。该系列产品适用于坡地和秸秆还田地的翻耕作业，能够减少坡田坡度，耕地平整，可进行梭式作业。

（四）圆盘犁

圆盘犁是以球面圆盘作为工作部件的耕作机械，它依靠其重量强制入土，入土性能比铧式犁差，土壤摩擦力小，切断杂草能力强，可适用于开荒、黏重土壤作业，但翻垡及覆盖能力较弱。

圆盘犁是经济性能较好、切割性能良好的耕作机具之一。它的工作部件是球面圆盘。工作时因圆盘转动，边切土、边松土、碎土、翻土，因为它有锋利的刃口，而且滚动前进，所以切割绿肥茎秆能力强，不易堵塞，适合于纯种绿肥田压青翻耕使用。翻压亩产2 500 kg以上的绿肥田，无须耕前耙切处理，可直接耕翻，不论是直立型和匍匐蔓生型绿肥茎秆，均可均匀地被切断分布在耕层中，绿肥和土壤呈半埋半掩状态。在较湿、较黏的土壤中工作，不易黏土，在较干硬的土壤中工作，入土性较好，且耕层不留地头，耕不到的死角很小。也可在小块地作业。但圆盘犁耕地覆土性能不及铧式犁，容易跑墒，绿肥翻压后必须及时耙地保墒。

1. 单向圆盘犁

该圆盘犁适用于旱作区熟地或荒地的耕翻作业，特别适用于耕翻高产绿肥田及水稻、麦茬的回田。翻土、覆盖质量能满足农业生产技术要求。且有阻力小、操作方便等优点。

2. 双向圆盘犁

圆盘犁是与拖拉机三点悬挂连接配套，作业时犁片旋转运动，对土壤进行耕翻作业，特别适用于杂草丛生、茎秆直立、土壤比阻较大、土壤中有砖石碎块等复杂农田的耕翻作业。具有不缠草、不阻塞、不壅土，能够切断作物茎秆、克服土壤中的砖石碎块，工作效率高、作业质量好、调整方便、坚固耐用等特点。

（五）菱形犁

菱形犁体由于犁体曲面的结构尺寸与传统犁不同，明显差别是切下的垡条断面不同。传统犁为矩形，菱形犁则以垡条断面为菱形而得名。菱形犁耕出的垡片断面呈菱形，故称菱形犁。

传统犁垂直沟壁，翻转时需要的空间较大，且有平行侧压力的犁床，所以两犁体间距较大。而菱形犁体胫刃向左凸出，工作时形成倾斜的沟壁，倾斜沟壁成凹弧面，为翻转下一垡片创造了条件。因此，菱形犁体的纵向间距可以配置得较小，而不致引起铧片和前犁体的干涉。菱形犁体间的纵向间距通常为一般犁体的2/3。因此适用于大马力拖拉机悬挂多体犁，减少机体总长度和机重，提高机组的纵向稳定性。菱形犁的优点很多，突出的是翻垡稳定性好。

（六）滚子犁

为了改善铧式犁翻地时的碎土效果，减小阻力，近年来我国研制了滚子犁。滚子犁类型按每个犁体配置滚子的个数分为：单滚和双滚。其结构原理基本相同。单滚滚子犁，利用滚子代替犁翼部分，将已具有翻转趋势的垡片，用滚子强力撞击拉翻，碎土效果好。双滚犁由于土垡受到两次撞击，碎土效果比单滚好。而且利用滚动摩擦代替滑动摩擦，减小了犁耕阻力。

滚子犁根据动力来源分为驱动型和被动型。驱动型就是滚子由拖拉机的动力输出轴带动旋转。被动型是工作中犁铧的前部将土垡升至犁胸，然后土垡离开犁体撞到滚子上，使滚子产生转动，并使土垡破碎。其脱土性能比铧式犁好。

（七）双面犁

传统犁铧为单面，可以单向耕地，2008年，国内著名专业生产犁铧厂家生产了一种新型双面犁并获得质量技术监督部门认证推广，比起原来的单面犁，双面犁可以双向犁地，用调节杆控制左右方向，可以在左右45°角自由旋转，犁的材质采用全钢，比起生铁犁更耐用，犁嘴顶头螺丝更长，代替了原先的短距顶头螺丝，调节盘比起单铧犁加宽了4齿厚度加厚1 mm，犁长保持固定距离，使犁整体看起来更加圆润。

三、操作规范

（一）准备工作

1.做好田间准备

要求条田平整，四边平直，道路通畅。提前勘察作业地块的地形和地表状况，检查土壤墒度，确定最佳作业时间。清除影响机组作业的田间障碍物，如成堆的茎秆、石块、树根等。

2.检查作业工具

犁壁表面应光滑，犁铲与犁壁接缝处应密接，犁侧板、犁踵无严重磨损和明显变形。犁工作结构的全部埋头螺丝栓必须紧固，不得凸出工作面。各犁体的铲尖应力求在同一平面上，各犁体的铲尖应在同一直线上，犁架应保持水平。

（二）操作技术

（1）翻耕面积大时，可先用机械犁耕，再用圆盘犁耕，最后耙地。首先对坪床土壤进行犁耕，使下层土壤松散。对底土中具有硬盘层（犁底层、黏盘层等）的地方，要深耕犁地把它们破碎，以提高土壤通透性，并有利于草坪草根系的伸展，但犁过的土壤表面不平，常带有犁沟和垄。因此，必须对坪床进行圆盘犁耕。这样就能将翻动的下层土壤、土块和表层结壳破碎。从而让表层土与下层土充分混合，以改善土壤结构，平整坪床。如果犁耕后有机残留物埋于土中，在工期允许的前提下，可等其腐烂分解后再用圆盘犁；也可拣除这些有机残留物，犁耕后直接进行圆盘犁地，从而缩短工期。耙地的目的是以破碎土块及表壳来改善土壤的团粒结构，使坪床形成平整的表面，耙地可在上述两项工作完成后立即进行，也可等有机残留物分解完后再进行，主要是用于平整犁耕和圆盘犁耕留下的沟和垄。

（2）翻耕的时间以秋、冬季为好，这样可以增加土壤的晒垡和冻垡时间，有利于有机质的分解。耕作深度和次数取决于土壤情况。新耕地耕作层浅，为利于草坪草根系的生长，耕深应在 20～30 cm，一次耕不到位可分 2～3 次，逐渐加深。老坪地或老耕地耕作层较深，土壤结构较好，可适当浅耕，耕深一般为 15～25 cm。

（三）维护保养

每个班次作业后，应对翻耕机具进行保养。清除犁铲上的泥土和杂草，检查各连接件紧固情况，向各润滑点加注润滑油，以防加重磨损。一个作业季完成后，将整机放置在避雨、阴凉、干燥处保管。

（四）注意事项

（1）翻耕作业如翻耕和耙松土壤应在夏季土壤比较干燥的情况下进行。如果土壤全是潮湿的，那么深翻不可能缓解并减轻压实，犁耕后反而会形成一个犁底层，这样就不可能起到疏松土壤和破碎土块的作用。在非常潮湿的年份，翻耕最好延迟到翌年干旱的夏季进行。

（2）带翼的犁更易于对地面进行松动，建议在翻耕时使用，以减轻土壤压实。但是，土下埋的岩石和其他大砾石易损坏犁头，除非翻耕前石头被拣出，否则不宜使用有些形式的犁。犁的间距最好不大于 1.2 m，犁的外侧要与拖拉机的轨迹一致。翻耕通常顺着下坡的方向进行，不安全的坡地除外。在垄沟地形，翻耕应横跨地垄，以有助于把水排到沟里。对于有孔隙的土壤材料，犁体最好沿沟地通过，可以促进向下排水。

四、质量标准

（一）标准

依据 NY/T 742—2003 铧式犁作业质量。

a. 平均耕深（cm）：作业质量指标≥要求耕深；

b. 耕深稳定性变异系数：作业质量指标≤ 10%；

c. 漏耕率：作业质量指标≤ 2.5%；

d. 重耕率：作业质量指标≤ E 5.0%；

e. 立垡率：作业质量指标≤ 5.0%；

f. 回垡率：作业质量指标≤ 5.0%。

（二）指标解释

（1）耕深。犁耕形成的沟底至未耕地表面的垂直距离。

（2）耕深稳定性变异系数。在作业区域内，耕深值的离散程度。

（3）漏耕率、重耕率。在作业区域内，若犁的实际耕宽大于理论耕宽，则称为漏耕，若犁的实际耕宽小于理论耕宽，则称为重耕。漏耕率和重耕率就是实际漏耕、重耕面积占检测区面积的百分比。

（4）立垡率、回垡率。土垡在翻转后其含植被或残茬表面与沟底夹角小于 90°者为翻垡，90°～ 100°者为立垡，大于 100°者为回垡。在检测区内，每个行程中最后一犁垡片的立垡长度和回垡长度占测区总长度的比值。

第四节　起垄机械化技术

一、技术内容

　　垄作法是一种在东北、华北、西北地区行之有效并沿用至今的防旱防寒耕作法。传统上使用三角犁铧起土成垄，铧过之处成沟，并通过苗期箱地培土，加高垄台。垄作受光面积大，白天可以提高地温 2～3℃，夜晚因散热大，温度降低 1～2℃。利用垄上不同部位播种，可以抗御旱涝灾害，如一般干旱时可把去垄台上的部分干土，种子播在垄台的湿土上，最干旱时播在沟里。垄作可以减少风蚀，增加产量。

　　垄的形状与尺寸规格以在作物生长后期田间管理已经结束时垄形的横断面图为准。垄距有大垄与小垄之分，垄沟中有中耕时形成的疏松土。有时为了增加种植密度采用小垄。但垄距缩小，垄的高度不足，为了获得一定高度使垄顶变尖，就不保墒，易受冲刷，作物易倒伏，垄台宜宽而平，呈方头垄。垄体的两侧各有一个三角形犁铧耕作不到的非犁铧耕作区，它与耕作垄沟时由于犁铧侧压力形成的紧密部位连接在一起，形成波状封闭的犁底层。垄体斜坡上为疏松的耕作层，厚度为 7 cm。垄台表面是由中耕耥地（即培土）时所培的覆土，其下为播种前准备的种床。

二、装备配套

（一）起垄犁

　　开沟起垄机械有垄作犁、开沟作畦机等数种。垄作犁是垄作地区大量推广使用的一种耕作机具。它是在通用机架上装上两个以上的垄作犁体构成的。犁体由犁铧、犁壁与犁柱等组成。耕作时，各个犁体形成沟，两犁之间形成垄。垄作犁可完成平地起垄、原垄地的耕地起垄及破茬起垄作业。开沟作畦机是易涝地区修筑高畦用的机具，工作部件为带有平土板的对称形开沟犁体。犁体入土后，向两边翻压土壤形成沟，同时用平土板将畦面刮平。这种作畦机也可用来筑垄。

　　该机的工作部件是起垄犁铧，由三角形犁铧、立轴、左右分土板和铧柄等部分组成。左、右分土板装在立轴上，其开度可按作业要求进行调整。作业时，随着机组前进，犁铧将土铲起，由分土板推角犁铧向两侧起垄。备有大、中、小三角犁铧，可按不同行距和作业要求选用。犁架为单梁式，两个地轮固定在主梁上，用以支承机架。起垄犁铧通过仿形机构与主梁连接。仿形机构包括四连杆机构和仿形轮。仿形轮随地面上、下浮动时，犁铧也随之作上、下移动，保持稳定的耕作深度。通过改变铧柄的安装高低位置来调节犁铧的耕作深度。

机组作业时，划印器在地上划出下一行程拖拉机行进的标记，使邻接垄距能与要求垄距一致。

起垄犁主要适用于薯类、豆类、蔬菜类的田间耕后起垄作业，具有垄距、垄高、起垄行数、角度调整方便，配套范围广，适应能力强等特点。

（二）水田起垄机

水田起垄机的特点如下。

（1）适用性强。适用各种山地、丘陵、平原、旱田、水田作业。

（2）适合各种土质。硬土、黏土、黑土地、山地、软土均可使用。主要用于水稻田的筑埂作业，同时也可用于筑水壕，是与拖拉机配套的后悬挂农机具，动力由拖拉机动力输出轴传递到齿箱，再由齿箱分配到筑埂部分进行取土、筑埂。

（三）牵引式起垄机

（1）耕整后土壤排水良好，增加了种植层的深度，便于侧方灌水，垄面不易板结，有利于空气流通，提高地湿。

（2）该机专门为蔬菜栽培设计，具有旋耕、起垄、碎土、平整和镇压联合作业功能。

（3）创新采用二次碎土设计，达到精细化整地的目的，起垄后地表平整、垄型一致、碎土效果好，具有使土壤上实下虚的效果。

（四）手扶式起垄机

手扶式起垄机体积小、重量轻、操作灵活、安全方便，可上下调整高度，并可360°旋转，适合在任何方向操作，省力、操作方便、简单实用。特别适合在大棚、水田、果园、葡萄园、梯田、坡地以及小块地中使用。广泛适用于平原黏土地、山区硬石地、丘陵的旱地等，特殊土质水田地、沿泽地，可爬坡、越埂、阶梯性强。

三、操作规范

（一）准备工作

传统上使用三角犁铧起土成垄，铧过之处成沟，并通过苗期箱地培土，加高垄台。

"耕种结合、耕管结合"在继承原垄作耕法的基础上，又有所发展，也就是间隔深松。可在播前进行，也可结合播种进行随播随深松，或者在第一次中耕时同时进行深松。深松式的深耕，没有耙、粉碎、镇压等辅助作业，故可与播种、中耕相结合。

（二）操作技术

（1）起垄要打起止线，确保起垄整齐。

（2）起垄铲铲尖在同一个水平面上，入土深度误差不超过 1 cm。

（3）起大垄要坚持"高、宽、平、齐、匀、直、施、墒"标准。即高：大垄高镇压后达到 10 ～ 12 cm；宽：大垄垄台宽度不小于 90 cm；平：大垄垄台上部平整，高低误差不大于 5 cm；齐：地头整齐，到头到边，匀：垄距均匀，台内垄距偏差不大于 1 cm，往复结合偏差不大于 5 cm；直：垄向笔直，百米直线度偏差不大于 5 cm；施：有条件地进行秋施肥和秋施药；墒：根据土壤条件，及时镇压保墒。

（4）起小垄质量标准。高：垄高镇压后不低于 17 cm；直：垄直度百米偏差不大于 5 cm；匀：垄距均匀，台内垄距偏差不大于 1 cm，往复结合偏差不大于 5 cm；齐：到头到边，地头整齐；墒：及时镇压保墒。

（三）维护保养

（1）设备作业一段时间，应进行一次全面检查，发现故障及时修理，检查各连接件紧固情况，向各润滑点加注润滑油，以防加重磨损。

（2）一个作业季完成后，工作部件表面应涂黄油，将整机放置在避雨、阴凉、干燥处保管。

（四）注意事项

（1）关注天气，避免阴雨天气风险，当天整地面积过多，起垄不及时，如果下雨导致田块墒情差，则增加用工成本。

（2）撒施肥料要与起垄能力相匹配。若撒施肥与起垄同时进行，当天撒施肥料过多，起垄跟不上，如果下雨，则肥料流失严重；如果过中午还没起垄，那么经过太阳暴晒，硝酸钾和硫酸钾容易挥发流失。

四、质量标准

指标解释

（1）土垄垄形一致性。土垄横截面积的变异系数。

（2）土壤容重变化率。起垄作业前后，土壤容重的变化比率。

（3）邻接垄垄距合格率。邻接垄垄距合格数的比例。

第十一章　栽种机械化技术

第一节　精密播种技术

一、技术内容

（一）技术定义

机械精密播种技术是使用机械将种子准确、定量播到土壤预定位置上，实现每穴粒数相等。它是一项科技含量高、节本增效的适用技术。

（二）技术原理

精密播种是穴播的高级形式，按精确的粒数、间距与播深，将种子播入土中。精密播种可以是单粒种子按精确的粒距播成条形（成为单粒精播）；也可将多于一粒的种子播成一穴，要求每穴粒数相等。

（三）技术特点

精密播种技术具有节约良种、节省用工、抗旱保苗效果好、培育壮苗、节本增效的特点。具体表现为：一是省种，可以减少种子的用量；二是省工，如玉米播种，省去间苗用工；三是抗旱，可以减少灌溉用水，节约水资源。

（四）技术分类

精密播种机依作物种类分为玉米及大豆精密播种机、谷物（小麦）精密播种机、甜菜精密播种机；依配套动力分为小型（5.8～13.2 kW）、中型（16.2～36.8 kW）和大型（40.4 kW以上）精密播种机；依排种器形式分为机械式和气力式两大类精密播种机，机械式中又可分为垂直圆盘式、垂直窝眼式、锥盘式、纹盘式、水平圆盘式、带夹式等。

二、装备配套

（一）设备分类

现有精密播种机按排种器工作原理可分为气力式、机械式两大类。气力式排种器播种机的整机性能优于机械式，但气力式播种机购机成本高，结构复杂，适用技术要求高；机械式排种器的播种机结构简单，调试容易，购机成本低。下面就这两种排种器做一简要介绍。

1.气力式排种器

（1）气吸式排种器。可以单粒点播，穴播和条播。气室吸力可通过风机转速和进、出风门大小来调节，通过调节排种转盘转速或改变孔数适应不同的株距要求。主要用于玉米、大豆、甜菜、棉花等中耕作物的精密播种机上。

（2）气压式排种器。特点是采用集中排种，即只有一个排种滚筒。其上有 6～8 排排种孔，通过不同长度的输种管将种子送到各行，改变风机转速以调节风压来满足不同种子所需压附力，改变排种滚筒转速来调节株距，更换带有不同型孔大小和孔数的排种滚筒，可以精密点播玉米、大豆、甜菜、高粱和向日葵等作物。

（3）气吹式播种器。特点为种子自重充填入型孔，还可通过风机产生的气流辅助力，从气嘴吹压入型孔，完成排种，且型孔较大，充填性能很好。对种子形状尺寸要求也不严，利用气嘴射出的气流将多余种子吹掉，达到单粒精播；还可在较高作业速度（8 km/h）下作业。可以精密播种玉米、大豆、脱绒棉籽、球化甜菜和菜籽等。

2.机械式排种器

（1）型孔轮式排种器。靠清种轴、刮种舌或清种滚刷清种，结构单一、排种可靠，造价低，但精播指标不好控制。

（2）倾斜圆盘勺式排种器。主要针对的作物是玉米，工作性能稳定，投种点低，播种准确，漏播现象少，不损伤种子。

（3）勺轮式排种器。综合播种性能好，可在较高速度下作业，而且不伤种，单粒率好，是主推机型之一。

（二）机具结构

以 2BZM-2 型指夹式玉米免耕精密播种机为例。2BZM-2 型指夹式免耕精密播种机是为适应高速免耕播种和中小马力轮式拖拉机配套而开发出的一种新型播种机。该机能在未整地地块一次完成侧深施化肥、开沟播种、覆土镇压等联合作业，购买相应部件也可以进行中耕、起垄、分层施肥等单项作业。

玉米免耕精密播种机配套动力较大，机具自身质量大，播种单体离地间隙大，满足免耕播种作业要求。其播种单体是整机的核心，该播种单体能完成切草清理、开沟、施肥、播种和覆土、镇压等作业工序，能在未耕整土地上进行播种作业，节省整地成本，具备很好的保墒效果。免耕精密播种机播种单体由除草轮、破茬圆盘、四连杆仿形机构、限位机构、种箱、指夹排种器、双圆盘开沟器、仿形限深轮和 V 形镇压轮等部件组成。该播种单体的四连杆仿形机构实现了整机的单体仿形功能，有利于地表平整不一的免耕土地作业。同时，该播种单体具备了一次性完成破茬、开沟、播种和覆土镇压的作业工序。

三、操作规范

以 2BZM-2 型指夹式免耕精密播种机为例。

（一）准备工作

（1）旋耕作业，平整深松沟和垄沟，保持土壤水分；对实施保护性耕作的地块，要用大型拖拉机悬挂深松旋耕机进行作业（以土壤含水率在 15% ～ 20% 为宜），对地块进行适度镇压，使地块达到"齐、松、平、填、净、碎"的要求，形成上实下虚的土层，减少水分蒸发，以利于蓄水保墒、预防春旱，从而保证播种质量。

（2）选择适宜当地的优良品种。选择品种一致的种子，并进行药剂包衣，对种子做发芽试验，发芽率保证在 92% 以上，进而提高出苗效果和种苗质量。

（3）化肥要深施，要达到种侧 3 cm，种下 3 ～ 5 cm，量要准确，保证不烧种。

（4）播种前，要做好试播。播种后，必须及时镇压，可根据土壤墒情决定镇压强度和时间。

（5）地表特殊杂物多的地块，要进行清理。

（6）适时播种，在保证墒情的情况下要适时晚播。

（7）包衣的种子要进行充分的晾晒。

（二）操作

（1）行距调整。根据播种作物行距要求，按照机具要求进行调整。松开左右两侧两个种箱底座前后 4 个固定螺母，使两个播种单组离开或靠近中间播种单组，即可改变行距。

（2）播深调整。松开开沟器升降拉杆前端螺母，改变其长度，播深即可调整，缩短抗杆，播深变浅，反之变深。

（3）更换排种轮。将播种单组从机架上拆开，拆下排种轴，将排种齿轮从侧护板中取出，换上新的排种轮即可，在安装的同时将行距一次性调整好。

（4）播种前应检查各种箱内有无杂物，各运行连接螺母、螺栓是否松动、齐全、可靠。

（5）提升器放下时严禁倒退，转弯时防止损坏开沟器。

（6）播量、行距和播深要调整一致，试播 10 m 左右后，扒开土壤检查深浅及株距。

（7）播行要直，并随时观察排种是否良好，种箱内种子是否充足。

（8）随时查看播种机工作情况，出现故障立即排除，以防出现漏播或断行，对漏播或断行的要及时进行补播。

（9）运输时不可高速行驶，最好用车运输，播种机上不得坐人或压重物。

（10）播种完毕存放时，清除机具上杂物和泥土，润滑各运动部位，用塑料、麻袋等物将其覆盖后放置在干燥处，最好是放置在棚内，防止日晒雨淋，并用土块垫起开沟器和地轮，弹簧要调到松弛状态。

（三）作业质量标准

种子距离≤ 10 cm，粒距合格指数≥ 60.0；

种子距离≤ 10 cm，重播指数≤ 30.0；

种子距离≤ 10 cm，漏播指数≤ 25.0；

机械破损率：机械式≤ 1.5%，气力式≤ 1.0%；

播种深度合格率≥ 75%；

各行施肥量偏差≤ 5.0；

总施肥量偏差≤ 5.0；

行距一致性合格率≥ 90.0%；

邻接行距合格率≥ 90.0%；

播行直线性偏差≤ 6%；

田间出苗率≥ 95.0%；

作业后地表地头状况：地表平整、镇压连续、地头无漏种、漏肥和堆种、堆肥。

地头重（漏）播宽度≤ 0.5 m。

第二节　免耕播种技术

一、技术内容

（一）技术定义

免耕播种是在保留地表覆盖物的前提下免耕播种，不翻动土壤，不仅减少作业次数，节省时间、劳动力和能耗，大幅降低生产成本，而且能控制土壤水土流失，保持土壤自我保护机能和营造机能，增加土壤有机质含量，提高水分利用率，改善土壤的可耕作性，是对传统生产方式的重大变革，是未来玉米可持续生产的技术发展方向。

（二）技术原理

在前茬作物收获后，对土地不进行耕翻，让原有的秸秆、残茬或枯草覆盖地面；待下茬作物播种时，用特制的免耕播种机直接在茬地上进行局部的松土播种，并在播种前或播种后喷洒除草剂及农药。

（三）技术来源及沿革

伴随着保护性耕作在全球传播推广，我国开始从 20 世纪 60 年代在东北和长江下游分别进行小面积小麦和玉米免耕播种试验；之后的 20 年，校企研究院所联合开展了免耕试验研究，并取得了增产效果；20 世纪 90 年代起结合我国农田地块小、集约性差的特点，中国农业科研单位联合研制出了适合我国农业国情的农机具，并整理了试验中可行的作业模式；2000 年以后，我国在黄河流域及其以北的各县级地区进行免耕播种技术示范和推广，免耕播种面积有所扩大。2005 年，农业部文件已将保护性耕作列为农业重点推广项目，仅 1 a 时间全国免耕播种面积就增加了 6 000 亩，粮食产量连年增加，农民增收，生态环境恶化局面得到遏制，从长远来看，农业发展和生态进步共同营造了相互促进、互利共赢、人与自然和谐相处的局面。2005—2009 年，中央发布一号文件，强调发展保护性耕作技术利国利民，支持保护性耕作技术进一步发展。农业农村部、国家发展和改革委员会关于发展保护性耕作作出了五年规划，规划将我国西北、东北、黄河流域等广大区域统筹到免耕播种范畴。

（四）技术优点

免耕播种有节能、省工、增产的效果，且在防止土壤侵蚀和保持水土方面有显著作用。免耕播种利用作物、土壤生物和土壤三者之间的相互作用，使之形成良好的农业生态环境。

（五）技术分类

当前推广使用的玉米免耕直播（覆盖）播种机具种类较多，结构配置大同小异，按排种方式不同可分为水平圆盘式、单体外槽轮窝眼式、外槽轮式和气吸式。

1. 水平圆盘式玉米免耕播种机

工作时，拖拉机连接悬挂架牵引播种机作业，地轮通过伞齿轮传动机构驱动圆盘水平旋转，种子经排种盘的型孔落入排种管，再经排种管落入种沟。在开沟铲和开沟器等部件的共同作用下，二次完成播种机的开沟、播种及覆土作业。

2. 单体外槽轮窝眼式玉米免耕播种机

工作时，拖拉机连接悬挂架牵引播种作业，地轮通过传动链带动单体外槽轮窝眼式排种器排种，在开沟器和覆土圆盘等部件的共同作用下，一次完成开沟、播种、覆土、镇压作业。

3. 外槽轮式玉米免耕播种机

工作时，拖拉机连接悬挂架牵引播种机作业，地轮通过传动链带动排种装置排出种子，通过输种管和开沟器使种子着床，一次完成播种机的开沟和播种作业。

4. 气吸式免耕播种机

工作时，该机与拖拉机三点挂接，用于玉米，大豆等中耕作物的免耕播种。技术重点在于破垄开沟技术、种肥分施技术、防堵技术、覆土镇压技术。

（1）破茬开沟技术。免耕施肥播种时，地表有秸秆残茬覆盖，有的土壤紧实，因此要求有良好的破茬开沟技术。主要有移动式破茬开沟、滚动式破茬开沟、动力驱动式破茬开沟等方式。

（2）种肥分施技术。保护性耕作取消了铧式犁翻耕，基肥和种肥必须在免耕播种时一次施入土壤。施肥量大时，为了防止烧种，必须将种、肥分施，且要求种、肥间隔一定的距离。一般采用侧位分施，即化肥施在种子侧下方；也有垂直分施，即化肥施在种子正下方。

（3）防堵技术。保护性耕作地表有大量的秸秆残茬覆盖，播种时常常会缠绕和堆积在开沟器上造成堵塞，影响播种作业正常进行，因此必须研究防堵技术。主要有圆盘滚动式开沟装置防堵、秸秆粉碎和加大开沟器间距防堵、非动力式防堵、动力驱动式防堵等方式。

（4）覆土镇压技术。实施保护性耕作对覆上镇压要求较高，需要将较大的土块压碎，并对种行上的土壤进行适当的压密。主要采用较大的镇压轮，利用镇压轮的自身重量进行碎土和压实。也可在镇压轮上加装加压弹簧，适当将播种机机架上的质量转移到镇压轮上，保证镇压效果。

二、装备配套

（一）设备分类

以玉米免耕播种技术为例。玉米免耕播种技术包括秸秆处理、免耕播种、化学除草、机械深松、肥料运筹、病虫害综合防治等技术环节。

（二）机具结构

以 2BQM-6A 型气吸式免耕播种机为例，免耕播种机主要由地轮、主梁、风机、肥箱、四杆机构、种箱、排种器、覆土镇压、开沟器、输种管等组成。

（三）工作原理

破茬松土器开出 8～12 cm 的肥沟，外槽轮式排肥器将肥料箱中的化肥排入输肥管，肥料经输肥管落入沟内，破茬松土器后放的回土将肥料覆盖。由气吸式排种器排出的种子经输种管落入双圆盘式开沟器开出的种沟内，随后，靠"V"形覆土镇压轮覆土镇压。

（四）技术特点

气吸式玉米免耕播种机可一次性完成破茬、施肥、开沟、播种、覆土和镇压等作业，且有较强的防堵塞功能，可解决玉米免耕播种作业时对种子尺寸要求高、适应性差等问题。

三、操作规范

（一）作业要求及准备工作

1. 种子的选择

用免耕播种机播种的玉米品种，种子的发芽率在 96% 以上，要适度增加种植密度。为了确保增产，在播种 5 ~ 7 d 前还要对种子进行等离子处理，进一步激发种子活性，提高发芽率，保证出苗率。

2. 试播

免耕播种前要根据情况进行试播，试播的前提条件：免耕播种机调整完毕；加足种子和化肥；正常的作业速度；打开播种监测器。试播时每行检查的内容：播种深度；播种株距；底肥与种子的距离；化肥施入深度；播种行间均匀度；覆土镇压效果；机具各部件工作状况。确认正常后方可进行播种作业，每天播种前和更换地块后都要进行试播。机器如发生故障，在故障排除后也要进行相应的试播。

3. 适时播种

根据当地不同的土壤和气候条件适时播种。阳坡地宜早播，平地、背阴地宜晚些，洼地放到最后播种。根据当地土壤积温适时播种，是保苗促增产的关键。

（二）操作

操作前读懂使用说明书，留意警示标志、安全生产、禁止违规操作。

1. 行距、轮距调整

注意拖拉机的轮距与播种行距相匹配，满足各种播种模式的要求。

2. 播种密度的确定

根据玉米品种、地力（黑土、黄土、沙土）确定播种密度；根据施肥量和肥力大小确定播种密度；还要根据区域降雨情况、土壤蓄水效果、地势高低、水分多少确定种植密度，切记不能过密。

3. 宽窄行垄作

留茬地块适宜，在相邻两垄内侧播种 40 cm，隔一个垄沟在另外两垄内侧播种 40 cm，形成窄行 40 ~ 50 cm，宽行 80 ~ 90 cm 的种植模式。一般在宽行间深松追肥适合积温低的区域。宽窄行平作采用窄行 40 ~ 50 cm、宽行 80 ~ 90 cm 的宽窄行距平作播种。宽行间播种，适宜有效积温高的区域。

4. 播种作业速度

免耕播种速度越快或速度过低，作业质量都不能保证。免耕播种最佳作业速度为 8 km/h，最高不能超过 10 km/h，低速作业不能低于 3 km/h。

5. 播种深度

应视土壤墒情的好坏进行选择，当墒情较好且能保证出苗率较高的情况下，播种深度以较浅为宜，以播种小麦为例，墒情较好时播种深度可控制在 1.5 ～ 2.5 cm，墒情不佳时可适当增加播种深度。

6. 控制播种施肥的深度

在墒情适合的情况下，播种深度应控制在 3 ～ 4 cm，沙壤土和干旱地块播种深度应适当增加 1 ～ 2 cm，保证种子出苗。施肥深度应控制在 8 ～ 10 cm，种子与肥料之间最少应间隔 5 cm，避免因种肥间距不足而出现烧苗现象。

7. 作业中要多注意观察

要随时注意观察种肥消耗情况，观察秸秆堵塞和缠绕情况，如有堵塞，要及时停车排除和调整，否则会导致镇压轮打滑，覆土器覆土达不到作业要求，出现漏播、晾籽和镇压不实的现象。在实际生产中，作业机组在工作状态下不可倒退，地头转弯时应降低机组速度，及时起升和降落免耕播种机，保证作业质量。

8. 适时进行化学植保

对于地下害虫超标的地块，播种时应用甲拌磷、辛硫磷等农药拌种，达到杀虫效果。免耕播种后适时喷施化学除草剂和杀虫剂，保证除草和杀虫效果。

（三）注意事项及解决办法

1. 下种不准确

空粒率多的原因：排种器指夹故障；排种器进异物；毛刷间隙小；种子不足；种籽粒过大；速度过慢（< 3 km/h），排种器转动发卡。双粒率多的原因：毛刷间隙大；种籽粒过小；速度过快（> 10 km/h）。株距不均匀的原因：排种器轴传动不同心；种箱不正位；导种管内有异物或堵塞；传动链条不连续；播种速度过快。

2. 施肥量不准

影响施肥量的因素：传动打滑；传动系统故障阻力影响；肥料受潮、结块、化肥流动性变化；土壤松实程度、作业速度等。施肥量过大的原因包括：调整不当、肥料流动性过大、肥量控制挡板松动。施肥量过小的原因包括：调整不当、更换的肥料流动性差、出肥口堵塞。出现各行不匀的原因：排肥槽轮或绞龙进杂物以及槽轮损坏导致施肥一头多一头少。

3. 播种深度不足

仿形轮黏泥过多，播种变浅；仿形轮转动时快时慢会造成播种有深有浅；播种开沟器黏泥、夹土严重时不转、拖堆，导致播种深度不够；耕地表层机器进地碾压过硬，造成播种开沟过浅；免耕播种机四连杆拉簧折断或失效；播种机作业速度过快，开沟深度不够；土壤过于干旱，形成不了种沟。

4. 播种过深

播深调整部件损坏，失控或调整不对；机具太重；土壤过于松软。

5. 施肥深度不足

施肥开沟器黏土；开沟器磨损过甚，直径变小，切的深度不够；挤土刀磨损过甚，肥下不到沟内；施肥弹簧损坏，没有压力；耕地太硬，施肥开沟圆盘根本开不了沟；土壤过于干旱，开沟回土，作业速度过快，化肥覆盖不上。

6. 机器行驶不正

播种单体不正位；牵引点偏，主梁与牵引点不等腰、不对称。各单体施肥开沟圆盘与前进方向夹角不一致；各开沟器开沟深度不一致；拖拉机行走不正；垄距与拖拉机轮距不匹配；拨草轮调整高度不一致。

7. 机架前后、左右不平

前后不平可能导致牵引点过高或过低；左右不平可能导致偏坡地、播种机不正；一侧油缸有空气，某个油缸内漏或外漏，油缸偏；单体拉簧拉力不一致。

8. 覆土、镇压效果不好

地硬导致开沟深度不够，覆土镇压不好；地湿、土黏导致镇压不上；牵引点过低，覆土镇压调整不到位；镇压拉簧折断；机器没有落到位；秸秆清理不彻底，覆土镇压效果差；覆土镇压轮偏了，不在中心。

9. 油缸故障

不工作可能是油路没打开，快速接头故障；提升慢可能是油管细或油泵磨损，压力不够；油缸一侧下沉的原因是油缸外漏；油缸升起时左右不平的原因是油缸内漏；油缸同时下沉的原因可能是分配器内漏。

10. 仿形轮内夹土

播种机没有升起就倒车了和仿形轮与开沟器贴合不严都会造成仿形轮内夹土，解决的办法是调整仿形轮大臂；地太黏、黏土、播种开沟器刮土刀损坏，也会导致仿形轮内夹土。

11. 播种开沟器故障

播种开沟圆盘闭合过紧造成两个圆盘不能相对运动，闭合过松会造成没有闭合点，以及前面挡板损坏，都会导致播种开沟圆盘内夹土。

12. 快速接头故障

快速接头漏油原因是内部的胶垫破损；油质脏、杂物垫住回位弹簧出现弹力不足都可能导致快速接头打不开油路而失效。

13. 电动排肥口故障

排肥口不排肥可能是电源不通或者排肥轮卡死。排肥不匀是电机卡滞，转速不稳或者排肥轮损坏，排肥口流动性不一致影响排肥量大小，通过改变排肥口转速（调速）旋钮的高低，可以控制排肥量大小。

14. 强制升降故障

快速接头出现问题，液压油管接头油泥堵塞，分配泵或液压油泵出现问题，导致强升强降失灵。

15. 传动易掉链子或断轴

出现传动易掉链子或六方轴断轴的原因有可能是底肥堵塞、传动齿轮偏轴或者链子没有润滑出现磨损过甚，导致卡死。

16. 肥料堵塞的原因

底肥堵塞是机器没有升起就倒车或者地过软导致排肥下口进土。也有可能由于空气湿度大或者雨水淋湿，肥料潮解，导致槽轮、绞龙或排肥管内壁挂肥，结块肥料进入排肥口，加上溢肥孔窄，造成堵塞。

（四）作业标准

种子机械破损率 ≤ 1.5%；

播种深度合格率 ≥ 75.0%；

施肥深度合格率 ≥ 75.0%；

邻接行距合格率 ≥ 80.0%；

晾籽率 ≤ 3.0%；

播种均匀性变异系数 ≤ 45%；

断条率 ≤ 5.0%（条播）；

粒距合格率 ≥ 95.0%（精播）；

漏播率 ≤ 2.0%（精播）；

重播率 ≤ 2.0%（精播）；

地表覆盖变化率 ≤ 25.0%；

地表地头状况：地表平整，镇压连续，无因堵塞造成的地表拖堆。地头无明显堆种、堆肥，无秸秆堆积，单幅重（漏）播宽度 ≤ 0.5 m。

第三节 条播技术

一、技术内容

（一）技术定义

条播，播种的一种方法。把种子均匀地播成长条，行与行之间保持一定距离，且在行和行之间留有隆起，供农民走路、踩踏。条播最为常用，基本能保证通风透光，间苗、除草操作亦方便。

（二）技术原理

条播是按照要求的行距、播深与播量将种子播成条行。条播一般不计较种子的粒距，只注意一定长度区段内的粒数。作业时，由行走轮带动排种轮旋转，种子按要求由种子箱排入输种管并经开沟器落入沟槽内，然后由覆土镇压装置将种子覆盖压实。

（三）技术特点

条播技术具有覆土深度一致，出苗整齐均匀，播种质量较好，省工、省时、节水、节本、产量高、效益高等特点，且条播的作物便于中耕除草、施肥、喷药等田间管理工作。

二、装备配套

（一）设备分类

条播机主要用于谷物、蔬菜、牧草等小粒种子的播种作业。常用的有谷物条播机，蔬菜条播机等。

（二）机具结构

条播机一般由机架、排种器、排肥器、种子箱、肥料箱、行走装置、传动装置、开沟器、输种管、覆土器、镇压器及开沟深浅调节装置等组成。

（三）设备原理

条播机工作时，开沟器在地上开种沟，种子箱内的种子被排种器排出，通过输种输肥管落到种沟内。另外，肥料箱内的肥料，则由排肥器排入输种输肥管或单独的排肥管内，与种子一起或分别落到种沟内，再用覆土器覆土、镇压器镇压而完成播种工作。

（四）条播排种器分类

1.外槽轮式排种器

我国大部分谷物条播机均采用外槽轮式排种器。其特点是通用性好，能播各种粒型的光滑种子，尤其适合于小麦精（少）量播种，也可用作大麦、高粱、豆类、谷子、油菜等作物的播种。播量稳定，受地面不平度、种子箱内种子存量及机器前进速度影响较小；播量调整机构的结构较简单，调整方便可靠。

2.内槽轮式排种器

排种器的工作部件是一个内缘带凸棱的圆环，称为内槽轮。它与排种轴一起转动，排种均匀性比外槽轮好，但易受震动等外界因素影响，稳定性较差，适宜播麦类、谷子、高粱、牧草等小粒种子。

3. 拨轮式排种器

排种器安装在种子箱的下外侧，排种轮和外槽轮的形状很相似，工作质量也相近，只是拨轮的工作长度不能改变，调整播量全靠改变拨轮转速，故传动机构比较复杂。

三、操作规范

（一）准备工作

1. 选择适宜的地块

实施条播技术播种小麦，其地块选择要在满足农艺栽培要求的同时便于机械作业。因此，应选择大一些的地块或尽量连片的地，田间留有机耕路，便于农业机械作业，提高生产效率；土壤肥力较好、土层深厚疏松、通气性好的田块。

2. 适时搞好土地耕整

通过耕翻改善土壤物理性状，减少土壤容重，增加孔隙度，维持土壤水、气适宜比例，增强土壤蓄水保墒能力，利于土壤中有益微生物生育繁殖，有效分解小麦难以吸收的养分，通过耕翻打破犁底层，加深活土层，提高地温，有利于小麦根系发育，减少病虫草害发生，耕整地要做到上松下实，防旱保墒，便于机械精播作业。

3. 选择适宜的播种机具

在实施作业前，做好机组检查、机具调整等工作。

4. 施足肥料

可与耕整地结合进行机械深施底肥作业，施用底肥应以农家肥为主、化肥为辅。

5. 选好精播的小麦品种

对种子进行精选及药剂加工处理。选择适于当地栽培的穗大、粒重、有效分蘖多、发芽率高、抗倒伏和抗病虫害的优质高产小麦品种，在播前要对所选种子进行清选，去除杂质和干瘪破碎的种子。

6. 适时播种

做到足墒播种，若墒情不适合种子发芽时，要及时进行灌水造墒。小麦机械播种旱地亩播量为 8～10 kg（亩保苗 15 万～18 万株）；稻茬麦亩播量为 10～12 kg（亩保苗 18 万～20 万株），播种深度控制在 3～5 cm，要求播深一致，落籽均匀，覆盖严密。

7. 加强田间管理

重点加强对病虫害的防治及化学除草等管理工作，做到遇到情况及时解决。

（二）操作

（1）起步要平稳，在小油门慢速前进中合上碎土装置离合器及排种离合器，然后逐渐加大油门进行作业。

（2）往返作业时，按照镇压轮的压痕依次而行。播种作业中，应当用手推动扶手来掌握方向，尽量避免使用转向离合器。

（3）作业过程中，要注意观察种子储量，各行播种状况，以及是否有堵种、漏播和堆土等现象。

（4）作业到地头时应减小油门，在距地头 2～4 m 处分离排种离合器，然后操作转向器，抬起扶手架转弯。

（5）机具过埂或转移运输时，要分离排种传动和碎土传动离合器，行走时要将镇压轮降至最低位置。

（6）经常检查链条的松紧度，并注意及时调整。

（三）维修保养

（1）条播机在工作前应及时向各注油点注油，保证运转零件充分润滑。丢失或损坏的零件要及时补充、更换和修复。注意不可向齿轮、链条上涂油，以免沾满泥土，增加磨损。

（2）各排种轮工作长度相等，排量一致。播量调整机构灵活，不得有滑动和空移现象。

（3）圆盘开沟器圆盘转动灵活，不得晃动，不得与开沟器体相摩擦。

（4）每班工作前后和工作中，应将各部位的泥土清理干净，应特别注意清除传动系统上的泥土、油污。

（5）每班结束后应将化肥箱内的肥料清扫干净，以免化肥腐蚀肥料箱和排肥部位。检查排种轴及排肥轴是否转动灵活。

（6）每班作业后，应把条播机停放在干燥有遮盖的棚内。露天停放时，要将种肥箱盖严。停放时落下开沟器，放下支座将机体支稳，使播种机的机架上减少不必要的负荷。

（四）作业标准

各行排量一致性变异系数 ≤ 3.9%；

总排量稳定性变异系数 ≤ 1.3%；

播种深度合格率 ≥ 75%；

总播种量偏差率为 ±2%；

总施肥量偏差率为 ±3%；

单台内行距偏差为 ±1 cm；

往复邻接行距偏差为 ±5 cm；

直线度偏差率 ≤ 0.1%；

覆土率 ≥ 98%；

断条率 ≤ 2%。

第四节　穴播技术

一、技术内容

（一）技术定义

穴播也称点播，是按规定的行距、穴距、播深将种子定点播入土中的播种方式。

（二）技术原理

与传统谷物开沟播种作业相比，打穴播种工艺的主要特征是利用成穴器在投种点位置的土壤上形成穴孔来代替开沟作业，然后利用投种装置将所播的谷物种子投入形成的穴孔中。在有残茬及秸秆还田的土壤上播种时，成穴部件拨开残卷和秸秆，在土壤上形成穴孔；在地膜覆盖的土壤上播种时，成穴部件只是在播种位置上将地膜切开，并在土壤上形成穴孔。

（三）技术特点

穴播法适用于播种中耕作物，可保证株苗行距及穴距准确，较条播法节省种子并减少间苗工作量，某些作物如棉花、豆类等成簇播种，还可提高出苗能力。

二、技术装备

（一）穴播排种器分类

穴播排种器用于中耕作物的穴播或单粒精密播种。穴播机精密播种对播种质量要求比较高，影响工作质量的因素也比较多，这些因素大多与排种器有关。穴播排种器主要有圆盘式排种器、型孔带式排种器、窝眼式排种器、指夹式排种器、气吸式排种器、气吹式排种器、气压式排种器等，此节简介指夹式排种器。

指夹式排种器，竖直圆盘上装有由凸轮控制的带弹簧的夹子，夹子转动到取种区时，在弹簧作用下夹住一粒或几粒种子，转到清种区时，由于清种区表面凹凸不平，被指夹夹住的种子经过时引起颤动，使多余的种子脱落，只保留夹紧的一粒种子。当指夹转动到上部排出口时，种子被推到位于指夹盘背面并于指夹盘同步旋转的导种链叶片上，叶片把种子带到开沟器上方，种子靠重力落入种沟。这种排种器对扁粒种子如玉米等效果良好，但不适于大豆等作物。

（二）整机结构

随着作物栽培技术的提高，在播种玉米、大豆、棉花等大籽粒作物时多采用单粒点播或穴播，主要是依靠成穴器来实现种子的单粒或成穴摆放。2BZ-6型悬挂式穴播机，主要用于大粒种子的穴播。主要组成包括机架、行走轮、种子箱、排种器、开沟器、覆土器和传动装置等。通过种子箱、排种器、开沟器、覆土镇压器等完成一行播种的组件称为播种单体，单体数等于播种行数。

（三）工作原理

该播种机工作时与动力机械以悬挂的形式进行连接，首先由滑刀式开沟器开出肥沟，通过外槽轮式排肥器实现种肥和底肥的撒施，滑刀式开沟器工作时滑切性能强，工作阻力小。播种时由开沟器开出深度均匀的种沟，并由水平圆盘式排种器实现精密播种，最后由覆土器完成覆土工作。

三、操作规范

（一）操作使用及保养

以水稻精量穴播机的操作使用为例。

（1）播种前准备。平整土地。播种水稻畦宽与机播工作幅度和每畦机播次数要算准，沟宽一般17 cm，畦面掌握泥糊适当不积水（不淌水）就可机播。种子芽长以露白到0.5 cm为好，须将芽种子适当摊晾。以免水分过多种子相互粘住。种箱内装种不宜过满，使种子呈倾斜状态，低处能见到输种管口，往上倾斜到另一端，保持种子疏松，输种管内种子将完时，及时补充拨满。

（2）播种操作。采取一人拉若向后退播种时，应保持每分钟15～30 m的行走速度，要匀速前进。机播第一遍可以拉线或活边直拉。播后灌水参照秧田灌水，阵雨之前要灌好平沟水。

（3）边机播边观察播种质量，检查螺丝钉有无松动、拉簧松紧程度如何等。

（4）转头。未到田头1 m处，双手抬起拉动杆，让滚动轮离地停转，再向前拉1 m，接着将机子转头，如田两端留有未播的转头处，最后可以用机子横播一次。

（5）清种。换品种时，先将种子箱内多余的种子取出，将播种盘转到某一排种门打开状态时停转，同时手柄往下降低，使盘内种子从打开的门中清理干净。

（6）保养。每天工作完毕应洗净机具上的泥土，输种管、播种盘内的芽种子应及时清除。一季用完，给机具上油防锈，并放在干燥处妥善保管，确保安全。

（二）技术要求

1.水稻机穴播对品种的技术要求

水稻机穴播应根据水稻生长特性选择适宜品种种植。

（1）生育期。与移栽稻相比，机穴播水稻品种的全生育期一般会缩短5～7 d。

因此，过于早熟的水稻品种不利于发挥机穴播的增产潜力，宜选用通过国家审定的高产、优质、抗逆性较强的早、中熟晚粳水稻品种种植，或搭配种植迟熟晚粳品种。

（2）株型。与移栽稻相比，机穴播水稻的每株总粒数减少，株高降低，宜选用株高适中、分蘖力中等的中、大穗型品种种植。

（3）根系活力。与移栽稻相比，机穴播水稻扎根略浅，宜选用根系活力强、具有明显抗倒伏能力的水稻品种种植。

（4）要求种子无芒。要求尽量选用无芒或通过除芒机械加工处理后的种子，避免机穴播播种时堵塞播种槽，造成断穴、断行或播种不均匀的情况。

2. 水稻机穴播对浸种催芽技术的要求

（1）晒种。选晴好天气晒种 1～2 d，摊薄、勤翻，防止破壳。

（2）浸种消毒。可用 17% 杀螟·乙蒜素可湿性粉剂 20～30 g 加 10% 吡虫啉可湿性粉剂 10 g，两种药剂混合后先用少量清水将药剂调成糊糊状，再加清水 6～8 kg 均匀稀释，配制成浸种消毒液，可浸稻种 5～6 kg。浸种时间要求：日平均气温 18～20℃时浸种 60 h，日平均气温 23～25℃时浸种 48 h。

（3）催芽。稻种经浸种消毒处理后捞起，堆成厚度为 20～30 cm 的谷堆，覆盖湿润草垫，保持适宜的温度、湿度和透气性。要求谷堆上下、内外温湿度基本保持一致，并按照"高温破胸（上限温度38℃、适宜温度35℃）、保湿催芽（温度25～28℃、湿度80%左右）、低温晾芽"三大关键技术环节做好催芽工作。催芽标准以90%稻谷"破胸露白"为准，芽长控制在 0.3 cm 以下。催芽后在室内摊晾 4～6 h 炼芽，至芽谷面干内湿后待播。

（三）作业质量标准

种子破损率≤ 1.5%；

播种空穴率≤ 56%；

均匀性穴粒数合格率≥ 85%；

播种深度合格率≥ 80%；

种肥间距合格率≥ 90%；

适用度≥ 4。

第五节　铺膜播种技术

一、技术内容

（一）技术定义

覆膜播种技术是运用覆膜播种机，一次性完成开沟、播种、追肥、覆膜、覆土、镇压等工序的机械化操作技术。覆膜播种主要可分为先播种后盖膜和先盖膜后打孔两种技术模式。

（二）技术原理

先播种后盖膜。春雨早的地区，采用先播种后盖膜，引苗出膜的办法。好处是能防止膜面土壤结壳，避免种子盘芽；工序少，整地、施肥、播种、盖膜连续作业，一次完成，适宜机械化作业；从盖膜到引苗出膜期间，膜面无土无孔，采光面大，有利于增温保墒；播种深度一致，出苗整齐。问题是用工比较集中，放苗不及时容易烧伤幼苗，造成缺株。播种时要按规定的株行距播种，深浅要一致，播后盖膜保温。出苗后及时检查，打孔放苗，以防高温灼伤幼苗。

先盖膜后打孔。播种常有春旱发生的地区，整地施肥后先盖膜，可提前 10 d 左右。待播种适期一到，在膜面上按要求株行距，用简易打孔器打孔播种。一般深度 4～5 cm，膜孔直径 2～3 cm，然后适量浇水，用细土压好膜边和膜孔。这种方法的好处是能提早增温、保水、提墒、减少土壤水分蒸发；不用放苗，节省用工，对保证全苗有明显作用，能使整地、施肥、盖膜和播种分开作业，缓和劳力紧张矛盾。缺点是膜面用土压膜孔，不但减少采光面积，降低增温效果，而且遇雨土壤容易结壳，影响出苗，还有一部分出苗不对孔，需及时引苗出膜，然后用细土盖严膜口保温。提早盖膜有利于土壤增温保墒，是夺取高产的重要措施。根据土壤解冻情况，玉米播种盖膜时间可提前到 3 月末和 4 月初。在整地作床、喷除草剂后即可盖膜。盖膜要掌握盖早不盖晚、盖湿不盖干的原则，如果土壤墒情较差，就应浇水补墒后再盖膜，力争保住返浆前的土壤墒情。早盖膜还可缓解春播期间劳动力紧张状况，有利于提高盖膜和播种质量。

（三）技术特点

地膜覆盖可以有效地保墒和防旱。露地栽植作物其地表蒸发量大，不利于对墒情的保护，而采用了地膜覆盖技术之后，能够很好地起到防旱和保持墒情的作用，经过地膜覆盖之后，水分的散失主要是通过土壤渗透和作物的蒸腾作用进行的；其次，保持土壤肥力，改善土壤理化性质。地膜覆盖之后，降水和灌溉主要是通过横向的渗透作用对地膜地下土壤进行浸润，避免了大水漫灌而造成的土壤板结现象，保证了土壤良好的通透性，同时，还能够有效地阻止土壤中的养分挥发和流失，覆膜之后地表的温度显著提升，土壤墒情和透气性良好，这样就十分有利于土壤微生物的生存和繁殖，加速对土壤中的有机物进行分解，促进土壤养分进一步转化和分解，增加土壤肥力。

（四）技术来源及沿革

在 20 世纪 60 年代初，随着少耕和免耕种植工艺在农业生产上的推广应用，特别是地膜覆盖种植工艺在生产上的广泛应用，传统的开沟播种方式已经不适用于农业生产的要求，促使人们积极开展不同种类的打穴播种机的研制。

1961 年，Hunt 报道了一种能够在覆过地膜的地面上进行蔬菜精密播种的打穴播种机。这种蔬菜播种机与微膜机联合作业，可播种南瓜、西瓜和黄瓜等种子。该打穴播种机的主要结构有排种器、持种盘和成穴器等。播种深度和行内株距可通过改变成穴管的结构尺寸和数目来调节。

1978 年，我国从日本引进覆膜栽培技术后，就开始了各种地膜覆盖机的研制、改装和试验。特别是 20 世纪 90 年代以来，加大了对覆膜播种机的研究力度，并取得了很大的进展。

1988 年，汪遵元、胡敦俊等人在《滚轮式膜上打孔精量播种机》一文中，分析了该覆膜播种机的排种器及开穴器的主要工作原理，推导出了主要参数的计算公式，并分析了影响工作的主要因素。

1989 年，马旭等人报道了一种"地膜覆盖桥种机成穴器"，该成穴器为鸭嘴式成穴器。对成穴器鸭嘴的结构和工作参数进行了优化，播种时使其在地膜上的穿孔最小，并在土壤上生成穴孔。

膜覆盖栽培技术自 20 世纪 70 年代引进我国，首先引起西北、东北地区的关注，在进行小面积试验示范的同时，研制了一批人力与机械膜覆盖机具。20 世纪 90 年代初，该项技术已推广到全国近一半省份，机械铺膜面积突破 1 000 万亩。地膜覆盖栽培技术进一步扩展到全国 2/3 以上的省份，机械化装备大中型地膜覆盖（播种）机 7 000 多部，小型地膜覆盖（播种）机具 5.7 万部，发展势头十分强劲。

二、装备配套

（一）设备分类

地膜覆盖播种技术主要适用于我国干旱、半干旱地区农作物的种植，可用于种植玉米、花生、棉花、谷物等作物。

（二）机具结构

以 2BMP-2 型玉米精量覆膜播种机为例，该机主要由机架、地轮、传动机构、排肥机构、播种机构、起垄整形机构、覆膜机构、镇压机构及悬挂机构组成，采用后悬挂的方式与小四轮拖拉机配套。

（三）设备原理

工作原理。当机组前进时，排肥开沟器在垄台两边开沟施肥，镇压成形轮将垄面进一步整理压实。播种开沟器为靴式，在播种的同时完成覆土作业，最后镇压轮将种床压实。随后，薄膜通过挂膜装置、压膜装置按垄的形状舒展开，铧式开沟器紧跟压膜装置后将土覆盖于膜的两边，并由尾部的镇压轮压实，完成全部工作过程。

三、操作规程

覆膜播种技术以玉米覆膜播种机为例。

（一）准备工作

播前要备膜、整地施肥。根据种植区域农艺要求选用适宜厚度的地膜，一般备地膜3 kg/亩左右，要选择厚薄均匀、铺展性能好、韧性好、厚度适宜的正规厂家生产的地膜。地膜宽度应该比带宽略宽，与播种机械配套。玉米地膜播种一般采用800 mm×0.008 mm的地膜。

玉米地膜播种前，要利用耕整地机械进行整地，做到地平土碎，上虚下实，无残茬杂物。有机肥和磷肥全部底肥一次施入，氮肥施肥量的一半作底肥，一半留作追肥。

地膜覆盖玉米播种时，在前茬作物收获后，及时将土壤深翻20 cm以上，打破犁底层，耙平耙细，做到无明、暗坷垃。播种时要做到地面平整，土壤细碎，底墒充足，提倡起垄播种，一般起垄的规格为（40～50）cm×10 cm。覆膜时要做到平、紧、实，无皱褶，无破损。由于覆盖地膜垄面不能进行中耕，为防止杂草为害，覆膜前要采取喷施乙草胺、丁草胺等封闭性化学方法进行除草。

（二）操作

1. 播前准备

要适时早播种，玉米覆膜播种提倡趁墒起垄覆膜、打孔播种的方法。地膜玉米一般宜采用一膜两行，播深3～4 cm。播种方法一是膜外侧条播，先覆膜后播种；二是膜内条播，先覆膜后在膜上打孔播种，若播种时表土层墒情过差，条播时可采取"豁干种湿"等措施。

2. 覆膜播种机的操作要点

（1）先准备好地膜，将整机与拖拉机连接，有药液桶的须将药液桶与拖拉机气泵连接好，检查并调整各部位润滑、紧固、转动等状态。

（2）添加种子，根据排种器的型号和实际播种要求，添加合适的种子，尺寸过大或者过小的种子应拣出，需要拌种衣剂时，将种子倒在塑料薄膜上，倒上种衣剂原液，两人各持两角抖动均匀，晾晒1 min，检查种子箱内无异物时添加种子。更换新的品种时，可将排种器插板拉开，倒出剩余种子后，再重新添加。

（3）添加和更换药液，按要求兑好药液，倒入药液桶，打开进气开关向桶内充气，使气压达到规定值后试喷，注意要将安全阀调整到安全压力值，以保证安全。更换药液时应先拧松桶盖放气，放完气后再开盖加药。

（4）添加肥料，将清除杂物后无板结的颗粒肥料加入种子箱。

（5）安装地膜，将膜卷装在膜杆上，置入膜卷架上，调整好紧度并锁紧。

（6）开始作业。将机组对准作业位置，将地膜从膜辊上拉下，把膜头用土压住，打开药液开关，起步作业。

（7）播种深度、行距、株距、喷药量和施肥量的调整。通过调整开沟铲相对于机架的高度和水平位置可得到合适的播种行距；更换链轮改变传动比（某些机型更换不同的排种轮）可以得到合适的株距；改变阀门开度实现要求的施药量；调整排肥轮的工作长度，实现要求的施肥量。

（8）垄形调整，改变翻土铲的入土深度，调整合适的垄高，增加翻土深度，垄高增加，反之降低。

（9）铺膜部分的调整。改变展膜轮的高度和角度可以调整地膜的横向拉紧程度。调低展膜轮和增加展膜轮前侧内倾角度，增强拉紧的程度，反之松弛；改变膜卷锁紧程度，调整纵向拉紧程度，锁紧螺栓则纵向拉紧增强，反之减弱。

（10）覆土量的调整。改变覆土圆盘的深度和角度可以调整覆土量。增加深度和增加覆土圆盘与前进方向的角度，增加覆土量，反之减少。

覆膜播种玉米时，应适墒播种。当土壤水分达到田间持水量的60%～70%时，才能满足玉米种子发芽出苗的需要。低于此含水量，应造墒播种。如土壤水分超过田间持水量的80%时，也对玉米发芽出苗不利，应晾墒后再播种。足墒播种的办法，一是抢墒播种，播一垄盖一垄，减少水分散失。二是先播种，暂时不盖地膜，等雨后抢墒盖膜。在播种期间遇到连阴雨天气，土壤中水分饱和，盖膜后会使土壤形成泥团黏糊，影响透气，对出苗不利，应等土壤半干时播种盖膜。垄沟播种。当春季土壤表层干旱，底墒较好时，可采取垄沟播种的方法。一方面使玉米种子播在含水量较高的土层中，有利于出苗。另一方面，在沟上盖膜使沟内形成一个小温室，有利于增温保墒，避免玉米出土后，立即接触地膜而造成伤苗。

（三）维护保养

每班作业后，及时检查各部件是否处于良好的技术状态，将机具上的泥土等杂物及装备杂物去除干净。每季作业后检查各运转部位的轴承和链条，看是否需要更换或调整，机具应放在通风遮阳处保存，不得露天存放。

对各转动部位润滑点每8 h加注一次润滑油，对排肥器、鸭嘴处（如有）每12 h点滴机油润滑。季节作业结束后，应将各部件清洗干净（特别排肥系统和排种滚筒内），晾干上油，用木板垫起，放在无积水、避雨且干燥的库房内，以免生锈。链轮、链条、刮土板、开沟铧和覆土盘上应上油保护。

（四）注意事项

要注意品种的选用，应选用适应当地生产条件、丰产潜力大、抗旱、抗病、抗逆性强的品种。

在正式播种前应调整机械进行试播，实地检查和调整播量、播深、行距覆膜质量等，确认合适后方可进行正式播种。

机具操作要规范。机具使用应按说明书要求进行正确安装、调整。铺膜机中心线应与牵引的动力中心线重合，开沟器、压膜轮、覆土器等均应调整对称。两开沟器的开沟深度及角度应调整一致，内侧距离应小于所铺地膜幅宽 25 cm 左右。沙壤土应将开沟深度调得适当深些。两压膜轮的压力必须调整一致。间距应与开沟器间距相适应，压膜轮外缘与地膜边缘对齐。两覆土器的深浅、角度的调整，可根据土质、风力等而定。如沙壤土，风力较大，可深些，角度大些；如风力较小，可减少覆土量，以增大采光面。为避免作业中损坏地膜，挡土板下缘距地膜应在 2 ～ 3 cm。两挡土板间距离调整到在保证覆土带宽度前提下得到较大的采光面。全悬挂式铺膜机要调整拖拉机悬挂机构，使铺膜与地面成水平，做到挂接牢靠，减少机具左右摆动的幅度。如发现铺膜质量有问题，应及时排除故障后再进行作业。

在覆膜过程中，一定要保证地膜覆盖严实，将四周用土压实，并隔一段在地膜上方压一小堆土壤，防止大风将其掀起，播种后，应对播种口进行密封，不然会导致杂草生长和水分过度蒸发，对提高地温、促进种子发芽十分不利。

播种机工作时为保证覆膜质量，应保持直线和匀速前进。尽量保持膜卷对正畦面，并与前进方向保持垂直，否则会出现地膜偏斜现象。如果压膜轮压力左右不一致，地膜会出现斜向皱纹；压膜轮的压力过大会使地膜出现横向皱纹；压膜轮的压力过小，地膜会出现纵向皱纹。发生以上现象，要通过提高和降低机械前进速度，增加和减小膜卷的卡紧力来改善。

在运输覆膜播种机时速度不超过 10 km/h，减少设备颠簸，避免设备部件受到损伤，在地头需要转弯时要将播种装置悬起，放下悬挂在拖拉机上的播种机时，应该用升降设备慢慢地将机具放下以防速度过快，损坏机具，工作时应注意工作质量，发生问题及时调整。

四、质量标准

对于玉米覆膜播种要求如下：

采光面宽度＞ 60 cm；

施肥深度＞ 7 cm；

播种深度约 4.5 cm，每穴 1 ～ 2 粒，空穴率≤ 2.0%，漂籽率≤ 1.0%；覆膜采光面宽度合格率≥ 80%；

采光面机械破损度≤ 20%；

采光面展平度≥ 98%；

膜下播种深度合格率 ≥ 85%;

膜边覆土宽度合格率 ≥ 95%;

膜边覆土厚度合格率 ≥ 95%。

第六节　甘薯移栽技术

一、技术内容

（一）定义

甘薯一般采用块根无性繁殖，先用种薯在苗床育苗，生长至一定时期后剪（或拔）取茎尖，再运至大田进行裸苗高垄栽插作业。

生产上甘薯秧苗栽插方式主要有斜插法、直插法、舟底形插法和水平插法等。其中，斜插法以秧苗倾斜地面 60° ～ 70° 的方式插入土垄中，苗根部与水平面夹角约为 30°，薯苗入土节数较多，且入土深度适宜，有利于抗旱增产，是目前甘薯生产中应用最为广泛的一种栽插方式。

甘薯机械化移栽技术是指用移栽机进行开沟、栽苗、覆土等作业工序将甘薯苗按照农艺的要求，移栽到垄上的机械化技术。

（二）移栽技术原理

拖拉机通过三点悬挂与移栽机连接，带动移栽机前进作业。地轮转动时，动力一方面通过链传动、锥齿轮传动、槽轮机构传动和同步带轮带动夹苗带间歇式转动，为插秧机构提供秧苗；另一方面通过链传动、不完全齿轮机构、曲轴连杆机构、齿轮齿条机构驱动插苗连杆机构的主动杆间歇式往复摆动，通过四杆机构实现栽植轨迹，同时配合夹苗指的开合，来实现移栽过程。

（三）特点

甘薯是一种劳动环节较多的土下类作物，需先通过育苗，后进行裸苗移栽，田间管理，灭秧切袋，继而进行挖掘收获。移栽是甘薯生产的重要环节，其质量的好坏对收获期的切蔓、收获等有着重要的影响。由于前期研发投入较少、技术装备储备不足，现阶段移栽机械化生产水平较低，随着农村劳动力不断转移，其用工量大、劳动强度大、用工成本高、综合收益不高的现状已严重影响了农民的种植积极性，制约了产业的健康快速发展。

（四）移栽技术分类

目前，国内的甘薯移栽机研发尚处于起步阶段，移栽装备相对较少，现阶段主要有 3 种形式：一是传送带式甘薯移栽机，即通过传送带将苗输送至挠性圆盘，挠性圆盘将苗栽插入土；二是吊杯式甘薯移栽机，通过吊杯将苗投放至栽植"鸭嘴"部件，再将其栽植入土；三是链夹式甘薯移栽机。

二、技术装备

（一）总体结构

带夹式甘薯裸苗移栽机主要由机架、行走装置、仿形装置、送苗装置、插秧装置和夹苗装置组成。机架用于支撑移栽机的其他部分，并悬挂在拖拉机上；行走装置由两个地轮组成，地轮转动为整机提供动力；仿形装置由安装在机架后端的两个仿形轮组成。仿形轮倾斜安装，防止工作时机器跑偏。

送苗装置由传动链轮、槽轮机构、同步带轮、同步带和夹苗钣金组成。甘薯苗固定在夹苗钣金上，地轮动力经链轮传动和槽轮机构传递给同步带，实现同步带的间歇性运动，为栽植机构提供甘薯苗。插秧装置由传动链轮、不完全齿轮机构、曲柄连杆机构、齿轮齿条机构及栽植四杆机构组成。地轮动力经链传动、不完全齿轮机构、曲柄连杆机构和齿轮齿条机构驱动四杆机构的主动连杆间歇性往复摆动，形成插秧轨迹。夹苗装置用于甘薯苗的夹取和松开，由气缸控制苗夹的开合；夹苗指的材料为弹簧钢，通过控制夹苗指的变形程度控制夹苗的力量，保证在夹取过程中不伤苗。

（二）工作原理

以 2ZL-2 移栽机为例，简单介绍链夹式移栽机的构造和工作原理。2ZL-2 型甘薯移栽机主要由苗箱、座椅、机架、行走驱动机构、开沟部件、栽插机构、覆土镇压机构组成。其工作原理及工作过程为：机具悬挂于拖拉机后部，作业人员将薯苗摆放至栽植机构的夹苗器上，由栽插机构将苗栽插入土中，继而进行覆土镇压作业，完成薯苗栽插。

三、操作规范

（一）田间作业条件及要求

（1）作业时间。参考甘薯种植生产农时要求。甘薯的移栽主要以高剪苗的裸苗栽插为主，一般都在 5 ～ 6 月进行。

（2）地表条件。在已经平整的土地上工作，土壤表面的土一定要足够碎，并且松紧适中，不要在非常松或非常紧的土地上栽植。

（3）栽植作物要求。对裸苗、钵苗均能移栽，另外可以移栽油菜、烟草、蔬菜、花卉、棉花等其他经济作物。最理想的苗的形状应是：苗高 9 ～ 35 cm，苗宽 0.5 ～ 4 cm，根长 4 ～ 12 cm，茎长 5 ～ 23 cm。

（4）挖坑、斜插移栽之后必须有适量浇水环节。

（5）斜插角度按照倾斜地面 60°～70° 的方式插入土中，插入深度以插入 3～4 个节为宜。

（6）埋土时，需要适量把叶片也埋入土中，这种方法适宜相对干旱环境下的种植，有利于增产。

（二）作业前准备

（1）使用前务必对机器进行检查。

（2）对指定润滑位置加油。

（3）将在检查、调整作业时拆下的零件安装回原位后再进行作业。

（4）在平坦的场所进行检查、调整作业。

（三）操作规程

1. 挂接操作

（1）连接机器必须在平坦的地面上与拖拉机进行挂接。

（2）检查三点挂接形式是否一致。

（3）当机器挂接到拖拉机上时，操作者不要处于机器和拖拉机之间，司机将拖拉机驾驶到挂接的位置时必须熄火停车后再进行挂接。挂接后，将安全插销插上。

（4）用螺杆稳定器和连合臂的调整装置限制左右移动，保持机器和拖拉机相互平衡。

2. 行走操作

（1）远距离转移时，请使用卡车等搬运方法进行移动。

（2）只有当拖拉机熄火停车，机器落在地面上时，操作人员才能坐上各自的位置，脚必须放在脚蹬上。

（3）严禁机器在移动时人擅自离开操作位置。

（4）初次驾驶本机器的拖拉机手，在操作未熟练前请保持低速行走。

（5）行走时不得在苗箱上放置秧苗。

（6）在拖拉机处于工作状态时请不要离开操作位置。在放下起吊单元，拖拉机发动机熄火停车，带走控制台上的点火钥匙后才可离开。

3. 机手操作要求

（1）拖拉机手和操作人员发现异常时请立即停车。

（2）在田埂边转向时，请充分注意田埂周围的人和物体。

（3）在作业过程中请勿让人接近机器，特别注意不要让儿童接近机器。

（4）请尽量不要进行夜间作业。

（5）工作时将拖拉机速度控制在自动爬行挡。

（6）确定拖拉机的废气不要正对操作人员，应使用消音器。

（7）移栽机在田间工作时请不要倒退行走。

4. 操作人员操作要求

（1）从托盘中取出秧苗并正确放置在苗夹中，与拖拉机驾驶员决定移栽机的工作速度，以便有足够的时间准确完成上述工作。

（2）不停地观察移栽的质量，当发现有问题时向拖拉机驾驶员发出停止信号，检查其原因并采取相应的措施。

（3）待栽植秧苗的根系部分必须突出在苗夹的外面，以确保正确的栽植深度。

5. 工作状态调节操作

（1）通过调整上滑道焊接可使苗夹即时或延时关闭。

（2）栽植机开沟器的工作深度可根据植物秧苗根系的长度调整到各种位置。（不要过分降低开沟器高度）。

（3）调整轮系时移栽机要处于相对水平的位置。

（4）检查座位的起始位置和终止位置之间保留大约 2 cm 的摆动空间，这样能够使移栽机适应在不平坦地面上工作。

（5）2C GF-2 型甘薯移栽起垄复式作业机最小行距为 80 cm。行距的调节一方面可以通过改变纵梁组件在悬架上的位置来实现，同时，还需要将起垄部件向机具的外侧移动。工作过程中如果所起的垄不成形，在垄顶中间出现沟槽时，可将起垄部件缝隙减小，增加起垄部件的取土量。

（6）株距的调节可以通过更换链轮实现，更换链轮调节株距的操作如下：松开螺母，移开防护罩；松开链轮端部的螺栓，搬动扳手，将链轮上的链条取下，再将链轮从轴上取下；通过松开链轮组顶端的螺母，对照选取适合齿数的链轮装到原先链轮处，拧紧端部的螺栓。

（7）在工作过程中，镇压轮必须时刻压紧地面，从而来完成移栽装置的覆土技术及装备工作。拖拉机的液压升降装置也必须完全下调。

（四）安全操作

（1）在维护或调整时需要卸掉安全和保护装置，待维修完成后将其安装在正确的位置。

（2）严禁非专业人员驾驶拖拉机，不要将机器借给非专业人员操作。

（3）定期对保护装置进行检查，必要时进行更换。

（4）在连接或拆卸机器时，特别注意不要伤害身体。

（五）维护与保养

在正常使用条件下可参考使用维护要求，如果由于环境及其他因素需要适应更高的工作要求时，那就必须相应增加维护工作的频率。

（1）每小时的工作。清理囤积在苗夹上的泥土及其他残留物，开沟器内外及驱动轮上的附着物。

（2）每8h的工作。给驱动轮轴心上油，给移栽机的链条上油。

（3）每40h的工作。给栽植器、传送链、浇灌装置上油，检查螺丝的松紧程度，通过两侧的螺母调整移栽机链条的松紧度。

（4）长期保养。将机器擦洗干净并晾干，尤其要彻底清除肥料等化学残留；如果发现有损坏的零部件应及时更换；进行全面润滑，将机器存储在干燥的地方并用油布盖上，防止灰尘；机器长时间不用时，应将夹膜拆卸下来进行保管，尽量避免日晒夜露，防止其过早老化。

（六）作业质量标准

目前尚未发布甘薯移栽作业质量标准，甘薯移栽质量标准参照《NY/T 1924—2010》油菜移栽机质量评价技术规范，以链夹式移栽机作业质量标准为例。

栽植频率 ≥ 35 株 /（min·行）；

立苗率 ≥ 85%；

埋苗率 ≤ 4%；

伤苗率 ≤ 3%；

漏苗率 ≤ 5%；

株距变异系数 ≤ 20%；

栽植深度合格率 ≥ 75%。

参考文献

[1] 刘桂华. 小麦高产栽培技术 [M]. 贵阳：贵州科技出版社，2007.

[2] 童玉体，冯长友，吴和平. 小麦高产栽培技术问答 [M]. 北京：中国农业科学技术出版社，2001.

[3] 张怡. 小麦高效种植及病虫害防治技术 [M]. 北京：科学技术文献出版社，2021.

[4] 刘爱月，张淑省，施运锋. 大田小麦田间管理技术 [M]. 郑州：中原农民出版社，2023.

[5] 萨仁夫. 花生高产栽培技术 [M]. 赤峰：内蒙古科学技术出版社，2023.

[6] 高英. 图解花生高产栽培技术 [M]. 喀什：喀什维吾尔文出版社，2015.

[7] 廖伯寿. 花生主要病虫害识别手册 [M]. 武汉：湖北科学技术出版社，2012.

[8] 唐子永，郭艳梅. 马铃薯高产栽培技术 [M]. 中国农业科学技术出版社，2014.

[9] 王孟宇. 马铃薯病虫害防治技术 [M]. 昆明：云南教育出版社，2013.

[10] 何雄奎，刘亚佳. 农业机械化 [M]. 北京：化学工业出版社，2006.

[11] 徐志刚. 农业机械化 [M]. 南京：东大大学出版社，2000.

[12] 段霞瑜. 小麦白粉病研究进展 // 创新科技与绿色植保 [M]. 北京：中国农业科学技术出版社，2006.

[13] 段霞瑜，周益林. 粮食安全与植保科技创新 [M]. 北京：中国农业科学技术出版社，2009.

[14] 高凤菊，食用豆病虫草害综合防治技术 [M]. 北京：中国农业科学技术出版社，2018.

[15] 李振岐，曾士迈. 中国小麦锈病 [M]. 北京：中国农业出版社，2002.

[16] 陈勇，胥付生，王维彪. 玉米规模生产与病虫草害防治技术 [M]. 北京：中国农业科学技术出版社，2015.

[17] 郭康权. 农产品加工机械学 [M]. 北京：学苑出版社，2015.

[18] 何雄奎. 高效施药技术与机具 [M]. 北京：中国农业大学出版社，2012.

[19] 沈再春. 农产品加工机械与设备 [M]. 北京：中国农业出版社，2006.

[20] 杨月超，米立红. 新型农机使用与维修实用技术 [M]. 中国农业科学技术出版社，2014.

[21] 周汇，王昕，任丽丽. 农产品加工原理及设备 [M]. 北京：化学工业出版社，2015.